安全技术经典译丛

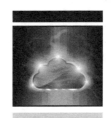

反欺骗的艺术

——世界传奇黑客的经历分享

[美] Kevin D. Mitnick
William L. Simon 著

潘爱民 译

清华大学出版社

北　京

Kevin D. Mitnick, William L. Simon

The Art of Deception: Controlling the Human Element of Security

EISBN：978-0-471-23712-9

Copyright © 2002 by Kevin D. Mitnick & William L. Simon.

All Rights Reserved. This translation published under license.

本书中文简体字版由 Wiley Publishing, Inc. 授权清华大学出版社出版。未经出版者书面许可，不得以任何方式复制或抄袭本书内容。

北京市版权局著作权合同登记号 图字：01-2014-3258

Copies of this book sold without a Wiley sticker on the cover are unauthorized and illegal.

本书封面贴有 Wiley 公司防伪标签，无标签者不得销售。

图书在版编目(CIP)数据

反欺骗的艺术——世界传奇黑客的经历分享/(美) 米特尼克(Mitnick, K. D.)，(美) 西蒙(Simon, W. L.)著；潘爱民 译. —北京：清华大学出版社，2014（2024.7重印）

（安全技术经典译丛）

书名原文：The Art of Deception: Controlling the Human Element of Security

ISBN 978-7-302-36973-8

Ⅰ. ①反… Ⅱ. ①米… ②西… ③潘… Ⅲ. ①计算机网络—安全技术 Ⅳ. ①TP393.08

中国版本图书馆 CIP 数据核字(2014)第 139565 号

责任编辑：王　军　韩宏志
装帧设计：牛静敏
责任校对：曹　阳
责任印制：刘海龙

出版发行：清华大学出版社
　　　　　网　　址：https://www.tup.com.cn, https://www.wqxuetang.com
　　　　　地　　址：北京清华大学学研大厦 A 座　　邮　　编：100084
　　　　　社 总 机：010-83470000　　　　　邮　　购：010-62786544
　　　　　投稿与读者服务：010-62776969，c-service@tup.tsinghua.edu.cn
　　　　　质 量 反 馈：010-62772015，zhiliang@tup.tsinghua.edu.cn
印 装 者：三河市龙大印装有限公司
经　　销：全国新华书店
开　　本：148mm×210mm　　印　　张：13　　字　　数：350 千字
版　　次：2014 年 9 月第 1 版　　印　　次：2024 年 7 月第 16 次印刷
定　　价：78.00 元

产品编号：058607-03

谨献给 Shelly Jaffe、Reba Vartanian、Chickie Leventhal 和

Mitchell Mitnick，也献给已故的 Alan Mitnick、Adam Mitnick

和 Jack Biello

谨献给 Arynne、Victoria、David、Sheldon、

Vincent 和 Elena

译 者 序

科技的发展已经完全改变了人们的生活方式，尤其是电话和网络的普及，一方面缩短了人与人之间的距离，另一方面则导致信任关系的复杂化。在面对面的情况下，人们可以凭借自己的生活经验，以及对物理安全的感知来判断是否可以信任对方；但在电话或者网络上，生活中的经验不足以提供这样的依据，并且物理安全未受到威胁，于是人们变得轻信和盲从，毕竟人们宁可相信这个世界上诚实的人更多一些。在竞争激烈的企业世界中，这种轻信和盲从是一种风险，对于企业的持续运行是一种挑战。本书正是揭露了攻击者如何利用人类的这种天性来达到攻击的目的。我相信，阅读完这本书会令你眼界大开，从而在未来的工作和生活中，更好地保护好你的企业和自身的安全。

在数字世界中，科学研究人员一直在努力寻求最佳的信息保护方案，甚至已经找到了可以实现理论上绝对安全的量子密码学方法。大多数企业信息系统已经融入了先进的、成熟的研究成果，因而，在一定的假设条件下，这些信息系统可以被证明是安全的。然而，理论上的安全与现实中的安全有很大的差距。首先，理论安全的假设条件并不总是切实可行，甚至屡屡被违反，比如，让每个人都维护一个强密码并不是那么容易做到的。其次，在实现信息系统的过程中，由于软件技术方面的原因，也会出现新的安全漏洞。因此，科学家们在不断加固企业的信息系统，但是现实中的企业却打开了一扇又一扇的大门，让攻击者总是有机可乘。

我们常常从各种新闻媒体上看到有关网络攻击事件的报道，这些攻击大多针对一些门户网站或者一些敏感机构的 Web 站点。但是，针对企业信息系统或者企业运营的攻击事件却少有报道。实际上，这是两种截然不同的攻击事件。针对 Web 网站的攻击很大程度上依赖于各种技术手段，以及网站管理员的失误，Internet 上有大量的资料介绍这些攻击技术和软件工具；而在针对企业信息系统或者企业运营的攻击事件中，攻击者的目标不限于信息系统中的电子资料，也有可能是其他形式的信息资产，而且，攻击者使用的手段并不局限于技术性的工具，而更多地利用企业日常运营过程中的疏忽或者漏洞，甚至犹如本书中展示的那样，攻击者利用人性中的缺陷来达到目的。

本书主要针对后一种攻击类型，通过大量的案例说明了社交工程师如何利用各种非技术手段来获得他想要的信息，这样的攻击事例并不神奇，它有可能正发生在你我的身边。攻击者无需高超的技术，也无需超人一等的智商，只需善于利用人们的心理倾向和目标公司的管理漏洞，再加上多一点耐心，就会有很高的成功率。所以，阅读这本书，有助于我们了解社交工程师的常用伎俩，以及相应的应对策略。

科研人员在研究信息安全技术的时候，通常需要考虑两个最基本的问题：对方是谁，如何证明其身份？对方是否有权提出这样的请求？实际上，第一个问题是身份认证(authentication)，第二个问题是授权(authorization)或者访问控制(access control)。在研究领域，这两个问题都已经得到了很好的解答，并且这些解决方案已被应用到实际的信息系统中。相应地，在一个机构的实际运营过程中，当员工接到任何请求的时候，也应该认真考虑这两个问题，这实际上构成了一个企业安全运营的重要部分。如果企业没有一套规程来指导员工寻求这两个问题的答案，那么，即使该企业配备了最新的高科技安全手段，也难以全面抵挡社交工程师的入侵。除了重点谈到这两个问题以外，本书中还包括其他一些日常细节，比如安装和下载软件、电话留言甚至垃圾处理等。

本书的读者面很广：企业的管理人员和 IT 部门的员工是最应该阅读这本书的，毕竟，保护企业信息的安全是他们的职责所在；技术研究人员也应该阅读这本非技术的信息安全书籍，可以有助于设计出更加切实可行的安全方案；一般的企业职员可以通过本书中的案例，了解到社交工程攻击是如何进行的。我相信，阅读过本书的读者，在面临社交工程师的圈套时，一定会多一份警惕，从而保护好公司和自身的安全。

最后我再说明一点，这不是一本技术性的信息安全书籍，而是一位著名黑客在介绍他的经历和体会。特别是他在书中给出的提示和忠告，更值得我们关注和深思。本书的前三部分读起来饶有趣味，就好像是十多部精简版的侦探小说一样。读者可以在轻松愉快的案例描述中，领略到社交工程的强大威力，然而细细想来，却又发现，其实这样的攻击不难防范，关键是每一个人都履行好自己的安全职责。

在本书的翻译过程中，我得到了我的朋友邹开红先生的大力帮助。他翻译了第 1 至 15 章的初稿，尤其是处理了很多非技术性的习惯用语，在此向他表示真挚的感谢。最后，若有错误和不当之处，请读者谅解。

潘爱民

译者简介

　　潘爱民，任职于阿里云 OS，担任首席架构师职位。长期从事软件和系统技术的研究与开发工作，撰写了大量软件技术文章，翻译和撰写了多部经典计算机图书，在国内外学术刊物上发表了 30 多篇文章。曾任教于北京大学和清华大学(兼职)。后进入工业界，先后任职于微软亚洲研究院、盛大网络发展有限公司和阿里云计算有限公司。目前也是工信部移动操作系统专家组成员。

　　潘爱民获得了数学学士学位和计算机科学博士学位，主要研究领域包括软件设计、信息安全、操作系统和互联网技术。

序　言

　　探索自己周围的世界是人类与生俱来的天性。当凯文·米特尼克和我年轻时，我们对这个世界充满了强烈的好奇心，并且急于表现自己的能力。我们总是试图学习新东西、解决疑难问题以及力争赢得游戏，以此来满足自己的好奇心和表现欲望。与此同时，周围的世界也教给我们一些行为准则，以约束我们内心想自由探索的冲动，而不是为所欲为。对于最勇敢的科学家和技术型企业家，以及像凯文·米特尼克这样的人，这种内心的冲动可以带给他们极大的刺激，从而使他们完成别人认为不可能的事情。

　　凯文·米特尼克是我所认识的最杰出的人之一。如果有人问起的话，他会很直率地讲述他过去常做的事情——社交工程(social engineering)，包括如何骗取他人的信任。但凯文·米特尼克现在已经不再是一个社交工程师了。即使当年他从事社交工程活动期间，他的动机也从来不是发财致富或者损害别人。这并不是说没有人利用社交工程来从事危险的破坏活动，并且给社会带来真正的危害。实际上，这正是他写作这本书的原因：提醒你警惕这些罪犯。

　　通过阅读本书可以深刻地领会到，不管是政府部门，还是商业机构，或者我们个人，在面对社交工程师(social engineer)的入侵时是何等脆弱。如今，计算机安全的重要性已广为人知，我们花费了巨资来研究各种技术，以求保护我们的计算机网络和数据。然而，本书指出，欺骗内部人员，并绕过所有这些技术上的保护措施是多么容易。

　　不管你就职于商业机构还是政府部门，本书都提供了一份权威指南，帮助你了解社交工程师们是如何工作的，也告诉你该如何对付他们。凯文·米特尼克和合著者西蒙利用一些既引人入胜又让人大开眼界的虚构故事，生动地讲述了社交工程学中鲜为人知的种种手段。在每个故事的后面，作者们给出了实用的指导建议，来帮助你防范故事中所描述的攻击和威胁。

　　仅从技术上保障安全还是不够的，这将留下巨大的缺口，像凯文·米特尼克这样的人能帮助我们弥补这一点。阅读本书后，你或许最终会意识到，我们需要像凯文·米特尼克这样的人来指导我们做得更好。

——Steve Wozniak(史蒂夫·渥兹尼克)

苹果电脑公司联合创始人

有些黑客毁坏别人的文件，甚至整个硬盘；他们应该被称作骇客(cracker)或者破坏狂(vandal)。一些新手黑客疏于学习技术，而只是简单地下载一些工具来侵入计算机系统；他们被称为脚本小子(script kiddy)。懂得编程技术的富有经验的黑客则自己开发黑客程序，并把这些程序发布到网站和公告牌系统中。然而，有些人对技术丝毫不感兴趣，他们仅把计算机用作自己窃取金钱、物品或者服务的工具而已。

尽管媒体制造了关于凯文·米特尼克的传奇故事，但实际上，我并不是一个恶意的黑客。

现在我正在超越自我。

出道之初

我的人生之路可能在早期就注定了。孩提时代我过得无忧无虑，但无所事事。在我3岁那年，父母分手了，母亲找了份服务员的工作养家糊口。想想那时的我，由单亲妈妈抚养长大的独生子。由于母亲的工作时间很长，有时作息安排无任何规律，所以，你能想象到，像我这样一个小孩，醒着的时候几乎总是一个人。我自己当自己的保姆。

由于我在圣费尔南多山谷(San Fernando Valley)长大，所以有机会探索整个洛杉矶，在12岁那年，我就发现了免费在整个大洛杉矶地区旅行的方法。有一天在乘坐巴士时，我意识到我买的巴士换乘票的安全性依赖于一种特殊样式的打孔机，司机用这种打孔机在换乘票上打出日期、时间和线路。一位好心的司机，在回答我精心设计的问题时，告诉我到哪里可以买到这种打孔机。

换乘票的用途是让人换乘巴士，继续到达旅行目的地，但我想出了一种办法，可以利用换乘票来免费到达自己想去的任何地方。空白的换乘票很容易弄到，巴士终点站的垃圾桶里总有尚未用完的换乘票的票本，是司机们在换班时随手扔进去的。用一叠空白票和一个打孔机，我就能打出自己的换乘票，从而到达洛杉矶巴士所能到达的任何地方。没多久，我几乎记住了整个巴士系统的时刻表(这是早期的一个例子，显示了我对特定类型的信息有着惊人的记忆力；时至今日，我仍清楚地记得孩提时代的一些看起来很琐碎的细节，如电话号码、密码等)。

我在幼年时表现出来的另一个兴趣是着迷于魔术表演。一旦我学会了一个戏法是怎么玩的，我就反复练习，直到掌握要领为止。在某种程度上，通过魔术我发现了因获取到秘密知识而带来的无穷乐趣。

从电话飞客到黑客

我第一次遭遇到"社交工程"是在中学时代，不过当时并不知道这叫社交工程。那时，我遇到了另一个学生，他沉迷于一种叫做"飞电话"的游戏。飞电话是一种黑客活动，允许你利用电话系统和电话公司的职员来使用电话网络。他向我展示了如何用电话来玩一些小把戏，比如获取电话公司任一客户的信息，以及用一个秘密的测试号码打免费的长途电话(事实上这个号码只对我们来说是免费的。很久以后我才发现这根本不是一个秘密的测试号码。事实上，那些通话的费用都转到了一家可怜公司的 MCI 账户上)。

就这样，我被带入到社交工程圈内，可以说，这是我的启蒙阶段。不久以后我又认识一名电话飞客，他和我的朋友在打电话骗电话公司的时候，也让我在一旁偷听。我听到了他们所说的事情，这些事情听起来让人觉得非常可信；我了解了不同电话公司的办公地点、电话系统的行话和办事程序。但这种"培训"并没有持续多久，因为根本不需要太久。很快我就学会了独立干这一切，而且边干边学，比我的第一个老师干得还好。

接下来我的 15 年人生之路就这样铺就了。

在中学时代，我一直乐此不疲的恶作剧之一是，闯入电话交换系统，然后改变另一名电话飞客的服务类别。当他企图从家里打电话时，就会听到一条消息，告诉他投掷一枚硬币，因为电话公司的交换机得到的信息表明他使用的是一部付费电话。

我逐渐地沉迷于一切与电话有关的东西，不仅是电子器件、交换机和计算机，还有公司的组织结构、办事程序和术语。不久后，我对电话系统的了解可能比电话公司的任何一名职员都要多。我也培养了自己的社交工程技能，因而在 17 岁时，我就能够说服大多数电话公司职员做任何事情，不管是面对面的交谈还是打电话。

我的广为报道的黑客生涯其实在中学时代就已经开始了。在这里我不能一一描述其中的细节，但有一点足以说明这样的事实，我的早期黑客行为的驱动力之一是，得到黑客群体中的成员们的认可。

那时，我们用"黑客(hacker)"这个词来指那些将大量时间投入到硬件和软件上的人，他们或者为了开发出更为有效的软件，或者为了省去不必要的步骤从而使任务完成得更快。这个术语现在却成了贬义词，带有"恶意的罪犯"之含义。在本书中，我还是按照以前的习惯来使用这个词——使用其早期的、善意的含义。

中学毕业后，我在洛杉矶的计算机学习中心学习计算机。没过几个月，学校的计算机主管就意识到我发现了操作系统中的缺陷，并得到了他们的 IBM 计算机上完全的管理员权限。学校教师队伍中最好的专家也搞不清我是如何做到这一点的。然后，我可能成了一个早期的"雇佣黑客"范例，他们给我一个我无法拒绝的任务：要么做一个荣誉项目来增强学校计算机的安全性，要么因攻击系统而被停学。我当然选择了做荣誉项目，最后我以优异的学业成绩毕业。

成为一名社交工程师

有些人每天早晨起床后，一想到要在谚语所说的"盐矿(salt mines)"中工作一整天，就不由得感到害怕。幸运的是，我喜欢自己的工作。尤其是，你想象不到我作为一名私人侦探的那段时间里所感受到的挑战、回报和快乐。我为自己在称为"社交工程"的艺术中表现出来的才能而自傲(社交工程艺术使人们做出一些通常不会对陌生人做的事情来)，同时也由此而获得报酬。

对我来说，精通社交工程并不难。我父亲的家族几代都在销售领域中从事工作，所以，影响和说服他人的技巧可能是遗传下来的特征。当你有了这样的特征，同时又想欺骗别人时，你就具备了一名典型社交工程师的素质。

你可能会说，从事欺骗活动的人可以分为两类。那些诈骗他人钱财的是第一类，即通常所说的"骗子"。另一些人则使用欺骗性的、煽动性的或者富有说服力的手段来对付商业机构，通常的目标是为了获取它们的信息，这些人属于另一类，即"社交工程师"。在我耍弄巴士换乘技巧这段时间里，我还太年轻，不知道这样做有什么不对，但我开始意识到自己有一种天分，即善于发现自己本不该知道的秘密。在这种天分的基础上，我用欺骗的手段，以及熟识的各种行话，逐渐形成了娴熟的操纵他人的技巧。

我培养自己手艺技巧——如果能称作手艺的话——的一种方法是，随意地选择一些其实自己并不关心的信息，然后试图说服电话另一端的人提供这些信息，这样做的目的仅仅是为了提高我的技巧。我也练习找借口的本领，就像以前练习变戏法的技巧一样。通过这些演练，我很快发现自己差不多能获得所有想要的信息。

正如多年以后，我在国会法庭上面对参议员 Lieberman 和 Thompson 时所陈述的那样：

> "我在未经授权的情况下，访问了世界上一些大型机构的计算机系统，并成功地侵入了目前为止最为健壮的一些计算机系统。我使用技术和非技术手段来获得各种操作系统和电信设备的源代码，以便研究它们的弱点和内部机理。"

所有这些活动只是为了满足我的好奇心；为了看一看自己到底能做什么；为了找出各种事物的秘密所在，包括操作系统、蜂窝电话，以及任何能激起我好奇心的任何事物。

痛改前非，回报社会

自从被捕后，我就承认自己的行为是违法的，侵犯了别人的隐私。

我的过错是由于好奇心的驱使而犯下的。我想尽可能多地了解电话网络是如何工作的，以及关于计算机安全的各种细节。我从一个喜欢弄变戏法的毛头小子，蜕变成世界上最臭名昭著的黑客，让商业和政府机构都畏惧三分。回顾自己走过的这三十年，我承认，由于好奇心的驱使、对技术和知识的渴求，以及寻找一个好的智力挑战题目，我做出了一些极不恰当的选择。

现在我已经变了，我用自己的天分和所获得的关于信息安全和社交工程手段的大量知识，来帮助政府、商业机构和个人，帮助他们预防和检测各种信息安全威胁，并做出响应。

本书则是我帮助别人的另一种方式，通过我的经历，可以让其他人避免遭受恶意的信息窃贼的攻击。我希望这些故事能吸引你，使你大开眼界，并从中学到一些知识。

前言

本书包含了有关信息安全和社交工程的大量信息。为了让你有个初步印象，这里首先介绍一下本书的内容组织结构。

第 I 部分将揭示出安全方面最薄弱的环节，并指出为什么你和你的公司正在面临着遭受社交工程攻击的危险。

在第 II 部分中，你将会看到，社交工程师如何利用你的信任、你好心助人的愿望、你的同情心以及人类易轻信的弱点，来得到他们想要的东西。这一部分中有一些虚构的故事反映了典型的攻击行为，从中我们可以看出，社交工程师可能会以多种面目出现。如果你认为自己从未与他们遭遇过，那你可能错了。你是否发现自己曾有过与故事中类似的经历，并开始怀疑自己曾经遭遇过社交工程？多半会是这样。但一旦阅读了第 2 章~第 9 章，那么，当社交工程师下次造访时，你就知道该如何做才能使自己占据上风。

在第III部分，通过一些编造的故事，你能看到，社交工程师如何以技高一筹的手段入侵你公司的领地，窃取那些可能会决定你公司成败的机密，并挫败你的高科技安全措施。这部分中给出的场景将使你意识到各种安全威胁的存在，从简单的职员报复行为到网络恐怖主义，都有可能。如果你对企业赖以生存的信息和数据的私密性足够重视的话，那你就要从头至尾阅读第 10 章~第 14 章。

需要特别声明的一点是，除非特殊指明，否则本书中的故事都是虚构的。

在第Ⅳ部分，我从企业防范的角度讲解怎样防止社交工程的成功攻击。第 15 章就如何进行安全培训计划给出了一个蓝图。而第 16 章则教你如何免受损失——这是一个全面的安全政策，你可以根据自己组织机构的情况进行裁减，选择适当的方式来保障企业和信息的安全。

最后，我给出了名为"安全一览表"的一章，其中包含一些清单、表格和图示，就如何帮助职员们挫败社交工程攻击给出了一份重要的摘要信息。如果你要设计自己的安全培训计划，则这些资料也会非常有价值。

你会发现，有几大要素将贯穿全书的始终："行话(lingo box)"给出了社交工程和计算机黑客术语的定义；"米特尼克的提示"用简短的警示语帮助你增强安全策略；"注记和补充"给出了有趣的背景资料或附加信息。

致　谢

凯文·米特尼克致谢

　　真正的友谊可以定义为两人心灵相通；在一个人的一生中，真正称得上朋友的人可能并不多。Jack Biello 是一个忠实的、富有爱心的人，当我遭受记者和政府检察官们的不公正指责时，他敢于站出来为我讲话。在"释放凯文"的运动中，他的声音非常关键；他也是一位天才作家，撰写了大量引人注目的文章，揭露了政府不希望民众知道的许多信息。Jack 总是毫无恐惧地为我仗义执言，与我一起准备演说稿和文章，曾经一度担当我和媒体之间的桥梁。

　　因此，本书将我最真挚的爱谨献给我最亲密的朋友 Jack Biello，在我们刚完成初稿之际，他因癌症不幸去世，给我留下了巨大的失落和悲伤。

　　如果没有我家庭的关爱和支持，要完成这本书是不可能的。我的母亲 Shelly Jaffe 和我的祖母 Reba Vartanian，从我一出生开始，始终无条件地给予我爱护和支持。我是如此幸运，有这样一位富有爱心的母亲专心致志地抚养我，我也把她当作最要好的朋友。我的祖母就像是我的第二个妈妈，她给予我的抚养和关爱，也只有一个真正的母亲才能做得到。她们都富有同情心，教给我许多关爱他人、济贫扶弱的道理，因此，在效仿这种给予与关爱的模式的过程中，我在某种意义上，也在重走她们的人生道路。我希望她们能原谅我，在本书撰写过程中，我把她们放在次要的位置上，以工作和截稿期限为托词，放弃了去看望她们的机会。如果没有她们一贯的关爱和支持，要完成这本书是不可能的，我将永远铭记在心。

我多么希望我的父亲 Alan Mitnick 和我的哥哥 Adam Mitnick 能一直活着，在本书上架的第一天，与我一起开启香槟庆祝。我的父亲是一位销售员，也有自己的生意，他给了我许多美好的东西，令我终生难忘。在他生命中的最后几个月，我有幸能陪伴在他身边，尽力给他以安慰，但是，这是一次非常痛苦的经历，情绪至今我仍无法恢复过来。

我的姨妈 Chickie Leventhal 在我心里始终有着特殊的位置，尽管她对我曾经犯过的愚蠢错误非常失望，但她还是一如既往地关爱和支持我。在我专心写作本书的这段时间里，我牺牲了每周一次的犹太教安息日庆祝活动，因而无法与她、我的表妹 Mitch Leventhal 和她的男友 Robert Berkowitz 博士相聚在一起。

我也必须向我母亲的男友 Steven Knittle 表达我最真挚的谢意，在我无法陪伴我母亲的这段时间里，他给我母亲关爱和支持。

我的叔叔当然也值得赞扬，有人说我继承了 Mitchell 叔叔的社交工程师潜质，他知道如何用一些特殊的技巧来操纵这个世界以及有关的人员，而我从来不奢望能够理解这些技巧，更别提掌握它们了。他很幸运，在那些年里，他迷人的个性影响了每位接触者，但他对于计算技术从来没有像我这么有热情。他将永远配得上社交工程师大师的称号。

在写这份致谢的此刻，我意识到有那么多的人需要感谢，感谢他们的爱护、友谊和支持。这几年来我认识了许多善良、慷慨的人士，虽然我无法一一记得他们的名字，但可以这么说，我需要一台电脑才可以将他们全部存储下来。有这么多来自世界各地的人写信给我，言辞之间充满了鼓励、赞扬和支持。这些言语对我而言意义甚是重大，尤其是当我最需要的时候。

我也要特别感谢所有支持我并且花费了宝贵的时间和精力来替我说话的人，他们表达了对我的关怀，反对我受到的不公正待遇，以及那些希望借着"凯文·米特尼克的神话"而牟利的人的夸张不实之词。

我很庆幸能与畅销书作家威廉·西蒙(William L. Simon)合作，尽管我们有不同的工作节奏，但我们仍然一起勤奋地工作。西蒙做事非常有条理，每天早早起来，以一种非常有序的方式进行工作，计划性很强。我很感激西蒙如此宽容，能够容忍我的夜间工作方式。我对本书的专心投入，以及长久的工作时间，常常使我熬夜到凌晨，正好与西蒙的正常工作时间完全冲突。

同样幸运的是，西蒙不仅能将我的想法转变成供高级读者欣赏的文字，而且他还是一个非常有耐心的人，能够容忍我的程序员特色，即着眼于各种细节。实际上，我们确实是这样合作的。然而，我也要在这里向西蒙表达我的歉意，由于我一再要求精确和细致地介绍细节，所以导致在他漫长的写作生涯中第一次，也是唯一一次拖延交稿日期。他有作家的自尊，最后我理解了这一点，并且也尊重他的想法；我们都希望下一次再有合作写书的机会。

这次写作过程中最值得一提的部分是，我们来到西蒙位于圣达非大农场的家中，在他家里工作得非常愉快，而且他的妻子安妮对我也关怀备至。安妮的谈吐和厨艺无疑是我所见过的最棒的一个。她是一位很有修养的才女，个性开朗，将家庭经营得温馨甜美。之后我每次喝减肥苏打水的时候，脑海深处总是会想起安妮警告我阿斯巴甜糖的危险性。

Stacey Kirkland 对我来说也意义重大。她花了许多时间帮我在Macintosh 上设计出各种图表，通过这些图表使我的想法逐渐整理成形。我很赞赏她优美的个性；她是一位非常可爱而又富有爱心的女子，希望她一生都过得顺利。她以朋友的身份鼓励我，她也是我极为在意的一个人。我在此感谢她给予我的热情支持，以及当我需要的时候她总是能帮助我。

Nexspace 公司的 Alex Kasper 不仅是我最要好的朋友，也是一位商业合作伙伴和同事。我们俩一起在洛杉矶的电台节目导演 David G. Hall 的指导下，在 KFI AM 640 频道主持了一个非常受欢迎的 Internet 谈话节目"Internet 的阴暗面"。Alex 为本书提供了很多有价值的帮助和建议。他对我的影响总是积极和正面的；他热心慷慨地帮助我，常常熬到深夜。Alex 和我最近制作完成了一部影片/视频，帮助企业培训他们的员工防范社交工程攻击。

Informed Decision 公司的 Paul Dryman 是我的好朋友。这位受人尊敬和信任的私人侦探帮我明白了背景调查的趋势和过程。Paul 的知识和经验有助于我更好地讲述本书第Ⅳ部分中的个人安全和隐私问题。

我最要好的朋友之一 Candi Layman 自始至终给我支持和关爱。她是一个非常不错的人，期望她一生幸福平安。在我生命惨淡的日子里，Candi 一直鼓励我，给我送来浓浓友情。我很幸运能遇到这么一位既有爱心，又懂得关怀别人的人，在此感谢她对我的帮助。

我的第一笔稿费显然应该缴给我的移动电话公司，因为我有大量的时间在跟 Erin Finn 用手机通话。毫无疑问，Erin 就像我性情相投的伴侣一样。我们在许多方面如此相像，以至于让人觉得害怕。我们都喜爱技术，在食物、音乐、电影方面也有同样的口味。AT&T 无线公司一定损失了很多钱，因为他们给了我"夜里和周末全部免费"打电话给她在芝加哥的家里。至少我现在已经不再使用"凯文·米特尼克"付费方案了。她对这本书的热情和信念一直激励着我。有她这么一个朋友，我备感幸运。

我也要感谢那些帮我安排职业生涯的人，他们以各种特别的方式做出了牺牲。我的演讲场次是由 Amy Gray 安排的，Amy Gray 是一位非常诚实、讲人情的人，我非常钦佩和喜爱她；Waterside Productions 的 David Fugate 是一位书商，在签订本书合约的前后，替我在许多场合下遭了不少罪；洛杉矶的律师 Gregory Vinson 在我和政府长达数年的争斗过程中，始终是我的辩护律师团成员之一。

我相信他也能体会到西蒙对我极度关注细节的理解和耐心；当他帮我撰写法律函件的时候，我相信他也有同样的经历。

我与律师打交道的经历太多太多了，但是我还是想在这里，向那些在我与刑法系统进行负面互动的多年中，为我挺身而出、在我需要的时候向我提供帮助的律师们，表达我的感激之情。从亲切的话语，到悉心办理我的案子，我发现，我所碰到的许多律师根本不符合那种以自我为中心的律师的刻板形象。我变得非常尊敬、钦佩和欣赏这么多律师给予我的亲切支持，以及在精神上慷慨地鼓励我。他们中的每一个人都值得我用一整段的溢美之词来表达我的感激；我至少要提及他们的名字，因为他们每一个人都深藏在我的心里，让我永存感激：Greg Aclin、Bob Carmen、John Dusenbury、Sherman Ellison、Omar Figueroa、Carolyn Hagin、Rob Hale、Alvin Michaelson、Ralph Peretz、Vicki Podberesky、Donald C. Randolph、Dave Roberts、Alan Rubin、Steven Sadowski、Tony Serra、Richard Sherman、Skip Slates、Karen Smith、Richard Steingard、Robert Talcott、Barry Tarlow、John Yzurdiaga 以及 Gregory Vinson。

我非常感谢 John Wiley & Sons 给了我出版本书的机会，以及他们对于像我这样写书新手所具有的信心。我要感谢 Wiley 出版公司的下述成员使我的梦想成真：Ellen Gerstein、Bob Ipsen、Carol Long (我的编辑及版式设计)和 Nancy Stevenson。

其他还有许多亲朋好友和业务合作伙伴，也曾经给过我建议和支持，以各种不同方式向我伸出援助之手，对我来说也非常重要，因而在此列出他们的名字表示我的感激。他们是：J. J. Abrams、David Agger、Bob Arkow、Stephen Barnes、Dr. Robert Berkowitz、Dale Coddington、Eric Corley、Delin Cormeny、Ed Cummings、Art Davis、Michelle Delio、Sam Downing、John Draper、Paul Dryman、Nick Duva、Roy Eskapa、Alex Fielding、Lisa Flores、Brock Frank、Steve Gibson、Jerry Greenblatt、Greg Grunberg、Bill Handle、David G. Hall、Dave Harrison、Leslie Herman、Jim Hill、Dan Howard、Steve Hunt、Rez Johar、Steve Knittle、Gary Kremen、Barry Krugel、Earl Krugel、Adrian

Lamo、Leo Laporte、Mitch Leventhal、Cynthia Levin、CJ Little、Jonathan Littman、Mark Maifrett、Brian Martin、Forrest McDonald、Kerry McElwee、Alan McSwain、Elliott Moore、Michael Morris、Eddie Munoz、Patrick Norton、Shawn Nunley、Brenda Parker、Chris Pelton、Kevin Poulsen、Scott Press、Linda 与 Art Pryor、Jennifer Reade、Israel 与 Rachel Rosencrantz、Mark Ross、William Royer、Irv Rubin、Ryan Russell、Neil Saavedra、Wynn Schwartu、Pete Shipley、Joh Sift、Dan Sokol、Trudy Spector、Matt Spergel、Eliza Amadea Sultan、Douglas Thomas、Roy Tucker、Bryan Turbow、Ron Wetzel、Don David Wilson、Darci Wood 、 Kevin Wortman 、 Steve Wozniak 以及洛杉矶 W6NUT(147.435MHz)转播台的所有朋友们。

我的缓刑监督官 Larry Hawley 值得特别感谢，因为他允许我撰写本书，从而使我成为安全方面的顾问。

最后，我必须感谢执法部门的先生女士们。对这些履行自己职责的人，我肯定不会记仇。我坚定地相信，将公众的利益置于自己的私利之上，并且献身于公众服务的行为是值得尊敬的，尽管我过去有时候非常傲慢。但是，我希望你们都知道，我热爱这个国家，我将尽我的力量使它成为世界上最安全的地方，这也正是我为什么要写作本书的原因之一。

威廉·西蒙致谢

我有一个观念，即每个人都有一个适合于自己的另一半；只不过有的人不够幸运，还没有找到他们的意中人。而其他的人则非常幸运了。我很幸运，在人生旅途中很早就找到了另一半，已经与上帝恩赐给我的礼物——我的妻子安妮——一起生活了很多年。如果我忘记了自己有多幸运，那么，我只需注意一下有多少人在寻求到她公司工作的机会，以及有多少人珍惜与她共事的机会。安妮，谢谢你陪我走过人生。

在本书的撰写过程中，我得到了一群忠实朋友的帮助，他们向我保证，我和米特尼克一定能够实现我们的目标，将事实和想象结合成这本非同寻常的书。他们每个人都代表了真诚、忠心不渝的价值观；他们都知道，当我写下一本书的时候，可能会再找他们帮忙。按字母顺序，他们是：Jean-Claude Beneventi、Linda Brown、Walt Brown、Lt. Gen. Don Johnson、Dorothy Ryan、Guri Stark、Chris Steep、Michael Steep 和 John Votaw。

特别值得一提的是 Network Security Group 的总裁 John Lucich，以及 Gordon Garb。John 愿意接受一个朋友的朋友之请求，花时间为我提供帮助；而 Gordon 则总是热心地在电话中回答我的许多关于 IT 部门运营的问题。

有时候在人生中，一个朋友向你介绍了另一个人，由于前者的推荐以及后者也成了你的好朋友，因而前者在你的心目中占有了更重要的一席之地。加利福尼亚州 Cardiff 的文稿代理商 Waterside Productions 的代理员 David Fugate 负责构思这本书，并且将我和本书的合作者，凯文·米特尼克，撮合到了一起，而凯文·米特尼克后来也成了我的好朋友。谢谢 David。我也要感谢 Waterside 的老板，无人能比的 Bill Gladstone，他总是让我忙于一本又一本的图书：我很高兴人生中有你的惠顾。

在我们兼作办公室的家里，安妮得到了一群能干下属的帮助，包括行政助理 Jessica Dudgeon 和管家 Josie Rodriguez。

我要感谢父母 Marjorie 和 I. B. Simon，我希望他们在世间享受到我作为一名作家的成功和喜悦。我也要感谢我的女儿 Victoria；当我跟她在一起的时候，我会意识到自己是多么赞赏、尊重她，并且为她而感到骄傲。

社交工程

社交工程(Social Engineering)利用影响力和说服力来欺骗人们，使他们相信社交工程师所假冒的身份，或者被社交工程师所操纵。因此，社交工程师能够利用这些人来得到想要的信息，此过程中可能用到技术手段，也可能根本不用技术手段。

目　录

第 II 部分　攻击者的艺术

第 IV 部分　进阶内容

第 I 部分

事件的背后

第 1 章　安全过程中最薄弱的环节

安全过程中最薄弱的环节

就一家公司而言，可能已经购买了最好的安全技术，并且对员工进行了培训，使他们在晚上下班回家前总是锁好自己的秘密，公司还可以从业界最好的保安公司雇佣大楼门卫。

尽管如此，该公司仍然是非常脆弱的。

就个人而言，他可以按照专家的建议，采纳最好的安全准则，不惜成本地安装所有推荐的安全产品。他可以保持高度警惕，确保系统配置的正确性，并且及时更新安全补丁。

尽管如此，这些个人依然是十分脆弱的。

1.1　人的因素

不久前在国会陈述时，我解释了自己如何从公司机构得到密码和其他敏感信息，我的做法是，假装成某某人，然后"直接索要"这些信息。

追求绝对的安全感是人类的天性，正是这种感觉，导致了有些人产生错误的安全感。譬如有一个既有责任心又极富爱心的房主，他在自家的前门安装了一把名为 Medico 的防盗锁，以保护自己的妻儿和房子。想到自己的家庭在面对入侵者时甚为安全，他心里踏实多了。但如果入侵者破窗而入，或者破译了打开车库门的密码会怎么样？安装一个更加健壮的安全系统又会怎么样呢？情况会好一些，但仍然没有保证。不管是否安装价格不菲的门锁，房主在面对入侵者时总是很脆弱。

为什么？因为人的因素是安全过程中最薄弱的环节。

通常情况下，安全仅是假象。当这种假象与轻信、单纯和无知凑在一起时，情况会变得更糟。20 世纪最受尊崇的科学家阿尔伯特·爱因斯坦曾经说过："只有两种东西是无限的，宇宙和人类的愚昧，我对于前者还不十分确定。"当人们犯傻，或者，在更普遍的情况下，只是忽略了有益的安全措施时，社交工程攻击最终就会得逞。如同这位极具安全意识的房主一样，很多信息技术(IT)专业人士也错误地认为，他们能在很大程度上使自己的公司免于遭受各种攻击，因为他们部署了标准的安全产品——防火墙、入侵检测系统以及增强的身份认证设备，比如基于时间的令牌或者生物智能卡。那些认为"仅仅安装了安全产品就可以获得安全特性"的人对于安全的理解实在有点异想天开。这些人生活在一个虚幻的世界中：他们早晚必将遭遇安全事件。

正如知名安全顾问 Bruce Schneier 所指出的："安全不是一个产品，而是一个过程"。而且，安全不是一个技术问题，而是人与管理的问题。

随着研发人员不断地研制出更好的安全技术，要想发掘出技术上的缺陷已变得越来越困难，攻击者将改而更多地利用人的因素。攻克"人"筑的防火墙通常很容易，除了打电话以外无需更多投资，而且风险很小。

1.2　一个经典的欺骗案例

对企业财产安全的最大威胁是什么？答案很简单：社交工程师——不择手段的魔术师，他让你盯着他的左手，却用右手窃取你的机密。这类人通常彬彬有礼，能说会道，也会主动帮忙，以至于你觉得很幸运遇上了他们。

看一个社交工程的例子。今天很少有人还记得一个叫斯坦利·马克·瑞夫金(Stanley Mark Rifkin)的年轻人，以及他在洛杉矶的安全太平洋国家银行的一小段冒险经历(这家银行现在已经不复存在)。对他的所作所为有各种说法，而他本人(像我一样)从来没有讲过自己的经历，所以下面的叙述是根据一些公开的报道整理出来的。

1.2.1　获得代码

1978 年的一天，瑞夫金溜达到太平洋实业银行的电汇室，这是内部工作人员发送和接收转账的地方，每天的总额可达数十亿美元，只有授权的职员才能进入。

瑞夫金所在的公司与该银行有一个合同，其目标是开发一套备份系统，针对电汇室的数据进行备份，以应对主计算机发生宕机的情况。瑞夫金正好在做这个项目，这使得他有机会了解银行的转账手续，包括银行职员怎样安排好发送一笔转账。他了解到，被授权处理转账单的职员会在每天早晨获得高度机密的代码，以便在给电汇室打电话时使用。

在电汇室，职员们为了省去每天记代码的麻烦，就把当天的代码写在一张纸上，贴在醒目的地方。这是十一月的一天，瑞夫金怀着特殊的目的来到电汇室。他想看一眼这张纸。

进入电汇室后，他针对操作过程做了一些笔记，看起来就像是要确保备份系统能同正常系统正确地衔接。同时，他偷偷地看了看那张贴出来的纸上的密码，并把它记了下来。几分钟后他走出了电汇室。正如后来他所谈到的，当时他觉得自己像是中了彩票。

1.2.2　这家到瑞士银行…

大约在下午 3 点离开电汇室后，他径直走向同一幢楼内的大理石大厅中的付费电话。他投入一枚硬币，拨通了电汇室。然后他改变身份，把自己从银行的顾问，斯坦利·瑞夫金，摇身一变成了该银行国际部的马克·汉森(Mike Hansen)。

据某一消息来源指出，对话大致是这样的：

"喂，我是国际部的马克·汉森"，他对接电话的年轻女士说。

她询问办公室号码，这是标准程序，他有备而来："286"，他回答道。

女孩又问，"好的。今天的代码是什么？"

瑞夫金后来说这时他的心跳在肾上腺素的刺激下"加速"。他平静地回答，"4789"，接着他给出转账的指示，"1020 万美元整"，从纽约的 Irving 信托公司转到瑞士苏黎世的 Wozchod Handels 银行账户，瑞夫金事先已在那家银行开了户。

然后女孩又问，"好的，我知道了。现在请你告诉我跨办公室的授权号码。"

瑞夫金直冒冷汗；这个问题是他没有料到的，是他事先策划时的一个疏忽。但他很快镇静下来，装作一切都很正常的样子，一刻也不迟疑地回答："我需要查看一下，稍等片刻我再打给你"。他马上换了一个身份，打电话给银行的另一个部门，这次冒充是电汇室的职员。他得到了跨办公室的授权号码，然后又给那个女孩打回电话。

她接受了授权号码，对瑞夫金说"谢谢"(这种情况下，她还表示感谢，这真是讽刺到了极点)。

1.2.3　大功告成

几天后瑞夫金飞到瑞士，取了现金，用其中的 800 万从一个俄罗斯代理商那里买了一堆钻石。然后他飞回来，把钻石藏在装钱的腰带里，通过了美国的海关检查。他成功地制造了史上最大的银行抢劫案——而且，他没有动用枪支，甚至没有用到计算机。奇怪的是，他的行为在《吉尼斯世界纪录大全》中竟被归到了"最大的计算机诈骗"这一类。

斯坦利·瑞夫金使用了欺骗的艺术——今天，这样的技能(或者技巧)被称为社交工程。周密的计划和健谈的天分就够了。

这正是本书要讲述的内容——社交工程的技巧(敌人精于此道)以及如何防止别人使用这样的技巧来对付你的公司。

1.3　威胁的实质

瑞夫金的故事清楚地表明了我们的安全感是多么误导人。这样的事件——可能不是上千万美元的抢劫案，但也会造成一定程度的伤害——每天都在发生。你可能立刻就会损失金钱，或者有人正在窃取你的新产品计划，而你却尚未察觉。如果这样的事件在你的公司里还没有发生过，那么，问题并非在于它"会不会"发生，而是"何时"发生。

1.3.1　日趋严重的担忧

计算机安全协会在 2001 年度的计算机犯罪调查报告中指出，在接受调查的机构中，有 85%曾在过去的 12 个月内检测到计算机安全攻陷。这是一个令人吃惊的数字：每 100 家接受调查的公司中只有 15 家能够说，他们在过去的一年中没有发生安全攻陷。另外，那些报告出来由于计算机攻陷而遭受经济损失的机构的数量也同样惊人：64%。超过一半的公司遭受了经济损失，而且"仅仅在一年之内"。

以我的个人经历来看，我认为像这样的报告中的数字有些夸大。我对该调查的具体实施细节有些怀疑。但这并不意味着这样的破坏不普遍；相反，这种破坏非常普遍。那些没有准备好应对安全事件的人，就得等待失败的降临。

部署在大多数公司内部的商业安全产品主要是为了防范那些业余的计算机入侵者，比如被称为"脚本小子"的攻击者。实际上，这些所谓的黑客仅仅使用下载下来的软件，他们至多只是制造一些麻烦而已。更大的损失，真正的威胁，则来自于那些老道的攻击者。他们的目标很明确，那就是获取金钱。这些人每次只瞄准一个目标，而不像业余人员那样企图侵入尽可能多的系统。业余的计算机入侵者追求的是数量，而专业人员的目标则是高质量的信息及其相应的价值。

对于企业安全规程来说，有些技术是必要的，比如认证用的设备(为了证明身份)、访问控制(为了管理对文件和系统资源的访问)和入侵检测系统(相当于电子的防盗报警器)。然而，目前的状况是，一家公司针对安全攻击所采取的防范措施，其投入通常比花在喝咖啡上的钱还少。

正像罪犯总是抵挡不住诱惑一样，黑客也总是忍不住要寻找途径，以绕过强大的安全技术防护。为了做到这一点，大多数情况下，他们会把目标瞄准那些使用这一技术的人。

1.3.2　欺骗手段的使用

一个流行的说法是，只有关掉的计算机才是真正安全的计算机。这听起来很有道理，但其实并不对：善骗者可以找到借口说服某人去办公室把计算机打开。想知道你机密信息的对手通过某种手段就能够做到这一点，通常这样的手段多种多样。至于是否成功，则只是时间、耐心、个性和毅力的问题了。这正是欺骗艺术的所在。

为了挫败安全防范措施，黑客、入侵者或者社交工程师必须找到一种办法，让系统的某个可信任用户透漏一些信息，或者设法欺骗一个轻信的用户为自己提供访问许可。如果一个系统的可信职员受了欺骗，或被恶意利用，或被他人操纵，从而导致敏感信息泄露，或者导致执行某些动作，并且这些动作为入侵者打开了一个安全漏洞，那么，世界上再好的安全技术也不能保护这家机构。正如密码学家有时能够利用加密技术的弱点，绕过加密过程从而将编码消息的明文暴露出来一样，社交工程师可以对你的职员实施欺骗手法，以便绕过安全技术。

1.4 滥用别人的信任

多数情况下，成功的社交工程师有很强的人际交往技巧。他们富有魅力、彬彬有礼、讨人喜欢——这些社交特长使他们能很快地与人和睦相处，并取得信任。一个富有经验的社交工程师通过善用策略，充分利用他的这些技艺，几乎能获取到任何他想要的信息。

为了把因使用计算机而导致的风险减小到最低限度，聪明的技术人员不辞辛苦，开发出了各种信息安全方案，然而，他们却忽略了最重要的弱点，即人的因素。尽管有智慧，我们人类——你、我和其他所有人——对相互之间的安全仍然是最大的威胁。

1.4.1 美国人的特征

我们并不总是意识到威胁的存在，尤其是在西方社会。在美国最为糟糕，没有人教我们要相互猜疑。我们接受的教育是"爱你的邻居"，要相互信任和诚实。你可以想一想，保安公司要让人们锁好自己的家门和汽车是多么困难。这种弱点是显而易见的，然而，许多期望生活在理想世界中的人好像忽略了这一点——直到他们受了伤害之后才醒悟过来。

我们知道并非所有的人都是善良和诚实的，但更多时候我们往往相信人性是善良的。这种可爱的无罪论成了美国人生活的一部分，已经很难放弃。最适合居住的地方是最不需要锁和钥匙的地方，这已经扎根在美国人的自由理念中了。

大多数人总是认为自己不会被别人欺骗，因为他们相信受骗的概率非常低。攻击者明白这种普遍的信念，他使自己的要求听起来非常合理，从而不会招致任何怀疑，其实他们始终在利用受骗者的信任。

1.4.2　机构的无罪论

当计算机被远程连接的时候，我们民族特征中的这种无罪论就会暴露无遗。回想起来，互联网(Internet)的前身，即早期的ARPANet(美国国防部高级研究计划局网络)的设计初衷，是为了让政府、研究机构和教育机构共享研究信息。设计所追求的目标是信息自由和技术先进性。 因此，许多教育机构在建立起早期的计算机系统时，很少或根本就没有考虑安全性。一个著名的软件自由主义者，理查德·斯托曼(Richard Stallman)，甚至拒绝用密码保护自己的账户。

但随着互联网被用于电子商务中，网络世界中因缺乏安全而导致的危险性也有了显著的不同。部署更多的技术解决不了与人有关的安全问题。

只需看一看现在的机场就知道了。安全已经被列为重中之重，但我们仍从媒体报道中得知，有的旅客能设法躲过安全检查，携带一些可能的武器通过检查关卡。在机场已经高度警戒的今天，这怎么可能呢？金属探测器失灵了吗？没有。问题不在机器，而在于人：那些操作机器的人。机场的管理层可以组织警卫队，也可以安装金属探测器和人脸识别系统，但更有效的做法可能是培训那些在一线工作的安检人员，教他们怎样正确地鉴别乘客。

在全世界各地的政府、商业和教育机构中也存在同样的问题。即使安全专业人员付出了极大的努力，但只要安全链条中最薄弱的环节——人的因素，没有得到加强，那么，各处的信息仍然是很脆弱的，在那些具备社交工程技能的攻击者看来，仍是唾手可得的。

现在的形势比以往任何时候都迫切，我们要学会停止一厢情愿地想当然，需要更多地了解那些试图攻击我们的计算机系统和网络的人所用的技术，了解他们怎样威胁信息的保密性、完整性和可用性。我们已经接受了防御性驾驶的观念，现在是该接受和学习防御性计算的时候了。

由于外来的攻击而侵犯了你的隐私、你的思想或者你所在公司的信息系统，这种事情除非真的发生了，否则听起来总觉得像是天方夜谭。为了避免发生这种代价昂贵的真实事件，我们必须有清楚的意识，学会该如何行动，保持警惕，积极保护我们的信息资产、个人信息和国家的关键基础设施。而且，从现在起我们就必须付诸实践。

1.5　恐怖分子和欺骗

当然，欺骗并不是社交工程师唯一的工具。现实世界中，恐怖主义制造了最大的新闻，我们比以往任何时候都意识到这个世界是一个危险的地方。文明毕竟只是一层薄薄的粉饰。

2001 年 9 月发生在纽约和华盛顿的袭击事件使我们每个人的心中都充满了悲伤和恐惧。不只是美国人，世界各国善良的人们都是如此。我们应该警觉到这样一个事实：全球训练有素的恐怖分子们正急切地等待着发动下一次袭击。

美国政府最近一系列的举措加强了公民的安全意识。我们需要保持警惕，针对一切形式的恐怖主义。我们需要了解恐怖分子怎样恶意地制造假身份，伪装成学生和邻居，隐藏到人群中。他们在策划陷害我们时掩盖了自己的真实信仰——玩弄欺骗的伎俩，正像你将在本书中所看到的那样。

尽管据我所知，恐怖分子尚未利用社交工程的手段来渗入商业机构、水处理厂、发电厂或者国家基础设施的其他关键部分，但这种可能性是存在的。这太容易了。我希望因为本书的原因，这些机构的高级管理层能够尽快地树立起安全意识并制定安全政策，进一步加以强化。

1.6 关于本书

企业的安全是一个平衡的问题。安全措施太少会使公司易受攻击，但过分强调安全则会妨碍商业运营，影响公司的成长和繁荣。这里的挑战是怎样达到安全和生产效率之间的平衡。

其他关于企业安全的书籍侧重于讲述硬件和软件技术，而对于最严重的威胁——人的欺骗，则很少涉及。与此不同的是，本书的目的，则是帮助你了解你和你的同事、你公司中的其他人是怎样被操纵的，以及你可以设置什么样的屏障来保护自己，以免成为牺牲品。本书的焦点主要集中在那些非技术的方法上，恶意的入侵者通过这些方法来窃取信息、损害那些看似安全但实则不安全的信息的完整性，或者破坏公司中正在运行的产品。

一个简单的事实使我的任务更加困难，那就是：每个读者都曾经被社交工程领域中始终占据重要地位的专家，即他们的父母所控制。他们有办法让你——"为了你好"——去做他们认为最该做的事情。父母是最了不起的故事大王，就像社交工程师为了达到自己的目的，而巧妙地编出一些看似很合理的故事、理由和借口。是的，我们都曾经受到自己父母的深刻影响，他们是善意的(有时可能不那么善意)的社交工程师。

在这种教育的熏陶下，我们变得很容易被操纵。如果我们担心自己可能会被居心不良的人所欺骗，从而时刻保持警惕并且怀疑他人，那么，我们的日子会过得很受煎熬。如果世界是完美的，则我们可以信赖其他人，确信我们所遇到的人是诚实和可信。但问题是，我们并没有生活在一个完美世界中，所以，我们必须训练出一定程度的警惕心，以挫败敌手的欺骗企图。

本书的主要部分，即第 II 和第 III 部分，是由一个个故事组成的，通过这些故事你能看到社交工程师是怎样行动的。在这些章节中，你能了解到：

- 多年以前电话飞客们发现的一种巧妙办法：怎样从电话公司获得未公开列出的电话号码。
- 黑客使用几种不同的方法来说服哪怕是极有警惕心和怀疑心的职员，请他们提供计算机用户名和密码。
- 一个运营中心的经理怎样落入攻击者的圈套中，配合他偷取公司的机密产品信息。
- 攻击者通过某种方法来欺骗一位女士，让她下载一个软件，该软件监测她的每次击键，并通过电子邮件将详细信息送回给他。
- 私人侦探如何获取你公司和你个人的信息。我保证你看了会感到后背发凉。

你可能认为自己在第 II 和第 III 部分所读到的故事是不可能的，没有人能真正成功地利用其中所描述的这些谎言、肮脏的伎俩和阴谋。可现实是，在每一个例子中，这些故事都描述了那些可能会发生，而事实上也确实会发生的事件。其中很多事件每天都在世界上的某个地方发生着，甚至当你正在阅读本书时，你的公司里就发生了此类事件。

本书中的材料可让你大开眼界，它既可以用来保护你的公司，就个人角度而言，也可以阻止社交工程师的来访，以保护你的私生活信息不受伤害。

在第 IV 部分，我换了个角度。这一部分的目标是帮助你制定必要的业务政策和实施安全意识训练，以避免公司职员被社交工程师所欺骗。了解社交工程师的策略、方法和计谋将有助于你部署合理的防范措施来保护自己的 IT 资产，同时又不会影响公司的生产效率。

简而言之，我写作这本书的目的是为了提高你对社交工程所带来的严重威胁的觉醒程度，帮助你确保自己的公司和公司职员减少被利用的可能性。或者，应该这样说，降低像以往那样被利用的可能性。

第 II 部分

攻击者的艺术

第 2 章

当看似无害的信息带来损害时

在大多数人看来，来自社交工程师的实际威胁是什么呢？你应该采取什么措施来保护自己呢？

如果攻击的目标是为了获取某些贵重的东西，比如，公司知识资产的核心部分，那么问题就简单了。形象地说，你只需要一个牢固的保险库和一群全副武装的保卫，对吧？

但事实上，穿透一家公司的安全设施往往很早就开始了，当恶意的攻击者获得了某些看似无关紧要的信息或者文档时，穿透过程实际上就已经开始了。这些信息或者文档看上去如此普通，无足轻重，以至于公司中的绝大多数人都看不出有什么理由要对它们加以保护和限制。

2.1 信息的潜在价值

在公司的财产中，许多看似无害的信息会引起社交工程攻击者的极大关注，因为这些信息可以让他在接下来的行动中获得充足的信任，也就是说，这些信息编织了一件信任外衣罩在他身上。

下面将向你展示社交工程师是如何做到的。通过让你亲眼"目睹"攻击——有时从受害者的角度来描述整个过程，让你站在他们的立场上，体会一下你自己(或者你的某个职员或同事)在这样的情况下可能会如何反应。许多情况下，你也能从社交工程师的角度来经历同样的事件。

第一个例子，让我们来看一看金融业的脆弱性。

2.2 信用检查公司

很长时间以来，英国人一直要忍受非常僵化的银行系统。作为普通、诚实的公民，你不可能不费周折就能开一个银行账户。除非有人在这家银行开户已经相当长时间，而他能给你出具一封推荐信，否则银行不会考虑接受你的开户请求。

的确，这跟如今银行业中看似人人平等的情形大不相同。在当今社会中，与银行打交道最便利的国家莫过于友好、民主的美国，在这里，几乎每个人都能够走进银行，轻而易举地开一个支票账户。不是吗？喔，不完全是这样。事实上，银行不愿意为那些有过不良支票历史的人开户，这是可以理解的，否则这无异于为银行抢劫和资金挪用大开方便之门。所以，多数银行的标准程序中都要求对申请人做一个正反两方面的评估。

同银行签约提供这类信息的公司有多种，其中之一我们称为信用检查公司(CreditChex)。他们为自己的客户提供有价值的服务，但如同很多其他公司一样，也不自觉地为社交工程师提供便利的服务。

第一个电话：吉姆·安德鲁斯

"这里是国家银行，我是吉姆。请问你今天要开户吗？"

"嗨，吉姆。我有个问题要问你。你们使用 CreditChex 吗？"

"用。"

"当你们给 CreditChex 打电话时，怎么称呼你给他们的号码？是'商户号'吗？"

沉默。她在掂量这个问题，猜想这意味着什么，自己该如何回答。

电话另一端的人毫不迟疑，继续说：

"因为，吉姆，我正在写一本书。故事讲的是私人侦探。"

"是的，"她说，回答这个问题时显然增加了自信，由于能帮助一位作家而感到高兴。

"这个号码被称为商户号，是这样吗？"

"对。"

"好的，太棒了。我想确保这些术语是真正的行话，为了写好这本书。谢谢你的帮助。再见，吉姆。"

第二个电话：克里斯·泰伯特

"这里是国家银行的新账户服务部。我是克里斯。"

"嗨，克里斯，我叫亚历克斯，"打电话的人说，"我是 CreditChex 的客户服务代表。我们正在做一项调查以便改进我们的服务。可以占用你几分钟时间吗？"

她很乐意帮忙，电话线那端继续下去：

"好的。你们部门从几点开到几点？"她如实回答，并继续回答他提出的一连串问题。

"你们部门有多少人使用我们的服务？"

"你们隔多久给我们打一次查询电话？"

"我们指定给你们的 800 号码是哪一个？"

"我们的代表总是很有礼貌吗？"

"我们的响应速度怎么样？"

"你在这家银行工作多久了？"

"你现在所用的商户号是什么？"

"在我们提供给你们的信息中，有没有发现任何错误？"

"如果你对我们的服务提出改进建议，请问有哪些方面呢？"

以及:

"如果我们定期向你们部门寄去问卷调查,你愿意填写吗?"

她表示同意,两人又聊了一会儿,打电话的人挂断了电话,克里斯继续工作。

第三个电话:亨利·麦克金塞

"这里是 CreditChex,我是亨利·麦克金塞,您需要帮助吗?"

打电话的人说他是国家银行的。他给出了正确的商户号,然后给出了他要查询的人的名字和社会保险号。亨利要求提供出生日期,打电话的人也给了。

几分钟后,亨利读出了他的计算机屏幕上所列出的资料:

"威尔斯·法格(Wells Fargo)曾在 1998 年有过一次 NSF 纪录,数额为 2006 美元。" NSF——资金不足(nonsufficient funds)——是一个广为人知的银行业术语,指那些虽已签发,但账户上的资金已不足的支票。

"从那以后没有其他记录吗?"

"没有。"

"有过其他查询的记录吗?"

"我看一下。喔,有两次,都在上个月。芝加哥的第三联合信用联盟。"第二个名字(Schenectady Mutual Investments)很拗口,他停顿下来,不得不用拼写字母的办法读出此名字,"这第二家在纽约州,"他补充道。

2.2.1 私人侦探的工作

所有这些电话都是同一个人打的:一个私人侦探,我们称他为奥斯卡·格雷斯。格雷斯有一个新客户,是他的第一批客户之一。几个月前格雷斯还是一名警察,他发现自己的这份新工作有些案例很容易处理,但另外有些案例却是对自己的资源和创造力的一种挑战。这个客户就属于有挑战性的那一类。

小说中劳苦卖力的私人侦探——山姆·斯派特和菲利普·马洛斯——为了帮客户捉奸，往往在汽车里一呆就是几个小时。现实生活中的私人侦探也要做同样的事情。他们也要做一些虽然很少见诸文字但重要性却丝毫不低的、诸如调查有裂痕夫妇的行为之类的事情，只不过他们的方法更多地依赖于社交工程技巧，而不是简单地依靠夜间蹲守来完成任务。

格雷斯的新客户是一个衣着颇为讲究的女士。有一天，她走进他的办公室，坐在唯一一把没有堆放纸张的皮椅上。她把大的 Gucci 手提包放在他的桌子上，商标对着格雷斯，说她打算告诉丈夫自己想离婚，但承认"有点小问题。"

看起来她的丈夫已经先行一步了。他已经把现金从他们的存款账户上取出，股票账户上更大的一笔钱也未能幸免。她想知道他们的财产究竟被转移到哪里去了，但她的离婚律师却帮不上忙。格雷斯猜测这位律师是那种生活在高级住宅区里的大律师，不愿插手诸如"钱到哪里去了"之类的琐事。

格雷斯能帮得上忙吗？

他向她保证，这事情很好办，于是给她列了费用，开了账单，并收取了首付支票。

然后他开始面对他自己的问题。如果你以前从来没有经手过类似的工作，也不知道该如何追踪一笔钱的去向，那你该怎么办呢？你只能像婴儿学步那样地试着往前走。下面，根据我们的消息来源，是格雷斯的故事经过。

我知道 CreditChex，也知道银行怎样利用它的服务——我的前妻曾经在银行工作过。但我不知道他们的行话和办事程序，去问我的前妻无疑是浪费时间。

· · · · · · · ● ● ● ● ● ● ● ● ● ● ● ● ● · · · · · · · · ·

第一步：了解行业术语，搞清怎样才能使我的提问听起来好像我很清楚自己在说什么。当我给银行打电话询问，他们在给 CreditChex 打电话时怎样表明自己的身份时，银行的一位年轻女士——吉姆有些怀疑。她犹豫了，不知道是否应该告诉我。我气馁了吗？一点也没有。实际上，她的犹豫正好给了我一个重要的线索，表明我需要给出一个她认为可信的理由。当我骗她说我正在为一本书作调研时，她的疑虑打消了。你只要说你是一个写书的或者写电影剧本的，每个人都会对你开绿灯。

她知道的有用信息还有更多：例如，CreditChex 要求提供什么样的信息来识别电话请求者、你可以请求哪些信息，还有更重要的是，吉姆的银行商户号是什么。我本来打算问这些问题，但她的犹豫使我警觉。虽然她接受了我在为写书作调研的解释，但也已经表现出了一定的怀疑。如果她一开始就表现得很乐意的话，我就会询问一些有关她们办事程序的细节。

你必须相信自己的直觉，仔细听清她在说什么，以及她的说话方式。这位女士看起来很机灵，如果我问她太多不寻常的问题，她可能会报警。尽管她不知道我是谁，以及我的电话号码，但在这件事情上，你永远不希望有人到处警告别人"小心有人打电话来这里探查情况"。因为你不想点燃了源头——你可能换个时间还要给这个办公室打电话。

行话

马克：骗局的受害者

点燃了源头：如果攻击者允许受害者知晓攻击已经发生，则称攻击者"点燃了源头"。一旦受害者有所觉察，并且将攻击企图通知其他的员工或管理层，那么，以后再想利用同样的源头就非常困难。

我总是非常注意小的细节，它们让我知道一个人的合作程度怎么样，从"听得出来你是一个好人，你说的我都相信"到"快报告警察，提醒国家安全部门，这家伙不会干好事。"

　　我感到吉姆有些不安，所以我就打电话给另一个部门。这次是克里斯接的电话，"调研"的诡计很有迷惑性。这里的策略是把重要的问题掺杂在琐碎的、不合逻辑的问题中间，这样可以给人一种可信的感觉。我在提出关于 CreditChex 商户号码的问题之前，作了最后一个小小的测试，向她提了一个私人问题，问她在这家银行工作多久了。

　　这类私人问题就像一个地雷——对于有些人，他们径直踩上去却丝毫不觉；而对于其他人，地雷却会爆炸，他们四散逃开寻求保护。所以我问了一个私人问题，她做了回答，而且语气没有任何变化，这表明她可能对于我这次问询的性质没有怀疑。我可以安全地继续提问而不会引起她的怀疑，而她很可能会告诉我期望的答案。

　　一个好的私人侦探还知道另一点：不要在得到关键信息后马上结束谈话。再问两三个问题，闲聊几句，然后才说再见。以后，如果受害者记起你曾经问过什么，则极有可能是最后几个问题，其他的通常都忘掉了。

　　所以当克里斯给了我商户号码和他们用来向 CreditChex 请求服务的电话号码以后，如果我继续问她从 CreditChex 能得到哪些信息，则对我将会有极大的帮助。但最好不要碰这样的运气。

　　现在我如同有了 CreditChex 的一张空白支票。任何时候我想打电话了解情况都可以。我甚至不需要为该服务付费。正如后来所发生的那样，CreditChex 的代表很乐意提供我想知道的情况：我的客户的丈夫最近在两个地方申请开户。那么，即将成为他前妻的那位夫人要找的财产到哪里去了呢？除了 CreditChex 上列出的那两家银行，还能有哪里？

2.2.2　骗局分析

　　这整个骗局建立在社交工程领域中的一个基本策略基础之上：获取那些在尚未造成危害时公司职员认为无害的信息。

　　第一个银行职员确认了在致电 CreditChex 时描述标识信息的用

语：商户号码。第二个给出了致电 CreditChex 所用的电话号码，以及更重要的信息，即银行的商户号码。所有这些信息在银行职员看来都是无害的。毕竟，银行职员认为自己在跟 CreditChex 公司的人讲话——既然如此，透漏该号码又有何妨？

所有这些工作为第三个电话打下了基础。格雷斯掌握了给 CreditChex 打电话所需的一切信息，他假扮成来自他们的某一个客户银行，即国家银行，然后直接询问他需要的信息。

就像一个出色的骗子善于窃取钱财一样，格雷斯善于窃取信息，懂得察言观色之妙用。他深知"把关键的问题隐藏在无关紧要的问题当中"这一普遍策略，也知道用一个私人问题就能测试出第二个职员是否愿意合作，然后在不经意间向她询问商户号码。

第一个职员所犯的错误，即确认 CreditChex 身份号码的用语，几乎不可能避免。这一用语在银行业是广为人知的，因而它显得毫无重要性可言。这是一个典型的被认为无害的信息。但第二个职员，克里斯，不应该在尚未确认电话对方的身份是否如他所宣称的那样之前就轻率地回答问题。她至少应该记下他的名字和电话号码，并给他打电话回去；这样的话，如果以后发生了什么问题，那她至少还记录下这个人使用过哪个电话号码。在这个案例中，像这样回打一个电话将使攻击者很难冒充 CreditChex 的代表。

更好的做法是用一个银行内部记录在案的号码——而不是用来电者所提供的号码——打电话给 CreditChex，来确认此人确实在那里工作，并且该公司确实在做客户调查。然而考虑到现实世界的实际情况，以及今天大多数人所处的工作压力，多数情况下指望他们打这样的确认电话是不太现实的，除非银行职员怀疑某种攻击正在进行或者将要进行。

> **米特尼克的提示**
>
> 在这种情况下，商户号码类似于密码。如果银行职员将它视为自动取款机的 PIN 码，则他们也许就能够理解该信息的敏感性。在你的组织内部是否存在这样的内部代码或数字，人们对它们有没有给予足够的重视呢？

2.3　工程师的陷阱

一个广为人知的事实是，猎头公司利用社交工程手段来替公司招聘人才。下面是一个介绍具体过程的例子。

在 20 世纪 90 年代后期，一家不很道德的招聘代理签订了一个新客户。该客户是一家公司，它需要招聘一些在电话领域有工作经验的电子工程师。负责这个项目的经理是一位声音沙哑的女士，她长期以来形成了一种习惯，即以一种性感的方式通过电话与客户建立起最初的信任和关系。

这位女士决定把目标锁定在一家蜂窝电话服务提供商，看能否在那里找到一些工程师，诱惑他们到竞争对手那里去。她不能直接打电话给这家公司的交换台说"我要与一位有 5 年以上工作经验的人讲话"，而是找了一些借口开始了她的进攻，稍后我们将看到她找的是什么借口。她的入手点是索要一些看似无任何敏感性的资料，一般来说，不管什么人要这些资料，公司里的人几乎都会提供。

第一个电话：接线员

攻击者使用的名字是迪迪·珊兹(Didi Sands)，他给蜂窝电话服务商的集团办公室打了一个电话。谈话的内容基本上如下所示：

接线员(R)：下午好。我是玛丽亚，您需要帮助吗？

迪迪(D)：能给我转接到传输部门吗？

R：我不确定我们有这样的部门，我需要查一下通讯录。您是哪一位？

D：我叫迪迪。

R：您在这栋楼，还是…?

D：不，我在外面。

R：哪个迪迪？

D：迪迪·珊兹。我有传输部门的分机号，可我忘了它是多少了。

R：请等一下。

为了避免接线员起疑，迪迪这时即兴问了一个很随意的问题，目的是为了让对方觉得她是"内部"人员，对公司的位置非常熟悉。

D：你在哪栋楼——湖景楼还是主楼？

R：主楼。(停顿了一下)传输部门是 805 555 6469。

考虑到万一她给传输部门打电话但不能获得她所要的信息，于是迪迪说她还想跟物业部门通电话。接线员也把物业部门的号码给了她。当迪迪要求转接到传输部门时，接线员试了一下，但占线。

这时，迪迪要了第三个号码，收账部门(AR, Accounts Receivable)的电话，这是该公司的一个位于德克萨斯州奥斯汀的机构。接线员让她等一下，并离开了电话。她干什么去了呢？向安全部门报告她接到了一个可疑电话，并且认为有阴谋要发生吗？根本不会，迪迪丝毫不担心这一点。她确实是有点啰嗦了，但对于接线员来说，这是日常工作的一部分。过了大约一分钟，接线员回到电话前，查到了收账部门的号码，并试着拨通了，然后将迪迪的电话转了过去。

第二个电话：佩吉

下面的谈话是这样的：

佩吉(P)：这里是收账部门，我是佩吉。

迪迪(D)：嗨，佩吉。我是迪迪，在千橡树市。

P：嗨，迪迪。

D: 你好吗?

P: 还好。

然后迪迪使用了一个在企业领域中很常见的用语,它经常用来描述把费用算在特定的部门或工作组的预算中。如下:

D: 太好了。我有个问题要请教。我怎样才能知道一个部门的费用中心?

P: 你应该要找这个部门的预算分析师。

D: 你知道千橡树总部的预算分析师是谁吗?我正在填一张表,但不知道是哪个费用中心。

P: 我只知道如果你需要费用中心的号码,你就要给你的预算分析师打电话。

D: 在德克萨斯有你们部门的费用中心吗?

P: 我们有自己的费用中心,但他们没有给我们一个完整的费用中心列表。

D: 费用中心是几位数?比如,你们的费用中心?

P: 喔,你是在 9WC 还是 SAT?

迪迪根本就不知道这是指哪一个部门或者小组,但没有关系。她回答:

D: 9WC。

P: 那它通常是 4 位数。你说你和谁在一起?

D: 总部——千橡树。

P: 喔,这里有一个是千橡树的。是 1A5N,Nancy 的 N。

只不过是跟某一个乐于助人的人多聊了一会儿,迪迪就得到了自己想要的费用中心代码——一个没有人想到要保护的信息,因为它看似对公司外部人员毫无价值。

第三个电话:有用的错误号码

下一步,迪迪把赌注押在费用中心号码上,期望通过它来获取有实际价值的东西。

　　她开始行动，首先打电话给物业部门，假装拨错了号码。她说，"很抱歉打扰了您，但是…"。她说自己是一名职员，丢失了公司的通讯录，想问一下应该打电话给谁以便要一份新的。那位男士说打印出来的通讯录副本已经过期了，因为新的副本可以通过公司的内部网络得到。

　　迪迪说她更想要一份硬拷贝的副本。那人告诉她打电话给出版部，并且，在迪迪还没有提出请求之前——或许他想让这位听起来很性感的女士在电话那端多与自己攀谈一会儿——主动帮忙查到号码并告诉了她。

第四个电话：出版部的巴特

　　在出版部，她跟一位名叫巴特的男士聊上了。她说自己来自千橡树市，他们有一个新的顾问需要一份公司的通讯录。她告诉他，打印的副本更适合于该顾问，虽然它已经有点过期了。巴特告诉她需要填一份申请单发送给他。

　　迪迪说自己表格用完了，事情很急，巴特能否做个好人代她填一份？他答应了，显然有点热情过度了，然后迪迪告诉他一些细节。至于那位虚构的合同工的地址，她用了社交工程师所称的邮件落点(mail drop)，在这个案例中是一个邮箱一类的商务地址，她的公司为了应对这种情况早已租用好邮箱了。

　　早些时候费尽心机打好的基础现在可以派上用场了：通讯录本身和邮寄都需要收费。没问题——迪迪提供了千橡树的费用中心号码。

　　"IA5N，Nancy 的 N。"

　　几天后，公司的通讯录来了。迪迪发现比自己预想的收获还要大：上面不只列出了人名和电话号码，还显示了上下级关系，即整个公司的组织结构。

　　这位声音沙哑的女士现在开始打电话进行她的猎头工作。她已经骗取到了所需要的信息，她所用的手段是每个熟练的社交工程师都拥有的健谈本能。现在成功在向她招手了。

> **行话**
>
> **邮件落点(mail drop)：** 社交工程师对租来的邮箱的称呼。通常是用假名租来的，其用途是接收受害者上当后寄来的文件或包裹。

米特尼克的提示

就像在拼图游戏中一样，每条信息本身可能并不相干。但是当很多信息组合到一起时，一个清晰的画面就浮现在眼前了。在这个案例中，社交工程师所看到的画面是该公司的整个内部结构图。

骗局分析

在这次社交工程攻击中，迪迪的第一步工作是，获得目标公司三个部门的电话号码。这很简单，因为她索要的号码不是什么秘密，尤其对于公司职员而言。社交工程师知道该怎样使自己听起来像一个内部人员，迪迪很擅长这一点。其中一个号码使她得到了一个费用中心的号码，随后她用这个号码得到了该公司的一份职员通讯录。

她用到的主要工具是：听起来非常友好，使用一些在企业领域很常用的行话；另外，对最后一个受害者，在谈话过程中还"抛了媚眼"。

还有一个工具，一个不太容易获得的基本要素——社交工程师操纵他人的技巧，这需要通过深入的实践和吸取前人未写下来的经验，才能获得技巧并有所长进。

2.4　更多的"无用"信息

除了费用中心号码和内部的电话分机号以外，其他还有什么信息看似没用，但对于敌手来说却非常有价值吗？

皮特·阿贝尔的电话

"喂，"电话另一端说，"这里是帕克赫斯特旅行社的汤姆。您去旧金山的机票已经订好了。您希望我们给您送过去，还是自己来取？"

"旧金山？"皮特说。"我不去旧金山。"

"您是皮特·阿贝尔吗？"

"我是，但最近我并没有打算要旅行。"

"哦，"打电话来的人一边说着，一边发出友好的笑声，"您确定自己不想去旧金山吗？"

"如果您能够说服我老板的话…"皮特说，继续着友好的谈话。

"看起来好像是搞错了，"打电话来的人说。"在我们的系统中，我们根据职员编号进行旅行安排。也许有人弄错了编号。您的职员编号是多少？"

皮特毫不迟疑地报上了自己的职员编号。为什么不呢？它出现在自己所填写的每一份人事表格上，公司里有很多人能看到它——人力资源部的、工薪部的，很显然，还有公司外部的旅行社。没有人把职员编号看成一种秘密。告不告诉别人又有什么两样？

其答案并不难理解。两三样信息可能就足以支撑起一次成功的假冒行为——社交工程师冒用别人的身份。取得职员的名字、他的电话，以及他的职员编号——或许，最好也能得到其经理的名字和电话——这样，即使一个半瓶子醋的社交工程师，也有了足够的信息，使自己在给下一个目标打电话时听起来非常可信。

如果昨天有人给你打电话，说他来自公司另外的部门，并且给出了可信的理由，然后要你的职员编号，你会不愿意给他吗？

顺便问一下，如果要你的社会保险号码又会怎么样呢？

米特尼克的提示

这个故事的寓意是，不要向任何人透露任何关于个人或公司内部的信息或身份标识，除非你能听出他或她的声音，而且他或她确实需要知道这些信息。

2.5　预防骗局

公司有责任让职员知道，对非公共信息的不当处理可能导致非常严重的后果。一个考虑周全的信息安全政策，加上适当的教育和培训，可以极大地增加职员们正确处理公司商业信息的意识。信息分类政策能够帮助你从信息泄露的角度来实现正确的控制。若没有信息分类政策，则所有的内部信息，除非有特殊说明，否则都应视为机密。

可采取以下这些措施来防止你的公司泄露那些看似无害的信息：

- 信息安全部门有必要在培训过程中介绍社交工程师所用的手段的细节，以此来加强职员们的自觉意识。正如前面所描述的，社交工程师的一种做法是获取那些看似不敏感的信息，然后用它作为筹码来获得暂时的信任。每个职员都要认识到，当打进电话的人知道公司的办事程序，也了解行话或内部身份标识时，这并不能证明他或她的身份，也不意味着他或她有必要知道某些事情。打电话的人可能是知道内部信息的合同工，或者公司以前的职员。相应地，每个公司都有责任采取适当的身份验证方式，当公司的职员与不相识的人打交道，或通过电话协同工作时就可以用来验证对方的身份。

- 负责起草数据分类政策的人或小组应当仔细检查信息的种类，特别留意那些可用来接近看似无关紧要的普通职员，但进一步可获取到敏感信息的细微之处。你肯定不会透露自己ATM 卡的存取密码，但如果有人问你，你在公司里用哪一台服务器来开发软件产品，你会告诉对方吗？这样的信息会不会被一个假冒成对公司网络有合法访问权限的某个人利用呢？

- 有时，社交工程师只要知道一点内部用语，就会显得非常有权威性，也非常有见地。攻击者通常利用这一普遍的错觉，就能够诱使受害者就范。比如，"商户号码"是新账户部门的人每天时常会用到的一个标识符号。但这个标识符号实际上起着与密码同样的作用。如果每个职员都能认识到这个标识符号的意义——用来确认一个请求者的身份——那么他们对此就会谨慎得多。

- 没有一家公司——哦，即便有也是极少数——会把 CEO(首席执行官)或董事长的直拨电话号码公诸于众。但大多数公司都不在意把电话号码告诉给公司内部的大多数部门和工作组——尤其是告诉给公司职员，或看起来好像是职员的人。一种可能的防范措施是：制定一项政策，禁止把职员、合同工和顾问的内部电话号码告诉给外部人员。更重要的是，规定一个可逐步执行的程序，以便当有人打电话要某个人的电话号码时可以确认此人是否真的是公司职员。

米特尼克的提示

正如一句古老的谚语所言，真正多疑者，可能确有其敌人。我们要假定每个商业机构都有自己的敌人——那些试图通过攻击网络基础设施来窃取商业机密的攻击者。不要使自己成为计算机犯罪的牺牲品——现在是该采取必要的防范措施，通过制定深思熟虑的安全政策和规程来实施适当控制的时候了。

- 工作组和部门的财务代码，以及公司的通讯录(不管是硬拷贝、数据文件，还是内部网上的电子电话簿)经常会成为社交工程师的目标。每家公司都应该针对这类信息的扩散制定一个书面的政策，并明确地告知每个人。当敏感信息被扩散至公司以外的人时，在基本的防范设施中，最起码应该将此事记录下来。
- 像职员号码这一类信息，其本身不应该被作为任何形式的身份验证凭据。公司必须培训每一个职员，不仅要验证请求者的身份，还要看他是否有必要知道所请求的信息。
- 在做安全培训时，应该考虑将以下方法教给职员们：当有陌生人提出问题或请求帮助时，要学会首先有礼貌地拒绝，直到他或她的请求被通过验证为止。然后，一定要遵循公司有关身份验证和非公开信息发布的政策和规程，之后你才可以顺从自己的天性，做一个好好先生或好好女士。这种风格可能违背了我们乐于助人的天性，但为了避免让自己成为社交工程师的下一个受害者，一点正常的怀疑可能是必要的。

从本章的故事中可以看到，一些看似无害的信息，可能成为取得你公司中最具价值的秘密信息的钥匙。

第 3 章

直接攻击：开门见山地索取

许多社交工程攻击非常复杂，涉及一系列步骤和周密的计划，其中往往掺杂着操作上的技巧和技术上的诀窍。

但我常常惊讶地发现，一个熟练的社交工程师通常只需使用简单、直接的攻击就可以达到目的。下面你将看到，他只需开门见山地索要信息就够了。

3.1　MLAC 的不速之客

想知道某个人未登记在册的电话号码吗？社交工程师可以传授给你好多种方法(在本书的其他故事中你可以看到其中某些方法)，但是，可能最简单的方法只要打个电话就行了，正如下面所述。

3.1.1　请告诉我电话号码

攻击者拨通了机械线路分配中心(MLAC)不对外公开的公司电话号码，对接听电话的女士说："嗨，我是保罗·安斯尼，是一名电缆接线工。听着，这里有个终端盒在火灾中烤坏了，警察认为有个不怀好意的人企图烧毁自己的房子来骗取保险费。他们把我叫到这里来重新接好这两百对终端。现在我实在需要帮助。请问南主路6723 号应该配接在哪些设备上？"

在电话公司的其他部门，接电话的人应该知道，对于非公开号码的逆向信息查询应该只告诉给授权的电话公司员工。MLAC 并非人人都知道，只有公司职员才会知道。虽然他们并没有将信息对外公开，但是面对一个承担如此繁重任务的人，谁又会拒绝提供一点小小的帮助呢？她本人在工作中也遭遇过不愉快的经历，因此很同情他的处境，决定稍微违反一下规定，以帮助这位同事解决当前面临的困难。于是她告诉了他有关电缆对的情况，以及分配给该地址的每个工作号码。

3.1.2　骗局分析

在这些故事中你已经多次看到，熟悉公司的行话和它的组织结构——它的各个办公场所和部门，以及每个部门在做什么事情、掌握了哪些信息——是成功的社交工程师百宝箱中的基本部分。

米特尼克的提示

信任同伴是人类的天性，尤其当对方的请求通过了合理性测试的时候。社交工程师利用这个常识来对付他们的目标对象，从而达到自己的目的。

3.2　在逃的年轻人

有个年轻人，我们称他为弗兰克·帕森斯，已经在逃多年。由于他曾经是 20 世纪 60 年代一个地下反战组织的成员，联邦政府仍然在通缉他。在饭馆用餐时，他坐在门口对面的位置，每过一会儿就回头看一眼，这种举动让别人很反感。另外，他每过几年就要更换一次住所。

一次，弗兰克来到一个陌生的城市，并且开始找工作。对于像他这样的人，因为有非常不错的计算机技术(同时也有很好的社交工程技巧，不过在工作申请表上他从来不会将这一点列出来)，找到一份工作自然不成问题。除非经济非常不景气，否则计算机技能高超的人才总是非常抢手，他们要想落脚几乎不成问题。很快，弗兰克在住所附近的一家规模很大的护理机构中找到了一份薪水不错的工作。

"这还不错"，他想道。不过当他填写申请表时，问题来了：这家公司要求申请人提供一份在该州的犯罪历史记录，这份记录只有从州警察局才能弄到。在那堆工作申请文件中包含一份请求该文档的表格，表格上有一个地方是要求按指纹的。尽管他们只需要右手食指的指纹，但是，如果他们把他的指纹与联邦调查局(FBI)数据库中的比对一下，那他可能很快就要到某个联邦出资的游乐胜地从事餐饮服务工作了。

另一方面，弗兰克想到，有可能(只是有可能)自己仍然可以应付过去。也许这个州根本不会把这些指纹样本送给 FBI。他如何能够确定这一点呢？

怎么办？他是一名社交工程师——你认为他该怎么办？他向州警察署打了个电话："您好，我们正在为州司法部做一项调查。为了实施一个新的指纹识别系统，我们现在需要做一些需求调研。你们有没有熟悉现在这套系统做法的人？我想请他帮忙，我可以跟他讲话吗？"

当地的专家来接听他的电话，弗兰克问了他一连串问题，涉及他们当前正在使用的系统的情况，以及该系统搜索和存储指纹数据的能力等。他们曾经有过设备问题吗？他们与国家犯罪信息中心(NCIC)的指纹检索系统相连了吗？还是仅限于在州内使用？每个人都能轻易地学会怎样使用吗？

他狡猾地把最主要的问题隐藏在其余问题当中。

得到的答案使他心情愉快：他们的系统没有与 NCIC 相连，他们只是查对本州的罪犯信息索引(CII)。这就是弗兰克所要知道的一切信息。他在该州没有任何犯罪记录，所以他提交了申请，之后得到了这份工作。从来没有人来到他的座位旁，如此向他问候："这几位先生是 FBI 来的，他们想约你谈谈。"

米特尼克的提示

精明的信息诈骗者毫无顾忌地向联邦、州或当地政府官员打电话来了解司法程序。有了这些信息，社交工程师就能够避开你公司的常规安全检查。

3.3　在门前的台阶上

尽管有无纸办公的神话，但许多公司仍然每天打印出大量的纸质文档。尽管你采取了安全防范措施，也打上了机密标志，但是你公司里打印出来的信息仍有可能成为攻击者的目标。

下面的故事将会告诉你，社交工程师有可能通过什么手段来获取你最机密的文档。

3.3.1　回路欺骗

电话公司每年都要发布一份"测试号码目录"(至少他们过去是

这么做的，因为我还在被监管期间，所以不能问他们是否还这么做)。这份文档被电话飞客们视为珍宝，因为上面列出了所有受到严密保护的电话号码，电话公司的专家、技师和其他人利用这些号码来完成诸如"中继线测试"或"检测那些总是处于忙状态的号码"之类的事情。

这些测试号码中，有一类号码尤为有用，行话称之为"回路号码(Loop-around)"。电话飞客们利用这种号码来找到其他的电话飞客，并且相互聊天，却不需要付任何费用。电话飞客们还用它来建立一个回呼号码，比如提供给银行这样的机构。社交工程师告诉银行的人一个电话号码，说是自己办公室的。当银行给这个测试号码(回路号码)回电话时，电话飞客能接听电话，但他加了一层保护，使得从这个号码无法追踪到他。

"测试号码目录"提供了很多信息，那些对信息如饥似渴的电话飞客们正好需要这些信息。所以，当每年新的目录发布时，许多爱好探索电话网络的年轻人总是想方设法拿到这份目录。

> ### 米特尼克的提示
>
> 公司为保护信息资产制定政策后，所做的安全培训必须针对公司的每个员工，而不是仅仅针对那些有权通过电子或物理方式访问到公司 IT 资产的人。

3.3.2 史蒂夫的诡计

自然地，电话公司不会让人轻易得到"测试号码目录"，所以，电话飞客们就需要通过一些创造性的手段来得到这样的号码本。他们会怎么做呢？一个渴望得到号码本的年轻人可能会制造出这样的场景。

南加利福尼亚州的秋天，一个星光灿烂、暖风拂面的夜晚，一个自称史蒂夫的家伙把电话打进了一家小电话公司的中心办公楼。该公司服务区域内所有家庭的和商用的电话线路都是从这栋楼引出的。

当值班的接线员接听电话时，史蒂夫自称来自该公司内负责出版和分发打印材料的部门。"我们这里有你的一份新的测试号码目录，"他说，"但是出于安全的原因，我们必须把旧的收回后才能将新的交给你。投递人要晚些时候才能过去。如果你愿意的话，请把你手里的那份放在门外，他就能拐个弯，把你的那份拿走，留下新的，然后继续送别的。"

接线员未起疑心，他可能认为这是合理的。他按照要求，把自己的那份目录放在门口的台阶上。目录的封面用大大的红字印着："公司机密——当不再使用时应销毁。"

史蒂夫开车过来，小心地环顾四周，看有没有警察或电话公司的保安隐藏在树丛后面或者在停靠的汽车里盯着他。没有发现什么人。他装作很随意的样子拿起自己觊觎已久的目录，然后驾车离开了。

这个例子再次说明了社交工程师根据"开门见山地索取"的简单原则，得到自己想要的东西是多么容易。

3.4　瓦斯攻击

在社交工程攻击的情况下，面临风险的不仅仅是公司的资产，有时候公司的客户也可能成为受害者。

客户服务这份工作有时候会让人感受挫折，有时候会使人开心，有时候又会犯下一些不自觉的错误——有些错误可能会给公司的客户带来不愉快的后果。

3.4.1   詹尼·艾克顿的故事

詹尼·艾克顿(Janie Acton)呆在一个小隔间刚满三年，她是华盛顿特区的家乡电力公司(Hometown Electric Power)的一名客户服务代表。她聪明而有责任心，因而被认为是最好的职员之一。

• • • • • • • • • • • • ● ● ● ● ● ● • • • • • •

这一周就是感恩节了，突然一个奇怪的电话打了进来。打电话的人说，"我是收费部门的爱多尔多(Eduardo)。一位女士正在等我回电话，她是行政部门的秘书，为一位副总裁工作。她想要一些信息，但我现在用不了计算机。我收到一封来自人力资源部一个女孩的电子邮件，邮件说"我爱你"，我打开了附件，然后就用不了计算机了。病毒，我估计中了病毒。不管这些，你能帮我查一些客户信息吗？"

"当然可以，" 詹尼回答说，"你的计算机崩溃了吗？真是太糟糕了。"

"是呀。"

"我怎样帮你呢？" 詹尼问道。

这名攻击者事先做了一些调查，以便使他的话更加可信。他了解到自己想要的信息储存在一个称为"客户记账信息系统(CBIS，Customer Billing Information System)"的地方，并且弄清楚内部职员如何称呼该系统。他问道，"你能调出 CBIS 中的一个账户吗？"

"可以，账户号码是什么？"

"我没有号码；只好麻烦你根据姓名调出来。"

"好吧，那么姓名是什么？"

"海石·马宁(Heather Marning)"，他给出了拼写，詹尼敲了进去。

"好的，我看到了。"

"太棒了。这个账户还在用吗？"

"啊，是的，还在用。"

"账户号码是什么？"他问道。

"有铅笔吗？"

"我准备好了。"

"账户号码是 BAZ6573NR27Q。"

他把号码读了一遍，又问道，"服务地址是哪里？"

她给了他地址。

"电话是多少？"

詹尼很热情地把电话号码也读给他听。

打电话的人向她表示感谢，道声再见后就把电话挂掉了。詹尼继续接听下一个电话，没再细想这件事。

3.4.2　阿特·西里的调查项目

阿特·西里(Art Sealy)曾为一家小出版社做自由编辑工作，但是当他发现给作家和商业机构做调查更能赚钱时，他便辞掉了这份工作。很快地，他发现，自己能收取的费用，与"所要做的调查离合法与非法之间的那道模糊边界的远近"成比例。尽管阿特从来没有意识到"社交工程师"这种特殊的工作方式，也没有想到要赋予这样一个特定的称谓，但事实上阿特成了一名社交工程师，开始使用各种对于信息入侵者来说非常熟悉的技术。他天生精于此道，对有些技术能无师自通，而大多数其他社交工程师则需要从别人那里学习获得。很快地，他突破了合法与非法之间的那条界限而没有任何负罪感。

•••••••••●•••••••••

有一个人跟我联络，说他正在写一本关于尼克松时代内阁的

人，他现在正在寻找一个调查人员，以便能够挖出威廉·伊·西蒙
(William E. Simon)，尼克松的财政部长的内幕资料。西蒙先生已经
去世了，但是这位作者知道一个曾经做过他幕僚的女士的名字。他
确信这位女士仍然生活在华盛顿特区，但弄不到她的地址。在电话
簿上没有以她的名字进行登记的电话，至少上面没有列出来。所以
他给我打电话。我告诉他，放心吧，没问题。

对于这类事情，如果你知道该怎么做的话，通常一两个电话就
搞定了。每个当地的公共事业公司一般都能够提供这一类信息。当
然，你难免要胡说八道一番。不过，偶尔说一点无伤大雅的谎话又
有什么关系呢——不是吗？

为了使事情更为有趣一些，我喜欢每次采用不同的方法。"这
是行政办公室的某某"对我来说总是奏效，像这次的"副总裁某某
办公室的某个人正在等我电话"也达到了目的。

你必须培养作为一名社交工程师的本能，能够感觉到电话另一
端的人跟你合作的意愿如何。这次我幸运地遇到了一个态度友好、
乐于助人的女士。只用了一个电话，我就得到了地址和电话号码。
任务完成了。

米特尼克的提示

不要总认为所有的社交工程攻击都需要经过精心的策
划，都非常复杂以至于在尚未完成之前可能就被发觉到了。
有些攻击非常简单，只需直进直出，打完就走，甚至仅仅
是——开门见山地索取。

3.4.3   骗局分析

当然，詹尼知道客户信息的敏感性。她绝不会与一个客户讨论
另一个客户的账户，也不会公开他们的私人信息。

但如果打电话的人是同一个公司内部的，则自然要采用不同的

规则。对于同事而言，问题就变成了团队合作，以及帮助别人做好工作。那个收费部门的人，如果他的计算机没有中病毒，他就能自己查找这些细节；她很乐意帮助自己的同事。

阿特逐渐接近自己真正想知道的关键信息，同时也问一些实际上并不关心的问题，比如账户号码。但同时，账户号码信息也为他自己留好了退路：如果这名职员起疑的话，他可以再打第二次电话，那时他成功的可能性就会大许多：因为知道账户号码将使得他在下一个职员那里显得更可信。

詹尼从来没想过有人会在这样的事情上撒谎，打电话的人可能根本就不是收费部门的。当然，这不是完全归咎于詹尼。她并不很清楚这样的规则：在谈论客户信息之前应该确定是在跟谁谈话。没有人向她提起过像阿特这类电话的危险性。这不在公司的规章制度中，也不包含在她的培训程序中，她的上司也从来没有向她提起过。

3.5　预防骗局

在你的安全培训中应该加入这一点：不要仅仅因为打电话的人或者来访的人知道公司里某些人的名字，或了解公司的某些行话或办事程序，就听信他说自己是谁就真的是谁。当然，这更不意味着他有资格知道公司的内部信息，或者有权进入公司的计算机系统或网络。

安全培训需要强调一点：当你有疑虑时，必须确认，确认，再确认。

早些时候，有权访问公司的内部信息是职位和权利的一种标志。工人烧炉子，开机器，录入信件，归档报告。工头或者老板告诉他们该做什么，何时做，怎样做。只有工头或老板才知道每个工人在一轮班次中该生产多少零部件，本周、下周和月底前工厂应该生产多少件，分别是什么颜色和尺寸。

工人操作机器、工具和材料，老板掌控信息。工人只需要那些与自己的工作有关的信息就够了。

今天的情形有些不同了，是这样吗？在许多工厂，工人们使用某种形式的计算机或者由计算机来控制的机器。对于大部分职工来说，关键的信息被推到了用户的桌面机上，从而他们能够尽职尽责地完成自己的工作。在今天的环境下，几乎每位职工都参与到了信息处理的过程中。

这就是为什么一家公司的安全制度需要在整个公司范围内实施，而不管每个人的职位如何。每个人都要明白，并不是只有老板和行政管理人员才拥有让攻击者觊觎的信息。今天，每个级别的工人，即使他并不使用计算机，都可能成为攻击者的目标。客户服务部门新雇用的服务代表可能正好是一个让社交工程师得以突破的薄弱环节，社交工程师通过这一环节达成自己的目标。

安全培训和公司的安全制度必须强化这一环节。

第 4 章

取 得 信 任

在这些故事中，有些故事可能会让你觉得，好像我认为商业机构中的每个人都是十足的白痴，他们愿意，甚至急于把自己掌握的秘密泄露给别人。社交工程师知道事实并非如此。那么，为什么社交工程攻击能如此成功呢？并不是因为人们愚蠢或缺乏常识，而是因为我们在面对欺骗时都非常脆弱。人们的信任感一旦受人控制，他们就会错误地信任别人。

社交工程师预计到人们会怀疑和反对，所以，他总是时刻准备着把不信任变为信任。一名出色的社交工程师会像下棋一样来准备自己的攻击，预测出目标对象可能提出的每个问题，以便能够做出正确的回答。

社交工程师常用的一种技巧是在自己的受害者那里建立起一种信任感。一个骗子怎么可能让你信任他呢？相信我，他能做到。

4.1 信任：欺骗的关键

　　一个社交工程师越是能够让对方接触的人觉得自己是在公事公办，就越容易打消怀疑。当人们没有理由怀疑时，社交工程师就能轻易地得到他们的信任。

　　一旦他得到了你的信任，吊桥就被放下了，城堡的大门敞开了，他就能进来攫取所需的任何信息。

注记

> 　　你可能注意到，在前面大多数的故事中，我在提到社交工程师、电话飞客以及骗局的制造者时，用的是"他" 这个称呼。这并不是因为大男子主义，而是反映了一个简单的事实：这些领域中的大多数从业者是男性。尽管女性社交工程师为数尚少，但是其数量正在增加。现在，女性社交工程师已经非常多了，所以，当你听到对方的声音是女性时，千万不要放松警惕。事实上，女性社交工程师有一个明显的优势，即，她们可以利用自己的性别而得到合作机会。下面，你将看到一些"温柔的杀手"。

第一个电话：安德丽娅·洛佩兹

　　安德丽娅·洛佩兹(Andrea Lopez)在她所工作的音像租赁店接听电话，不一会儿就面露微笑：听到顾客说对他们的服务感到满意总是一件很惬意的事。这个打电话的人说自己曾经在音像店有过愉快的经历，为此想给经理写封信。

　　他要了经理的姓名和通信地址，她告诉他，经理叫托米·埃里森(Tommy Allison)，并把地址给了他。当他要挂断时，突然又有了个想法，于是说："我可能还要给你们公司总部写信，请问你们的商店号码是什么？"她把商店信息也告诉了他。他说了谢谢，特别对她的帮助表示谢意，然后道了再见。

"像这样的电话，"她想道，"总是使上班时间过得更快一些。如果人们都这么做该多好。"

第二个电话：吉妮

"感谢您致电画室音像租赁店。我是吉妮，您需要帮助吗？"

"嗨，吉妮，"打电话的人很热情地说，听起来好像他每隔一周左右都要给吉妮打电话似的。"我是托米•埃里森，森林公园863号店的经理。我们这里有一个顾客要租《Rocky 5》这部片子，但我们的所有拷贝都租出去了。你能看看你那里还有没有吗？"

她停了一会儿又回到电话旁，回答道，"有，我们这里有三份。"

"好吧，我看看他愿不愿意开车过去。听着，谢谢。如果你需要我们店的帮助，请尽管打电话过来，就说找托米。不管什么事，我都乐意效劳。"

接下来的几周，吉妮接到三四次托米的电话，总是有这样或那样的事寻求帮助。这些请求看起来都合乎情理，而且他总是很友善，听起来没有任何强求她的意思。他还有点健谈——"你听说橡树公园的那场大火了吗？附近的好几条街都封掉了"等类似的话题。相对于每天的日常工作来说，这些电话是一个小小的调剂，吉妮很乐意接到他的电话。

一天，托米在电话中显得有些着急。他问，"你们那里的人碰上过计算机出毛病的情况吗？"

"没有，"吉妮回答，"怎么啦？"

"有人开车撞到电话线杆上了，电话公司的修理员说，本市整整一大片地区将不能通电话，也不能连接到互联网，一直等到他们修好为止。"

"啊？不会吧。那人受伤了吗？"

"救护车把他拉走了。先不管这件事，我需要你帮点忙。我这里有一个你的顾客，他想租《教父 II》，但没带卡。你能帮我验证一下他的资料吗？"

"没问题。"

托米告诉她顾客的名字和地址，吉妮在计算机上找到了这名顾客。她把账户号码给了托米。

"有推迟归还或到期未还的情况吗？"托米问。

"看起来没有。"

"那太好了。我让他在这里也签一个账户，等计算机恢复后再放到我们的数据库中。他想把费用记在他在你们店使用的 Visa 卡上，可他忘带卡了。请问卡号是什么？有效期是什么时候？"

她把卡号和有效期限都给了他。托米说，"好的，谢谢帮忙。稍后再聊"然后挂了电话。

4.1.1　多利·劳尼根的故事

劳尼根不是那种你一开门就能见到的年轻人。他曾一度专门替人讨还拖欠的赌债，现在也偶试身手，只要事情不是太棘手。这次，他仅仅向音像店打了几个电话就得到了一笔数目不菲的酬劳。听起来非常容易。这只是因为他的"客户"中没有人知道可以采用这样的手段；他们需要一个有劳尼根这样的才能和专长的人。

人们不会在牌桌上运气不好或犯傻时写支票来抵赌债。每个人都清楚这一点。我的这些朋友为什么这么傻，非要和一个赌桌上没钱的骗子赌？别问了，可能他们的智商确实有点问题。但他们是我的朋友——你又能怎么样呢？

这家伙没钱，所以他们就要了张支票。真不明白！他们本应该带他到一台 ATM 取款机那里去取钱。但他们没有，而是要了一张支票，3230 美元。

自然地，这张支票被银行退了回来。你还能指望什么呢？所以他们给我打电话，问我能不能帮忙。我不会拒绝送上门来的好处。况且，如今有更好的办法了。我告诉他们，分我百分之三十，我就看看能做些什么。于是他们就把他的名字和地址告诉了我,我到计算机上查看哪个音像店离他最近。

我并不着急。我打了四个电话来跟音像店的经理套近乎,然后,一下子,我得到了这个赌徒的 Visa 卡号码。

我的另一个朋友开了一家露天酒吧。我给了他 50 美金,他就把这家伙的赌金作为在酒吧的消费从 Visa 卡上划走了。让这个赌徒向老婆解释去吧。你认为他会告诉 Visa 这不是他花的钱吗?别忘了,他明白我们知道他是谁。如果我们能得到他的 Visa 号码,他会认为我们能知道更多的信息。在这一点上无须担心。

4.1.2 骗局分析

托米最初打给吉妮的电话只是为了取得对方的信任。当真正发动攻击的时机成熟时,她放松了警惕,认为托米就是他所声称的另一处连锁店的经理。

她为什么不这样认为呢?毕竟,她们已经认识了。当然,她们只是在电话中打过交道,但他们已经建立起了一种商业友谊,而这正是建立信任的基础。一旦她接受了他是一个有点职权的人物,即同一家公司的一个经理,则信任已经建立起来,其余的事情也变得轻而易举了。

米特尼克的提示

取得对方信任的出色技巧是社交工程师最有效的策略之一。你必须仔细想一想,自己是否真的认识跟你讲话的人。在少数情况下,这个人可能并不是他所声称的那一位。相应地,我们每个人都应该学会观察、思考和质疑。

4.2 计谋的变种：取得信用卡号码

为了取得对方的信任，并不一定需要像前面的故事中那样，与同一个受害者通一连串电话。我记得自己曾经见过一个案例，在那里只需五分钟就够了。

4.2.1 没想到吧，老爸

有一次，我跟亨利及亨利的父亲坐在饭馆的一张桌子旁边。在谈话过程中，亨利责备他爸爸不应该把自己的信用卡号码像电话号码一样告诉别人。"不错，你购物时应该出示信用卡号码，"他说。"但是你却把号码给了一家店，而且这家店把你的号码记录下来——这太蠢了。"

"我只在画室音像租赁店才这么做，"康克林先生说道，他提到了同一家音像连锁店。"但我每月都检查自己的 Visa 账单。如果他们多收了钱，我马上就会知道的。"

"没错，"亨利说，"但是一旦他们有了你的号码，别人很容易偷到它。"

"你是说不诚实的职员？"

"不。任何人——不仅仅是职员。"

"你在瞎说，"康克林先生说。

"现在我就能打电话，让他们告诉我你的 Visa 号码，"亨利反驳道。

"不可能的，你办不到，"他爸爸说。

"五分钟之内我就能办到，就在你面前，不用离开这张桌子。"

康克林先生使劲揉了一下眼睛，其表情看起来似乎是虽然对自己确信无疑，但又不想表现出来。"我说，你根本不知道自己在说什么，"他大声嚷道。"如果你真能做到像你说的那样，那我就听你的。"

"我不要你的钱，老爸，"亨利说。

他掏出自己的手机，问清了父亲去的是哪家分店，然后向查号台要了这家店的电话号码，同时还要了谢尔曼橡树附近一家店的号码。

随后他给谢尔曼橡树那家分店打电话，利用跟前面的故事中几乎同样的方法，很快就获悉了经理的姓名和店号。

然后他打电话给那家为他父亲开了户的分店。凭着刚刚得到的经理名字和店号，他使用了同样的冒充经理的伎俩。然后他使用同样的策略："你们的计算机今天有问题吗？我们的计算机时好时坏。"他听了对方的回答，然后说，"好，听着，这里有你的一个客户，他想租一部电影，但我们的计算机这会儿不灵了。我需要你帮忙查看一下顾客账户，确认他确实是你们分店的顾客。"

亨利把父亲的名字告诉了对方，然后使用稍微不同的技巧，他要求对方把账户资料读给他听：地址、电话号码和开户日期。然后他说，"嘿，听着，我这里顾客排起了长队。他的信用卡号码和有效期限是多少？"

亨利用一只手把手机放在耳边，用另一只手在餐巾纸上作记录。打完电话后，他把餐巾纸放在父亲面前。他的父亲张大了嘴巴看着餐巾纸，呆若木鸡，好像自己的整个信任系统已经消失殆尽。

4.2.2　骗局分析

想一想，当一个你不认识的人问你一些事情时，你会怎么做呢。如果一个衣衫不整的陌生人来到你家门前，你可能不会让他进来；如果这个陌生人衣着整齐，皮鞋锃亮，发型得体，态度友好，面带微笑，那么你的疑心会减少很多。或许他真的是《黑色星期五》电影中的詹森，然而，只要这个人外表正常，而且手里也没有攥着菜刀，那么你还是很愿意信任他的。

尽管并不是非常明显，实际上我们判断电话中的人也是这样的。这个人听起来像是要向我推销什么吗？是因为他的性格友好而又外向，还是我感觉到了某种恶意或压力？他或她说起话来像一个受过良好教育的人吗？我们不自觉地做出这些判断，可能还有其他更多的东西。这都是转瞬之间的事，通常就在谈话刚开始的片刻。

米特尼克的提示

由于天性使然，人们总认为一般情况下不会受骗，除非有理由认为对方会行骗。我们会权衡风险，但通常对可疑情况没有把握时不会作出对对方不利的判断。这是现代文明人的自然行为……至少那些没有被欺骗过，受人控制过，或者被骗走一大笔钱的人是这样的。

在孩提时代，父母教育我们不要相信陌生人。或许在今天的工作中，我们仍应该遵守这一传统原则。

在工作中，人们经常对我们提出要求。你有这个人的电子邮件地址吗？最新的顾客名单在哪里？这个项目中这部分工程的分包商是谁？请将项目的最新进展报告发送给我。我需要新版本的源代码。

请想一想：有时提出这些要求的是你并不认识的人，他们为公司的其他部门工作，至少他们声称是这样的。但如果他们给出的信息是合理的，而且他们看起来了解一些情况(比如"Marianne 说…"，或者"在 K-16 服务器上"，或者"…新产品计划的第 26 版")，我们就会信任他们，愉快地满足他们的要求。

当然，我们也可能会有些犹豫，会问自己"达拉斯工厂的这个人为什么需要看产品计划呢？"或者"将产品计划所在的服务器名告诉别人会不会有问题？"所以，我们会向对方提出一两个问题。如果答案听起来合情合理，而且对方的语气不紧不慢，我们就会放松警惕，恢复我们的天性，信任对方确实是他或她所声称的那个人，并在合理的范围内满足对方的要求。

在任何时候都不要认为攻击者的目标只是那些使用公司计算机系统的人。邮件收发室的人呢？"顺便帮个忙好吗？把这个东西放到公司内部的邮袋里好吗？"收发室的人是否知道里面有张给

CEO 的秘书的软盘,盘上有个特殊的小程序呢?现在攻击者就有了 CEO 的电子邮件的全部拷贝了。哇!这真的有可能发生在你的公司里吗?答案是:绝对有可能。

4.3 一分钱的手机

许多人会想方设法寻找一个更好的交易;而社交工程师则不然,他们不是去寻找更好的交易,而是寻求一种使交易变得更好的办法。例如,有时有的公司发动市场攻势,条件优惠得让你无法拒绝,而社交工程师则静观行情,想着怎样才能使交易对自己更有利。

不久以前,一家全国性的从事无线业务的公司搞了一次大规模的促销活动,如果你与该公司签订合约参加他们的通话计划,则只需一分钱就能得到一部崭新的手机。

很多人直到后来才发现,作为一个谨慎的消费者,在签约通话计划前要搞清楚很多问题:服务是模拟的还是数字的,或两者的组合;每个月有多少分钟的通话时间;是否包括漫游费用…,等等。尤其重要的是,必须对合约的期限作出承诺——你要签几个月或者几年?

设想有一个居住在费城的社交工程师,他非常喜欢这家无线电话公司为签约用户提供的廉价电话的机型,但对整个通话计划却并不感冒。这不成问题。以下是他应对这种情况的一种可能的方式。

第一个电话:泰德

首先,这名社交工程师拨通了位于西吉拉德(West Girard)的电子连锁店的电话。

"这里是电子城。我是泰德。"

"你好,泰德,我是亚当。几天前的晚上,我跟一名销售人员谈了手机的事情。当时我说在决定了选择哪种通话套餐之后再给他打电话,可是我把他的名字给忘了。你们部门值夜班的那人叫什么?"

"夜班不只一个人。是威廉吗？"

"我不清楚。可能是威廉，他长什么样？"

"高个子，有点瘦。"

"我想是他。再说一遍，他姓什么？"

"哈德利(Hadley)。H--A--D--L--E-Y。"

"听起来是他。他什么时候值班？"

"不知道这周他是怎么安排的，但值夜班的人五点左右来。"

"好吧，那我今晚再找找他。谢谢你，泰德。"

第二个电话：凯蒂

第二个电话打到了同一家连锁店的北大道分店。

"您好，这里是电子城。我是凯蒂，您需要帮忙吗？"

"嗨，凯蒂，我是威廉，西吉拉德分店的销售员，今天你好吗？"

"有点不景气，有什么事吗？"

"我这里有一个参加一分钱手机活动的顾客。你知道我说的是哪项活动吗？"

"知道。上周我卖出了好几套。"

"你那里还有参加这项活动的手机吗？"

"有一堆呢。"

"太好了。我刚卖了一套给一位顾客。他已经通过了审查，我们也跟他签了合同。我检查了该死的库存，发现已经没有手机了。我非常尴尬，你能帮个忙吗？我想让他到你的店里拿一部手机。你能卖给他一部一分钱的手机，并开一份收据给他吗？拿了手机后，他会回到我的店里，我再教他怎么使用。"

"好吧，没问题。让他过来吧。"

"好。他的名字叫泰德。泰德·扬希。"

当自称泰德·扬希的家伙到达北大道分店时，凯蒂按"同事"的要求，开了一张发票，把一部一分钱的手机卖给了他。她完全落入了骗局。

付款时，这名顾客竟然口袋里一分钱也没有。他把手伸进收银

台放硬币的小盘子，拿了一枚，交给柜台的女孩。于是，他一分钱
没出就得到了一部手机。

现在他可以用这部手机到其他无线电话公司选择自己喜欢的
服务方式。可能是按月付费，但不需要任何承诺。

骗局分析

人们总是更倾向于接受那些"自称"是自己的同事，或者了解
公司的办事程序和习惯用语的人，这是天性使然。这个故事中的社
交工程师正是利用了这一点，他弄清了促销活动的细节，然后声称
自己也是公司的职员，请另一个分部的人帮忙。这样的事情容易发
生在零售商店的不同分店以及同一公司的不同部门，这种情况下，
职员们分布在不同的地理位置，并且还要不时地与素未谋面的同
事打交道。

4.4　侵入联邦调查局

人们通常不会仔细考虑自己的机构在 Web 上公布了哪些信息。
我在洛杉矶有一个每周一次的 KFI 谈话电台的节目，为了制作节目，
制作人在网上搜索了一下，发现一份关于如何访问国家犯罪信息中
心(NCIC)数据库的操作手册的副本。后来他又发现，实际的 NCIC
手册本身也可以在线访问到。这是一份敏感文件，它详细地说明了
如何从 FBI 的全国犯罪数据库中检索信息。

这份操作手册的用意是，各个执法机构只要给出格式和代码，
就可以从全国数据库中得到有关犯罪的信息。全国各地的执法机构
可以从同一个数据库中搜索信息，以帮助解决自己管辖范围内的犯
罪问题。该手册包含了此数据库中使用的各种代码，从代表各种纹
身、各种船舷的代码，到表示偷窃来的各种面额的钱财和债券，应
有尽有。

任何一个人，只要获得了该手册，他就可以查阅其中的语法和命令以便从全国数据库中提取信息。然后，稍微费点神，按照操作指南上的指示，就能从数据库中提取信息。手册同时也给出了使用该系统时寻求支持的电话号码。你的公司可能也有类似的手册以提供产品代码或用于获取敏感信息的代码。

FBI 几乎肯定不知道任何一个人都可以通过网络获得这本包含其敏感信息和操作指示的手册，我觉得如果他们知道了的话，肯定会非常不快。其中的一份副本是俄勒冈政府部门公布的，另一份则是由得克萨斯州的执法部门公布的。为什么？在这两个机构，大概有人认为这些信息毫无价值，公布出来也不会有什么危害。也许有人只是为了方便内部员工而将手册放到了内部网上，却没意识到只要利用一个好的搜索引擎，比如 google，互联网上的每个人都能拿到它——包括那些纯粹出于好奇的人、被通缉者、黑客以及犯罪集团的头目等。

4.4.1 进入系统

使用这类信息来欺骗政府部门或商业机构中的工作人员，其原理是相通的：因为社交工程师知道怎样访问特定的数据库或应用，或者知道公司的计算机服务器的名字，或其他类似信息，所以他就增强了自己的可信度。可信度增加的结果是导致对方的信任。

一旦社交工程师有了这样的代码，再要得到他所需的信息就轻而易举了。在这个例子中，他可以在刚开始时给本地电报收发室的职员打电话，就手册上的某个代码提出问题——比如说，有关犯罪的代码。他可以这么说，"我在 NCIC 中查询 OFF 时，得到一个'系统已关闭'的错误。你在查 OFF 时也遇到同样的问题了吗？你能帮我试一下吗？"或者他也可以说自己要查 *wpf*——警察用它来指被通缉者的卷宗(wanted person's file)。

电话另一端的电报员从中得到的暗示是，这个人对查询 NCIC 数据库的操作程序和命令非常熟悉。没受过 NCIC 用法训练的人怎么可能知道这些程序呢？

当电报员确定自己的系统工作正常时，谈话可能会这样进行下去：

"我可能需要一些帮助。"

"你要查什么？"

"我需要你执行一个 OFF 命令查一下'雷顿·马丁。DOB(出生日期)是 10118/66。'"

"sosh 是多少？"(执法人员有时把社会保险号码称为 *sosh*)

"700-14-7435。"

在查看了名单后，她可能会这样回答，"他犯有 2602。"

攻击者只需通过网络查一下 NCIC 就能知道该数字的含义：这个人有诈骗犯罪记录。

行话

sosh：执法部门用来指"社会保险号码"的口头语。

4.4.2　骗局分析

技艺高超的社交工程师会想尽各种办法来侵入 NCIC 数据库。既然给当地的公安部门打一个电话，聊上几句让对方相信自己是内部人员就能得到自己所要的信息，那为何还要考虑别的手段呢？下次，他只要用同样的说辞给另外的公安机关打电话就行了。

你可能会想，给警察局、法院或公路巡查处打电话不是很危险吗？攻击者要冒极大的风险吧？

答案是：不...，原因很特殊。执法部门的人跟军队里的人一样，从接受训练的第一天起就形成了一个根深蒂固的等级观念。只要社交工程师扮作警官或中尉——级别比跟他谈话的人高——受害者就会拘于一条长时间得来的教训，即"不要质问比你职别高的人"。级别，换个说法，就是特权，尤其是不被级别低的人质问的特权。

但你不要认为只有在执法部门和军队才看重级别，才能被社交工程师所利用。在攻击商业机构时，社交工程师通常利用该机构人员等级中的权威或级别作武器——就像上述几个故事中所展示的那样。

4.5　预防骗局

你的公司需要采取什么步骤，才能减少因公司员工信任别人的天性而被社交工程师利用的可能性？这里给出一些建议。

4.5.1　保护你的客户

在这个电子时代，很多向消费者出售商品的公司都将信用卡信息归档保存起来。这么做的原因是：客户每次访问商店或 Web 网站时可省去很多麻烦，不必再提供信用卡信息了。然而，这种存储客户信用卡信息的做法不应该被提倡。

如果你一定要将信用卡号码归档，伴随这一过程需要有相应的安全章程，而不仅是简单地加密或采用访问控制的机制。你需要让员工们认识到，社交工程师可能会采用本章中所讲到的骗术。那个你素未谋面的人成了你电话中的朋友，但其身份可能并不是他或她所声称的那样。他或许没有"任何必要的理由"来访问敏感的客户信息，因为他可能根本就不在本公司工作。

米特尼克的提示

每个人都应该明白社交工程师的伎俩：获得尽可能多的与目标有关的信息，再利用这些信息使人相信自己是内部人员。然后一剑封喉。

4.5.2 明智的信任

并非只有那些接触到显然是敏感信息的人——软件工程师，研发部门的人等等——才需要防备入侵。要对机构中几乎所有的人进行培训，以保护企业不受工业间谍和信息窃贼的损害。

这些措施应当建立在对企业的信息资产进行充分调查的基础上，要分别看待每一份敏感的、关键的或有价值的资产，并且想清楚攻击者可能会采用社交工程学的哪些方法来危害这些信息资产。根据这些问题的答案，应该对授权接触这些信息的人作适当的培训。

当陌生人索取某些信息或材料，或要求你在你的计算机上执行某些操作时，你作为一名职员，要问自己一些问题。如果我把这些信息给了死敌，它们是否可被用来伤害我或者我的公司？当对方要求我在我的计算机上输入命令时，我是否完全清楚这些命令的潜在后果？

我们都不愿意生活在对每个新遇到的人都存有怀疑的环境中。但是，我们越是信任别人，下一个到来的社交工程师就越有可能欺骗我们给出公司的内部信息。

4.5.3 你的内部网上有什么？

你的内部网可能有一部分对外开放，另一部分仅限于员工使用。在"确保敏感信息发布的地方不会被不该看到的人看到"这个问题上，你的公司究竟有多谨慎？上一次你的公司经检查后发现，公司内部网上的敏感信息被无意识地放到 Web 网站的公共区域中是什么时候？

如果你的公司使用代理服务器作为中介来保护企业免遭电子安全危害，则最近是否检查过这些服务器以确保它们的设置没有问题？

最根本的是，可曾有人检查过内部网的安全性？

第 **5** 章

"让我来帮助你"

当我们因一个问题陷入困境时，如果有懂这方面知识和技巧的人乐意施以援手，则我们都会非常感激。社交工程师对此非常理解，并且知道该如何利用这种心理。

他也知道该如何给你"制造"问题…，然后让你在他帮忙解决问题后心存感激。最后，他利用你的感激榨出某些信息，或者要你帮他一个小忙，但这个小忙足以让你的公司(或者你个人)倒大霉。而你甚至可能永远都不知道自己失去了某些有价值的东西。

下面是社交工程师主动"帮忙"的几种典型方式。

5.1 网络中断

日期/时间：星期一，2月12号，下午3点25分
地点：右舷造船厂的办公室

第一个电话：汤姆·迪雷

"我是簿记员汤姆·迪雷。"

"嗨，汤姆。这里是帮助中心的埃迪·马丁。我们正在设法解决一个计算机网络问题。你知道你们组有人在网络连接上遇到麻烦了吗？"

"哦，我没听说。"

"你本人碰到什么问题没有？"

"没有，看起来都很正常。"

"好，太好了。是这样的，我们正在给可能受影响的人打电话。如果你的网络连接出问题了，请立刻通知我们。这对我们很重要。"

"这听起来不是个好消息。你认为可能会发生吗？"

"我们希望不会。但如果真的发生了，你会打电话给我们吧？"

"肯定会。"

"看起来网络连接中断对你来说确实是一个问题…"

"当然是个问题。"

"…那既然我们正在设法解决这个问题，我把手机号码留给你。这样，你需要的时候可以直接打电话给我。"

"太好了。请说吧。"

"号码是 555 867 5309。"

"555 867 5309。记下来了。好的，谢谢你。再问一遍，你叫什么名字？"

"我叫埃迪。请等一等，还有一件事——我需要检查你的计算机连接到哪个端口上了。看一下你的计算机，是不是在某个地方沾着一张纸条写着'端口号'字样？"

"稍等。没有，没看到这样的东西。"

"好的，那么在计算机背部，你能认得出网线吗？"

"能。"

"看它的另一端插在哪儿了。看一看它插入的插孔上是不是有个标签。"

"等一下。喔，等一分钟——我得蹲在这里，靠近一点才能看得清。是的——写的是 47 号板的 6 号端口。"

"好的——我们这里的记录也是这样，只是为了确认一下。"

第二个电话：IT 部门的人

两天后，一个电话打进了同一家公司的网络运营中心。

"嗨，我是鲍勃。我在汤姆·迪雷的簿记部门。我们正在检修一个网络线路故障，需要你帮我禁止 6-47 端口。"

IT 部门的人说几分钟后就可以了，需要恢复的时候再通知他。

第三个电话：向敌人求助

一小时以后，那个自称埃迪·马丁的人正在环城百货商店购物，这时他的手机响了。他看了一下来电号码，发现是从造船公司打来的，就赶紧到一个安静的地方接听电话。

"这里是服务中心，我是埃迪。"

"嘿，埃迪。你终于有回音了，你在哪里？"

"哦，我在网线接入处的房间里。你是哪一位？"

"我是汤姆·迪雷。你这家伙，可逮着你了。你可能还记得几天前给我打过电话吧？正像你当时说的那样，我的网络连接断了，我现在有点不知所措了。"

"哦，现在有一大堆人的网络不行了，我们会在今天全部处理完的。这样行吗？"

"不！这可不行，如果等那么久，我的工作就做不完了。最快能什么时候？"

"你有多着急？能等多久？"

"我现在可以先做点其他事情。半小时之内能行吗？"

"半小时！你要求太高了。好吧，我先放下手头的事情，看能不能给你解决。"

"实在太感谢你了，埃迪。"

第四个电话：上钩了！

四十五分钟后…

"汤姆吗？我是埃迪。去试试你的网络连接。"

等了一会儿：

"啊，好了，现在正常了。太棒了。"

"那好，很高兴能帮你解决问题。"

"好的，多谢。"

"等一等，如果想让你的连接不再出问题，你需要运行一个软件。只需几分钟。"

"可是现在不太合适。"

"我知道……下次这种网络问题再发生时，它可以为我们省去很多麻烦。"

"好吧……如果只是需要几分钟的话。"

"你需要做的是……"

埃迪随后一步步教汤姆怎样从某个 Web 网站上下载一个小程序。下载后，埃迪告诉汤姆用鼠标双击它。他试了试，说：

"没动静。它什么都没做。"

"哦，太不幸了，一定是出了什么问题。不管它，另外找个时间再说吧。"随后他告诉汤姆删除该程序的步骤，以免它还能恢复。

总共所用时间是 12 分钟。

5.1.1　攻击者的故事

鲍比•华莱士每次接到类似上面这样的好差事时，就感到好笑，他的客户尽管非常小心谨慎，但并不问清楚他们为什么需要这些信息。在这个案例中，他认为原因只可能有两个。他们可能代表某一家有意收购该公司(即右舷造船厂)的机构，想了解他们的实际经济状况如何——尤其是该公司不愿对潜在买家公布的那些信息。或者，他们也可能代表某些投资者，这些投资者认为该公司在资金的运作上有些猫腻，怀疑某些主管人员有贪污行为？

客户不愿意告诉他的真正原因也可能是因为担心，万一鲍比知道这些信息是多么有价值之后，他会就这件事情索要更多的酬劳。

• • • • • • • • • • ● • • • • • • • • •

窃取一家公司最机密的文件可以采用多种方式。鲍比花了几天时间考虑各种选择，并稍作核查，然后确定一个计划。他采用了自己最喜欢的一种方式，选定目标，然后设法使目标向攻击者求助。

作为第一步，鲍比在一家便利店花 39.95 美金买了一部手机。他给自己选作目标的那个人打了一个电话，假装自己是公司服务中心的，然后作好铺垫，以后每当那人的网络连接出了问题时就会给自己的手机打电话。

接下来他停了两天，以便事情不至于太招摇，然后给公司的网络运营中心(NOC)打电话，声称自己正在给目标人汤姆解决问题，请求他们断掉汤姆的网络连接。鲍比知道这是整个行动中最棘手的步骤——在很多公司，服务中心的人与 NOC 有密切的工作关系。事实上，他知道服务中心的人通常隶属于 IT 部门。但 NOC 接他电话的那位心不在焉的家伙把他的电话看成一道例行程序，而没有问他在服务中心应该由谁负责这样的网络问题，就同意中断汤姆的网络端口。随后，汤姆跟公司的内部网完全断绝了联系，无法从服务器上下载文件，不能跟同事交换文件，也不能收发电子邮件，甚至往打印机发送一页数据。在如今这个世界，这简直就像生活在山洞里一样。

正如鲍比所料，不久他的手机就响了。当然，他让自己听起来很乐于帮助这位陷入麻烦的可怜的"同事"。随后他打电话给 NOC 恢复这人的网络连接。最后，他打电话给这个人，再次操控他，让他在接受了帮助后不好意思拒绝鲍比的要求。汤姆同意按照鲍比的要求，将一个软件下载到自己的计算机上。

自然，这个软件实际上并不如他所想象的那样。汤姆以为自己安装的是一个防止网络中断的软件,但它实际上是一个特洛伊木马,这种软件对他的计算机所做的事情就好像当初对特洛伊城的骗局一样:把敌人带入自己的营地。汤姆说当他用鼠标双击软件的图标后没看到任何事情发生;事实上,按照这套小软件本身的设计,他的确不会看到任何事情发生,但是它却安装了一个秘密的程序,偷窃者通过该程序能够暗地里访问汤姆的计算机。

当这个软件运行起来时,鲍比就能够完全控制汤姆的计算机了,这样的软件被称为"远程命令外壳"。当鲍比访问汤姆的计算机时,他可以查找到或许有用的记账文件,并复制下来。然后,在闲暇时,他可以从中查找信息,再将客户所要的信息交给他们。

这还没完。任何时候他都可以搜索电子邮件,以及公司主管人员的私人备忘录,并且通过全文检索工具,寻找那些可能泄露敏感信息的字眼。

在诱骗自己的目标安装了特洛伊木马的当天晚上,鲍比把自己的手机扔进了垃圾桶。当然,在扔掉以前,他很小心地先清除掉手机里保存的记录,然后把电池取下来——这是最后要处理的一件事情,他可不希望这部手机因为有人错拨了它的号码而响起来。

> **行话**
>
> **特洛伊木马**:一种包含恶意的或有害代码的程序,其设计目的是为了破坏受害者的计算机或文件,或者从受害者的计算机或网络中攫取信息。有些特洛伊木马被设计成隐藏在计算机的操作系统中,监听每次击键或操作,或者通过网络连接接受指令以完成某些功能,而受害者对这一切浑然不觉。

5.1.2　骗局分析

攻击者编织了一张网,使攻击的目标相信自己遇到了问题,但实际上这问题并不存在——或者,正如上述案例所示,这是一个尚未发生的问题,但攻击者知道它将会发生,因为他本人正要制造这样的问题。然后他声称自己能提供解决办法。

这种攻击形式对于攻击者来说尤为刺激：由于事先做了铺垫，因此，当攻击目标发现自己遇到了问题时，会主动打电话寻求帮助。攻击者只需静候电话铃响即可，按行话来说，这种策略称为"逆向社交工程学"。攻击者设法让目标给自己打电话，因而较容易取得信任：如果我认为自己在给服务中心的人打电话，那么我不会要求对方证明自己的身份。上述案例中的攻击者就是这样做的。

在类似这样的骗局中，社交工程师试图寻找一个计算机知识有限的人。对方知道得越多，他就越容易被怀疑，或者对方干脆觉察到有人在操纵自己。有些被我戏称为计算机盲的人，由于他们对技术和操作过程不够熟悉，就更有可能照着别人的指示去做。他们极有可能被诸如"下载这个小程序就行了"之类的诡计所蒙骗，因为他们对一个软件程序可能造成的危害毫无概念。而且，他们也不太可能了解自己所在计算机网络上的信息的价值，也不知道自己的所作所为可能带来多大的危险。

行话

远程命令行外壳：一种非图形化的界面，可以接受文本形式的命令并完成某些操作或运行程序。当攻击者利用了目标计算机上的技术缺陷，或者在目标计算机上安装了特洛伊木马时，他就有可能远程访问一个命令行外壳。

逆向社交工程学：一种社交工程攻击方式。攻击者建立起这样一个场景：让受害者遇到问题，并向攻击者寻求帮助。逆向社交工程学的另一种表现形式是以其人之道还治其人之身。攻击目标识别出自己受到了攻击，从而利用心理学原理来牵制攻击者，并且从他那里引诱出尽可能多的信息，进而有效地保护目标资产。

米特尼克的提示

如果有陌生人帮了你一个忙，然后他要求你也帮他的忙，请先仔细想一想他的要求是什么，然后再投桃报李。

5.2 帮新来的女孩一点忙

新员工最容易成为攻击者的目标。他们认识的人还不多，也不太清楚公司的办事程序，以及什么该做什么不该做。而且，为给人留下良好的第一印象，他们急于表现自己是多么乐于合作与反应迅捷。

乐于助人的安德里亚

"这里是人力资源部，我是安德里亚·卡尔霍恩。"

"你好，安德里亚，我是公司安全部门的阿历克斯。"

"哦，是吗？"

"你今天怎么样？"

"还好吧。有什么需要我帮忙吗？"

"是这样的，我们计划为新员工举办一次安全讲座，现在需要找一些人试听。我想要上个月报到的所有新员工的姓名和电话号码。你能为我提供吗？"

"我可能要到下午才能给你，没问题吧？你的分机号码是多少？"

"没问题，分机是 52……噢，今天我差不多全天都在开会。回到办公室后我会打电话给你，大概要 4 点以后了。"

当阿历克斯 4:30 左右打进电话时，安德里亚已经准备好了名单，把姓名和电话号码全部告诉了阿历克斯。

罗斯玛丽接到的一个电话

罗斯玛丽对自己的新工作感到非常兴奋。她从来没有在杂志社工作过，发现这里的人们比自己预想中的要友善，不过，看到大多数同事总是面临着压力，要在每月的最后期限到来之前赶出新一期杂志，这对她来说却是个意外。星期四上午接到的一个电话更加深了她对同事间友善的好感。

"是罗斯玛丽·摩根吗？"

"我是。"

"嗨，罗斯玛丽。我是信息安全部门的比尔·乔迪。"

"请问有什么事吗？"

"我们部门的人有没有跟你谈到过最好的安全行为应该是怎样的吗？"

"应该还没有。"

"哦，是这样的。对新来的员工，我们不允许安装从公司外面带进来的软件，这是因为我们不希望承担因使用未经授权的软件而带来的法律责任，同时也避免因软件可能带有蠕虫或病毒而引发的问题。"

"好的。"

"你知道我们有关电子邮件的规定吗？"

"不知道。"

"你现在的邮件地址是什么？"

"Rosemary@ttrzine.net。"

"你使用用户名 Rosemary 登录吗？"

"不是。是 R-下划线-Morgan。"

"好的。我们想让所有的新员工都意识到，打开任何一个意料之外的邮件附件都可能是非常危险的。很多病毒和蠕虫之所以能传播，就是因为它们看起来像是你所认识的人发送出来的。所以，如果你收到的邮件中有意外的附件，那么你应该核实一下，确定邮件的发送者是否真的给你发送了这封邮件。你明白吗？"

"明白。我也听说过。"

"好的。我们还规定，每90天你要改一次密码。你上次更改密码是什么时候？"

"我到这里刚刚三周；我还在使用第一次设置的密码。"

"好，没问题。你可以等到90天的期限结束。但我们需要确保大家使用的密码不容易被猜到。你的密码中混合使用了字母和数字吗？"

"没有。"

"这需要纠正。你现在的密码是什么？"

"我女儿的名字——Annette。"

"这样的密码实在太不安全。任何时候都不要利用家庭信息来选择密码。哦，让我想想……，你可以像我一样，使用现在的密码作为新密码的第一部分，以后每次更改时，加上一个数字表示当前的月份。"

"那么，现在是三月份，如果我现在就改，应该用3，还是03？"

"这要看你自己了。你更喜欢哪一个？"

"我想是 Annette3。"

"好的。需要我过去告诉你怎样改吗？"

"不用，我知道怎么做。"

"太好了。还要强调一点，你的计算机上安装了反病毒软件，一定要保持更新，这很重要。即使你的计算机有时会慢下来，你也不能把自动更新功能禁止掉。好吗？"

"没问题。"

"很好。你那里有我们的电话号码吗？如果有什么计算机问题，你可以打电话给我们。"

她没有号码。于是他给了她号码，她小心地记录下来，又重新开始了工作。她再一次感受到自己倍受照顾。

骗局分析

这个故事再次强调了贯穿全书的主题：不管其目的是什么，社交工程师想从员工那里得到的最常见的信息是员工的身份验证信息。一旦获得了公司正确部门中某一员工的账户名和密码，攻击者就能够渗入进来，并找到自己所需要的任何信息。有了账户名和密码信息，就如同找到了通往自由世界的钥匙；一旦得手，他就可以在公司范围内自由游荡，寻找自己需要的宝藏。

米特尼克的提示

在允许新员工访问公司的计算机系统之前，必须对他们进行培训，以确保他们遵从正确的安全行为，尤其需要着重强调的策略是，千万不要泄露他们的密码。

5.3 并不如你想象的那么安全

"不努力保护自己敏感信息的公司是十足的疏忽。"很多人都会同意这句话。如果生活中的一切都是这么显然和简单，那么这个世界该多好。然而，事实是，即使那些努力保护自己敏感信息的公司也可能面临严重的威胁。

下面的故事再次展示了公司如何被自己的想象所蒙骗，他们总是错误地认为，自己的安全设施是由经验丰富的专家所设计的，因而固若金汤，不会被攻破。

5.3.1 史蒂夫·克莱默的故事

史蒂夫家的草坪不大，上面也不是那种昂贵的草种，不会招致别人的嫉妒，当然肯定没有大到让他有借口购买一台可以坐在上面的割草机，其实这也不错，因为他根本就没打算使用这种割草机。史蒂夫喜欢使用手动割草机，因为这样他就可以花较长的时间来割草，从而有机会让自己集中精力思考问题，而不必听安娜叨唠她工作所在的银行里的闲言碎语，或者指使他做什么差事。他讨厌每个周末妻子都要让他做的那些家务杂事。他忽然想到，当初 12 岁的儿子皮特跑去加入游泳队实在是一个好主意，现在他每周都要去训练或比赛，从而躲过了每周六的例行杂务。

史蒂夫的工作是为杰米尼医疗器械公司设计新设备。可能有人认为这样的工作很单调乏味，但史蒂夫明白自己是在拯救生命，他认为自己的工作属于创造型的工作。在他看来，艺术家、作曲家和工程师都面临着与自己同样的挑战：他们创造的东西是前人从未做过的。而他的最新作品——一种极为精巧的新型心脏支架，则是他迄今为止取得的最引以为傲的成就。

在某个星期六上午差不多十一点半时，史蒂夫有些气恼，因为他几乎剪完草了，却还没想出如何节省心脏支架耗电的办法，这是该设备需要解决的最后一个问题。这类问题最适合在剪草时思考，不过他并未想出解决办法。

安娜出现在门口，头发用红色螺旋花纹的牛仔头巾包起来，她在清扫灰尘时总是要戴这种头巾。"电话，"她冲他嚷道。"工作方面的事情。"

"谁？"史蒂夫也向她嚷道。

"好像是一个叫什么拉尔夫的。"

拉尔夫？史蒂夫想不出杰米尼公司有哪个叫拉尔夫的人会在周末给他打电话。可能是安娜把名字弄错了。

"史蒂夫，我是技术支持部门的雷蒙·佩雷兹。"雷蒙——天哪，真不可思议，安娜怎么会把这样一个西班牙语的人名听成拉尔夫了。

"这是一个工作程序电话，"雷蒙说，"有三台服务器停机了，我们认为可能有了蠕虫，所以必须清理硬盘，然后用备份数据恢复。运气好的话，我们能在周三或周四前恢复你的文件。"

"绝对不能接受，"史蒂夫尽量压制自己的沮丧情绪，语气坚定地说。这些人怎么会这么蠢呢？他们真的以为他可以整个周末和下周的大部分时间都不存取自己的文件？"不行，两个小时后我就要通过家里的电脑终端继续工作，我需要访问我的文件。明白我的意思了吗？"

"明白是明白，不过，到现在为止我电话通知过的每个人都希望优先处理。我放弃了周末休息时间到办公室来处理这件事情，却要忍受大家向我发脾气，这实在是太没趣了。"

"我的期限很紧，公司也很看重这个；今天下午我就得把活干完。你还有什么不明白的吗？"

"我还要打电话通知很多人才能开始处理数据，"雷蒙撒谎道，"如果我们在周二之前恢复你的文件怎么样？"

"不是周二，也不是周一，而是今天。现在！"史蒂夫一边说，一边想着如果这个笨家伙不能明白自己的意思的话，那应该给谁打电话。

"好，好，"雷蒙说，史蒂夫能听到他厌烦地叹了口气。"我看看怎样才能帮你弄好，你用的是 RM22 服务器，对吗？"

"RM22 和 GM16。两台都在用。"

"好吧。我可以用快捷的办法，这样好节省时间——不过，我需要你的用户名和密码。"

啊？史蒂夫心里想。发生什么事了？他要我的密码干什么？为什么 IT 的人找我要密码？

"你刚才说你姓什么？你的上司是谁？"

"雷蒙·佩雷兹。是这样的，当你刚刚到公司来的时候，需要填一份申请计算机账户的电子表单，而且你必须写上密码。我可以找到这份表单，向你证明我们这里有你的存档。好不好？"

史蒂夫思量了一会儿，同意了。雷蒙到文件柜中去取那份文档了，他守在电话机旁，越来越不耐烦。最后雷蒙终于回到电话机旁了，史蒂夫听到他翻一摞纸的声音。

"哈，找到了，"雷蒙终于说话了。"你当时写下的密码是Janice。"

Janice，史蒂夫想。这是他母亲的名字，他确实有时会用它来作密码。在填写入职文件的时候，他很可能用它作为自己的密码了。

"没错，是这样的，"他承认道。

"那好，我们就不耽误时间了。你知道我不是假冒的，你希望我用快捷的办法来尽快恢复你的文件，那么你也得配合我。"

"我的 ID 是 s、d、下划线、cramer——c-r-a-m-e-r。密码是'pelican1'。"

"好，我现在就去处理，"雷蒙说，听起来终于愿意帮忙了。"给我两个钟头的时间。"

史蒂夫修剪完草坪，吃了午饭，又回到计算机旁时，他发现自己的文件果真被恢复了。他很满意自己如此强硬地对待这个不合作的 IT 部门的家伙，希望刚才安娜也听到了自己是多么坚决。给这个家伙或他的上司发封感谢信最好，但他明白自己根本就不会去做这样的事情。

5.3.2　克雷格·考格博尼的故事

克雷格·考格博尼曾经在一家高科技公司做销售工作，而且干得非常不错。后来他意识到自己有一种解读顾客心理的技巧，他清楚顾客在哪些地方能够识别和抵触某些弱点或缺点，从而导致销售失败。他开始考虑把这种天分用在别的地方，最终走向了一个更有利可图的领域：工业间谍。

现在这样的业务很热门。不需要花费我太多时间，挣的却不少，足够让我去夏威夷旅游了，或许去趟塔希提岛也没问题。

雇我的那个家伙——当然，他没告诉我客户是谁，但看起来这家公司希望用最快捷的步伐轻易地赶上竞争对手。我要做的事情是，搞到一种被称作心脏支架的器件的设计规格和产品说明，其实我并不关心是什么器件，反正是某一种器件。这家公司叫做杰米尼医疗器械公司。我从未听说过，但它是财富 500 强的公司，在很多地方都有办事处——这使我的任务要容易一些，不像在小公司，如果你跟人讲话，冒充自己是某某，对方很可能认识你所冒充的人，知道你不是那个人。如果遇到这种情况，你这一天的努力，就像飞行员所说的空中碰撞一样，烟消云散了。

我的客户发给我一份传真，是一份医疗杂志上的一条消息，说杰米尼医疗器械公司正在设计一种称作 STH-100 的全新心脏支架。通过这条消息，记者已经为我完成了很大一部分前期调研工作。甚至在开始行动前，我就知道了很必要的信息：新产品的名称。

第一件事：了解到该公司中从事 STH-100 项目或者可能要查看其设计方案的人的姓名。我打电话给交换台的操作员，说："我答应跟你们工程部门的一个人联系，但我不记得他姓什么了，他的名字是以 S 打头的。"她说，"我们这里有叫斯科特·阿切尔和山姆·戴维森的。"我大胆地试探道，"哪位在 STH-100 组工作？"她不知道，于是我随便选择了斯科特·阿切尔，她把电话转接了过去。

阿切尔接电话时，我说："你好，我是收发室的迈克。我们这里有一封给心脏支架 STH-100 项目组的联邦快递，你知道应该给谁吗？"他告诉我项目组长名叫杰瑞·门德尔，我请他帮我查到了那人的电话号码。

我打电话给杰瑞，他不在，但他的语音信箱说自己将休假到 13 号，这意味着他还有一周时间去滑雪或做点其他什么，在此期间如有需要可以打电话给米歇尔，她的分机是 9137。这些人很乐于帮忙。真的，非常乐于帮忙。

我挂断电话，再给米歇尔打电话，对她说："我是比尔·托马斯，杰瑞告诉我他想让小组成员检查一下说明书，让我准备好以后给你打电话。你们在做心脏支架项目，是吗？"她说是的。

接下来是整个骗局中最为紧张的部分。如果她听起来起了疑心，我打算骗他说杰瑞要我帮他一个忙。我说，"你们在使用哪个系统？"

"系统？"

"你们组在使用哪台计算机服务器？"

"哦，"她说，"RM22。小组中有的人也使用 GM16。"

太好了，我正需要这样的信息，在不招致任何怀疑的情况下从她那里唾手得来。正如我通常所做到的那样，她放松了警惕。"杰瑞说你能给我一份开发组成员的电子邮件列表，"我说这话的时候紧张得屏住了呼吸。

"没问题。但列表读起来太长了，我用电子邮件发送给你好吗？"

哎呀！任何不以 GeminiMed.com 结尾的邮件地址都会引起怀疑。"传真给我怎样？"我说。

她说这么做没问题。

"我们的传真机坏了。我得看看另一台传真机的号码是多少。稍后再给你回电话，"我说道，然后挂了电话。

现在，你可以想到我遇上麻烦了，但对于我们这一行来说，这只需一个常规的计策就行了。我等了一会儿，免得前台接待员听到我的声音觉得熟悉，然后我又打电话给她，说："你好，我是比尔·托马斯。我们这里的传真机坏了，我有一份传真要接收，可以让他们发送到你的机器上吗？"她说当然可以，并给了我号码。

现在我可以径直走进去取传真，是这样吗？当然不行。第一条原则：除非万不得已，否则不要造访他们的办公室。仅凭着电话中的声音，他们是很难认出你来的，而如果他们不能认出你，那就不能逮捕你。根据声音就给一个人戴上手铐可不是那么容易的。所以我稍后给前台打电话，问她我的传真到了没有。"到了，"她回答。

"是这样的，"我告诉她，我需要把它交给我们的一个顾问，你替我传真给他好吗？"她同意了。为什么不呢？——前台接待员怎么能认识到哪些数据是敏感的呢？在她给这个"顾问"发传真的同时，我就像锻炼身体那样，走到附近一家有"收发传真"标志的文具店。我的传真应该比我先到那儿，果然，当我走进去时它已经在那里等我了。一共 6 页纸，花了 1.75 美元。我给了 10 美元，然后他们找给我零钱，这样我就拿到了这个项目组中每个成员的姓名和电子邮件地址。

5.3.3 进入内部

好了，到现在为止，我已经在几小时内与三四个不同的人交谈过，向目标——进入该公司的计算机系统——迈进了一大步。但在到达最终目标前我还需要一些信息。

首先是使用哪个电话号码才能从外部拨入工程部门的服务器。我再次打电话给杰米尼公司，让交换台的操作员给我接通 IT 部门，然后问接电话的人谁能在计算机方面帮我个忙。他帮我把电话转了过去，我假装对技术问题一窍不通。"我在家里，刚买了一台新的笔记本电脑，现在需要将它配置好以便可以从公司外部拨到公司。"

尽管这个配置过程是非常显而易见的，但我还是耐心地让他在电话中一步一步地教我，直到他说出了拨入号码。他把电话号码告诉了我，就好像这只是常规的信息一样，然后我让他等着，我试着拨入看一看。好极了！

现在我克服了接入到网络的障碍。我拨号进入后，发现他们设置了一台终端服务器，它可使拨入者连接到内部网络中任意一台计算机。经过多次尝试以后，我遇到了一台计算机，它有一个不要求密码的游客(guest)账户。有些操作系统在初次安装时，会引导用户建立一个 ID 和密码，但同时也提供一个游客账户。用户应该自己为游客账户设置密码或者将其禁用，但多数人不知道这点，或者根本不想费这事。这个系统可能刚刚安装过，用户尚未顾上要禁止掉游客账户。

真的要感谢这个游客账户，现在我可以进入这台计算机，碰巧上面安装的是一个老版本的 UNIX 操作系统。在 UNIX 下，操作系统维护了一个密码文件，对该系统有访问权限的每个用户，其密码经过加密后存放于该文件中。密码文件包含了每个用户密码的单向哈希值(one-way hash，也就是一种不可逆的加密形式)。通过单向哈希转换，像"justdoit"这样的密码会被表示成加密形式的哈希值。在这个例子中，UNIX 再把哈希值转变成 13 个字母或数字形式的字符。

行话

　　密码哈希值：通过对密码做单向加密而得到一个杂乱的位串。这一过程应该是不可逆的。也就是说，不可能从哈希值恢复出密码。

　　如果比利·鲍勃不在办公室时也想将一些文件上传到某一台计算机中，那么他需要提供用户名和密码以证明自己的身份。负责检查其授权的系统程序在对他输入的密码做了加密以后，将加密结果与密码文件中加密形式的密码(哈希值)做比较。如果二者一致，他就能访问系统。

　　因为文件中的密码是以加密形式存放的，并且理论上任何现有的方法都无法破解密码，所以该文件可被任何用户所访问。这真是一个笑话——我把这个文件下载到本地，对它进行词典攻击(第 12 章有更多关于该方法的介绍)后，发现开发小组中有一个名叫史蒂夫·克莱默的工程师当前在该机器上有一个密码为 Janice 的账户。我抱着试试看的心理，企图用他的账户和密码登录到某一台供开发使用的服务器上。如果能成功，则我就能省些时间，同时也可以减小风险。但登不上去。

　　这意味着我得设法骗这个家伙告诉我他的用户名和密码。为了做这件事情，我得等到周末。

其他的你已经知道了。周六我打电话给史蒂夫，向他编造了一起蠕虫事件，需要用备份数据来恢复服务器，以此来消除他的怀疑。

那么，我给他讲的那个关于他在入职时账户申请表上填写密码的故事又是怎么回事呢？我指望他弄不清楚实际上根本没有这回事。新员工要填写那么多表格，多年以后又有谁还能记得清呢？毕竟，如果跟他弄僵了的话，我还可以去骗其他许多人呢。

使用他的用户名和密码，我进入了服务器，找了一会儿之后，就发现了 STH-100 的设计文件。我不确定哪个是最关键的，所以我把所有的文件都传送到一个"死角"：一台位于外国的免费 FTP 服务器，把这些文件放在那里不会引起任何人的怀疑。让客户自己到那堆乱七八糟的文件中寻找自己需要的东西去吧。

行话

> **死角**：一个用来存放信息而又不太可能被别人发现的地方。在传统间谍活动中，它可能是墙上一块松动的石块后面。在计算机黑客领域，通常是位于遥远国度的一个互联网站点。

5.3.4　骗局分析

对这个被我们称作克雷格·考格博尼的人，以及像他一样有着熟练的社交工程学技巧的人，尽管他们的行为构成了偷窃，但并不一定违法；对他们而言，这里所展示的困难几乎是家常便饭。他的目标是找到并下载那些存放在公司中某一台安全计算机上的文件，尽管这台计算机已经被防火墙和所有常规的安全技术保护起来了。

他的大部分工作就像用桶来接雨水一样简单。他先假装自己是收发室的人，并且做出一副情况紧急的样子，声称有个联邦快递的包裹需要投递。用这个骗术他得到了心脏支架工程组组长的名字。组长在休假，不过——对试图窃取信息的社交工程师有利的一点是——他留下了助手的名字和电话。在给她(助手)打电话时，克雷格声称自己是应组长的要求，从而打消了她的疑虑。因为组长不在，米歇尔无法验证他的话是否属实。于是，她接受了他的解释，并且毫不迟疑地把小组成员的名单给了他——对于克雷格来说，这是一份非常必要而且很有价值的信息。

当克雷格要求她用传真而不是电子邮件来发送时，她仍然没有怀疑，尽管通常情况下使用电子邮件对于双方都更加便利。她为什么这么容易上当受骗呢？像很多职员一样，她不希望自己的上司回来后发现自己怠慢了同样也在为上司做事的来电者。更何况，来电者还说上司不仅准许他的请求，而且还是请他帮忙。这个例子又一次显示出有人强烈渴望成为团队中的一员，多数人容易被骗。

克雷格为了避免自己径直进入大楼的危险，而让对方把传真发送到前台接待员那里，因为他知道她很可能会帮这个忙。毕竟，前台接待员之所以被选中从事这项工作，是因为其讨人喜欢的个性魅力，以及总能够给人一个好印象。在收发传真这类小事上帮一点忙也是前台接待员的分内之事，克雷格正是利用了这样的事实。对于她发出去的信息，如果有知道其价值的人看到了，一定会非常警觉的——但你怎么能指望前台接待员知道哪些信息是可以透露的、哪些信息是机密的呢？

克雷格又开始使用另一种风格的伪装，他装作困惑和无知，说服计算机管理部门的人把拨入公司终端服务器所用的电话号码告诉了他。通过这台服务器，就可以连接到内部网络中的其他计算机系统。

使用未被更改过的缺省密码，克雷格可以轻易地进入网络，这对于很多依赖防火墙安全性的公司内部网，是一个明显的大漏洞。事实上，很多操作系统、路由器以及其他类型的产品，包括PBX(专用交换分机)在内，它们的缺省密码从网上就能查到。任何一个社交工程师、黑客或工业间谍，或者那些仅仅出于好奇的人，都能从http://www.phenoelit.de/dpl/dpl.html 找到这份列表(对于那些知道到哪里找东西的人，利用因特网可以使事情变得出奇简单。现在你也知道了)。

克雷格随后碰到了一个小心谨慎、心存疑虑的人("你刚才说你姓什么？你的上司是谁？")，他得设法说服他透露自己的用户名和密码，这样他才能进入心脏支架项目组所使用的服务器。这就如同为克雷格敞开大门，让他可以浏览公司的最高机密并下载新产品计划。

如果史蒂夫·克莱默仍怀疑克雷格在电话中所说的，那该怎么办？在星期一上班之前，他不太可能把自己的怀疑向上报告，而到那时再想要制止攻击就为时已晚了。

骗局最后部分的一个关键之处是：克雷格起先表现得懒洋洋的，好像对史蒂夫的顾虑不感兴趣，然后改变语气，听起来好像他在尽力帮史蒂夫一个忙，好让他能够完成工作。大多数情况下，如果受害者认为你在尽力帮助他，则他会透露一些机密信息，而在正常情况下他会小心地保护好这些信息。

> **米特尼克的提示**
>
> 在工作中，大家会把完成工作放在首位。当面临压力时，安全措施通常被放在第二位，甚至被忽视或省略。社交工程师在从事欺骗活动时会利用这一点。

5.4   预防骗局

社交工程师最有威力的一个招数是能够设法扭转局面。他们制造出问题，然后巧妙地解决问题，从而诱使受害者向他们提供访问公司最高机密的权限。你的职员会落入这类骗术中的圈套吗？你是否打算起草一份专门针对这种骗术的安全准则并分发给每个人呢？

5.4.1   教育，教育，再教育…

有一个很早以前的故事讲一个游客在纽约街头拦住一个人问：

"到卡奈基音乐厅该怎么走？"那个人回答道，"练习，练习，再练习。"在社交工程攻击面前，每个人都很脆弱，公司最有效的防御措施是教育和培训自己的员工，教会他们该怎么做才能识破社交工程攻击。同时，还要经常提醒他们，自己在培训中所学到的一切，否则他们就会遗忘。

要培训机构中的每个人，当素不相识的陌生人与自己联系时要保持适当的怀疑和警惕，尤其是当这个人要求进入公司的计算机或者网络的时候。人们总是愿意信任别人，这是天性使然，但如同日本人所说的，商场如战场。你的生意赔不起因放松警惕而带来的损失。公司的安全制度必须清晰地定义哪些行为是合适的，哪些行为是不合适的。

安全不是一成不变的。在商业机构中，人们通常有不同的角色和职责，每个职位都有其易受攻击的方面。首先应该有一个基本培训，要求公司中的每个人都要参加，随后的培训应根据具体的工作类型，使职员们遵从一定的办事程序以减小出问题的可能性。工作中接触敏感信息或受到高度信任的人需要接受额外的专门培训。

5.4.2　保持敏感信息的安全性

正如在本章的故事中所看到的那样，当陌生人主动提出来要帮忙时，公司职员也必须遵从公司的安全规则，这一规则可根据商业需要、规模和企业文化而量身订制。

如果陌生人要求你帮他查找信息、在计算机上输入不熟悉的命令、改变软件的设置，或者——潜在危险性最大的是——打开电子邮件附件或下载未经检查的软件，则千万不要配合他。任何一个计算机程序——即便是看上去什么都不做——也可能不会像表面上那么简单。

无论受到多好的培训，时间长了以后我们都会忽视一些办事程序。之后，在关键时刻，正当我们最需要使用那些在培训中学到的知识时，我们却忘得一干二净。你可能会认为，不向别人透漏自己的账户名和密码是几乎每个人都知道的(或者应该知道的)，所以根本不需要别人告知或提醒：这是一个简单常识。但实际上，公司必须要经常提醒每个员工：将自己办公室计算机、家里计算机甚至邮件室中邮资机的用户名和密码透露出去，其行为等同于将自己 ATM 卡的 PIN 码透露出去。

只有少数情况下(极少数情况下)，将机密信息告诉别人才是必要的，有时甚至是非常重要的。由于这个原因，"绝对"不允许的规定也是不合理的。然而，你的安全政策和规程仍然需要对员工在何种情况下可以给出自己的密码做出很具体的规定，更重要的是，也要规定谁有资格索取他人的密码信息。

行话

> 在我个人看来，我不认为有哪些机构应该允许交流密码。订立一条死规定禁止员工共享或交流密码，这样做更加容易实行，同时也更为安全。但每个机构在做出这一抉择时，必须要考虑自己的企业文化和安全要素。

5.4.3　考虑源头

在大多数机构中，应该遵从这样一条规定，即任何可能对公司或同事带来危害的信息，只能告诉那些面对面见到的人，或者你非常熟悉他的声音从而能够明确无误地确认是他本人的人。

在高度机密的情况下，唯有那些面对面提出的，或者建立在较强的身份验证(例如，要求用到两份独立的信息：一个共享密钥和一个基于时间的令牌)基础上的请求才可以被批准。

数据分类规程必须强调指出，来自与涉密工作相关的部门的信息不能透露给任何不相识或没有以某种方式来证明身份的人。

那么，来自公司其他员工的听起来合理的要求，比如说要你提供小组成员的姓名和电子邮件地址列表,你该如何处理呢？事实上，像名单或邮件地址列表这样的信息，尽管其重要性显然比不上正在开发中的产品的规格说明，却仍然是仅供内部使用的，作为内部员工是否能意识到这一点呢？解决的关键之处是：在每个部门指定一名或多名员工，所有往部门之外发送信息的请求都由他们来处理。然后对这些员工做更深入的安全培训，以便让他们意识到自己必须要遵循的特殊的验证程序。

> **注记**
>
> 　　难以置信的是，即便在公司的员工数据库中查找打电话者的姓名和电话号码并回电话给他也不是绝对可靠的。社交工程师知道很多种办法可以在公司的数据库中加入姓名或转接电话。

5.4.4　不要遗漏任何人

　　每个人都能很快地指出自己公司中哪些地方需要重点保护以防恶意攻击。但我们经常忽略了其他那些看来不那么明显，却仍然很脆弱的地方。在本章其中一个故事中，员工把传真发送到公司内部的一个号码上，像这样的事情看起来很简单，不会有什么安全问题，但攻击者仍然可以利用这个安全漏洞。从中我们可以吸取的教训是：从秘书和行政助理到公司决策层和高层经理，每个人都需要接受专门的安全培训，以便他们能对这类诡计有所警觉。同时也不要忘了看好前门：前台的接待员也经常是社交工程师的主要目标，所以必须要让她们意识到一些访客和打电话者所用的欺骗手段。

　　公司的安全部门应当指定一个唯一的联络点，当员工认为自己成了社交工程攻击的目标时，可以向这个中心联络点报告。让安全事件集中报告到一个地方有助于建立一个有效的预警系统，从而当协同攻击事件发生时，所造成的损失能被及时地控制住。

第 6 章

"你能帮我吗？

你已经看到了社交工程师怎样通过主动帮忙来欺骗别人。另一种常用的办法是反其道而行之：社交工程师假装自己需要别人的帮助，以此来操控局面。我们大都会同情处于困境中的人，事实也反复证明这种方法可以使社交工程师有效地达成自己的目标。

6.1 城外人

第 3 章中的一个故事展示了攻击者怎样说服受害者泄露自己的员工号码。下面将使用不同的方法来达到同样的目的，然后向你展示攻击者怎样利用员工号码信息来做别的事情。

6.1.1 盯上琼斯

在硅谷有家跨国公司，这里不提它的名字。遍布全球的销售点和其他服务机构都通过广域网(WAN)连接到公司总部。有个既聪明又精力充沛的入侵者名叫布赖恩·艾特比，他知道通常从远处的某个站点发起攻击更容易侵入网络，因为那里的安全措施通常比总部的要松懈一些。

· ·

入侵者打电话给芝加哥办事处，要求与琼斯先生通话。接线员问他是否知道琼斯先生姓什么；他回答说，"我这里有，正在找。请问你那里有多少个叫琼斯的？"她说，"三个。他在哪个部门？"

他说，"如果你把那三个人的姓名读一下，或许我能认出来。"她就读了："巴里、约瑟夫和高登。"

"约瑟夫。我敢肯定就是他，"他说，"他在……哪个部门？"

"商业开发部。"

"太好了。请你给我接过去好吗？"

她把电话转了过去。当琼斯接电话时，攻击者说，"琼斯先生吗？你好，我是工薪部门的托尼。我们刚处理完你的请求，把你的工资直接打到了你的信用合作社账户上。"

"什么？？？？！！！你肯定是在开玩笑。我从来没提出过这样的请求。我甚至根本没有信用合作社账户。"

"哦，天哪。我已经处理完你的请求了。"

一想到自己的工资可能到了别人的账户上，琼斯心里非常着急，他想电话另一端的家伙脑子可能有点问题。他还没回答，攻击者就说，"我最好看看发生了什么事。工资的变化是通过员工号输入的。请问你的员工号是多少？"

琼斯把号码给了他。打电话的人说，"对，你说的没错。这不是你提出的要求。"他们变得一年比一年愚蠢了，琼斯心想。

"好吧，我会处理好这件事的。我现在就改过来。别担心——你下个月的工资不会有问题的，"那家伙向他保证道。

6.1.2 一次商务旅行

不久后,该公司在德克萨斯州奥斯汀销售处的系统管理员接到了一个电话。"我是约瑟夫·琼斯,"打电话的人说,"我在公司的商业发展部门。接下来的一周,我会住在 Driskill 饭店。我想让你为我建立一个临时账户,这样我不用拨打长途电话就能访问我的电子邮件。"

"请把姓名重复一遍,同时把你的员工号告诉我,"系统管理员说。这个假琼斯给出了员工号,接着说,"你们有高速的拨入号码吗?"

"请别挂断电话。我要在数据库中验证一下。"过了一会儿,他说,"好了,琼。告诉我,你办公室楼的号码是多少?"攻击者早有所准备,知道这个问题的答案。

"好了,"系统管理员说,"我相信你。"

事情就是这么简单。系统管理员验证了约瑟夫·琼斯这个名字、他所在的部门,以及他的员工号。对这些测试问题,"琼"都给出了正确的答案。"你的用户名同你在总部的一样:jbjones,"系统管理员说,"初始密码是'changeme'。"

米特尼克的提示

不要依赖网络防护设施和防火墙来保护你的信息。真正的安全性取决于自己最脆弱的部分。通常你会发现最脆弱的部分是你们自己这些人。

6.1.3 骗局分析

只拨打了几个电话,用了一刻钟时间,攻击者就获得了该公司广域网的访问权限。像这样的公司还有很多,我将其安全性称为"糖果式的安全",这一说法最初是贝尔实验室的 Steve Bellovin 和 Steven Cheswick 使用的。他们把这样的安全性描述为"一个又硬又脆的外壳包着一个又软又耐嚼的内核"——就像 M&M 糖果。
Bellovin 和 Cheswick 认为，外边的壳，即防火墙，不能提供充分的
保护，因为一旦入侵者绕过或穿透了防火墙，内部计算机系统的安
全性将极为脆弱。多数情况下，它们并没有得到充分保护。

这个故事就属于这一类情形。有了拨号接入的号码和账户，攻
击者甚至无需费力就进入了防火墙，而一旦进入了防火墙，他很容
易就能危及内部网上的大多数系统。

据我所知，同样的骗术曾经在某一家全球最大的软件厂商那里
得逞。你可能认为，在这样的公司里，系统管理员应该是训练有素
的，足以抵御这类诡计。但据我的经验，如果碰到的是一个既聪明
而又善于说服人的社交工程师的话，则无人能保证绝对安全。

行话

> **糖果式的安全**：贝尔实验室的 Bellovin 和 Cheswick 发明
> 的一个术语，用来描述一种安全情形：虽然外围安全设施(比
> 如防火墙)很强大，但内部的基础设施却很脆弱。此术语源于
> M&M 糖果，这种糖外壳硬而内核软。

6.2　地下酒吧式的安全

在以前地下酒吧的年代——在全面禁酒时期，有些夜总会里
销售私烧锦酒——客人要想进去，必须先在外面敲门。稍候片刻后，
门会开个小缝，有一张严肃、胆怯的脸探出来看看。如果来访者知
道规矩，他就会说出某个常客的名字(通常说一声"乔让我来的"就
行了)，里面的看门人就会打开门让他进去。

真正的关键在于如何知道地下酒吧的地点，因为门上没有任何
记号，店主绝对不会安装上霓虹灯来招揽生意。是否能进到店里去，
很大程度上取决于能否出现在正确的地方。不幸的是，同等程度的

保密方法在商业领域中也广泛存在，我称之为"地下酒吧式的安全"，它实际上意味着某种形式的不加保护。

> **行话**
>
> **地下酒吧式的安全：** 这种安全性依赖于(1)知道所要的信息在何处，(2)使用某个词或名字来访问该信息或计算机系统。

6.2.1 我在电影上看到过

下面是一部很受欢迎的电影中的一段情节，可能很多人都记得这部电影。《英雄不流泪》的主角 Turner(由 Robert Redford 饰演)在一家与 CIA 有合同关系的小型研究机构工作。有一天，他吃完午饭后回来，发现自己所有的同事都已被枪杀。他必须弄明白这是谁干的，以及他们为什么要这么做，同时他也很清楚，不管凶手是谁，他们肯定正在寻找自己。

在故事中，Turner 后来设法弄到了其中一个凶手的电话号码。但这个人是谁？怎样才能确定他所在的位置？他很幸运：剧本作者 David Rayfiel 很乐意给 Turner 设计了这样一段经历：在一家陆军信号公司接受过电话接线员工作的训练，因此他非常了解电话公司的技术和办事程序。有了凶手的电话号码，Turner 知道该怎么做。在剧本中，这段场景是这样描述的：

Turner 重又拿起电话，拨了另一个号码。电话铃声响，然后是：

女声(从话筒中传出来)：

CNA，我是 Coleman。

Turner(对着话筒)：

Coleman 女士，你好，我是 Harold Thomas，客户服务，请帮忙查一下 202-555-7389 的 CNA 地址。

女声(从话筒中传出来)：

请稍候，

(几乎紧接着同时回答道)

马里兰州 Chevy Chase 市 MacKensie 道 765 号，Leonard Atwood。

这里剧作者错将华盛顿特区的区号用在了马里兰州的地址上，不管这个，你能看得出这里发生了什么事吗？

因为接受过电话接线员工作的训练，Turner 知道拨哪个号码可以打到 CNA，即客户姓名和地址局。建立 CNA 的目的是为了方便电话安装人员和其他得到授权的电话公司职员。安装人员可以打电话到 CNA，把电话号码告诉 CNA 接线员，CNA 的职员就会给出拥有这个号码的人的姓名和地址。

6.2.2 欺骗电话公司

在现实世界中，CNA 的电话号码是极其机密的。尽管电话公司最终意识到这个问题，如今不会再这么草率地对待信息了，但是有那么一段时间，他们的日常运营却建立在一种类似于地下酒吧式的安全基础上，安全专家称之为"基于隐匿度的安全"。他们假定给 CNA 打电话并且知道确切行话的人(比如，客户服务，请帮忙查 555-1234 的 CNA 地址)都已经授权可以获得这些信息。

行话

> **基于隐匿度的安全**：一种不太有效的计算机安全方法，它依赖于对系统运行的细节情况(协议、算法和内部系统)进行保密。基于隐匿度的安全，它错误地假设了在可信任的一群人以外，其他人无法进入系统。

米特尼克的提示

基于隐匿度的安全性对于阻止社交工程攻击毫无作用。世界上的每个计算机系统都至少有一个人会使用它。所以，如果攻击者能够巧妙地对付那些使用计算机系统的人，则系统的隐匿度就变得无关紧要。

这里不必检查或识别来者的身份，不必给出员工号，也不需要每日更改的密码。如果你知道要拨哪个号码，并且听起来是可信的，那你就有权得到信息。

对于电话公司来说，这并不是一个非常可靠的假设。他们在安全方面所做的唯一努力是定期地变换电话号码，一年至少一次。即便如此，任何时候当前所用的电话号码也被电话飞客们广为熟知，他们很乐意利用这一极为便利的信息源，并且将自己的使用经验拿出来与同伴们分享。当我在青少年时期喜欢电话飞客活动时，首先学会的几件事之中就有 CNA 局的骗术。

在商业和政府机构中，地下酒吧式的安全仍然很普遍。任何一个半生不熟的入侵者，只要提供了足够多关于你公司的部门、人员和内部术语的信息，就可能被认为是一个经过授权和获得许可的人。有时甚至根本不需要提供这么多信息：一个内部的电话号码就足够了。

6.3 漫不经心的计算机管理员

尽管一个机构中很多人可能会忽视、不关心或意识不到安全隐患，但一个在财富五百强企业的计算中心担任经理的人应该完全熟知各种最好的安全措施，对吧？

你肯定认为计算中心的经理——作为公司信息技术部门的一员——不会落入那些简单而又显然的社交工程圈套中。尤其当社交工程师不过是一个不到 20 岁的毛头小孩子的时候。但有时你这样的想法是不对的。

6.3.1　收听电台

许多年前，很多人都喜欢的一种消遣方式是把收音机调到当地警察局或消防部门所用的频段，收听那些偶尔嗓门很大的谈话：或者是关于正在发生的银行抢劫案，或者是某座建筑着火了，或者是事情明了后的高速追捕。执法部门和消防部门所用的无线电频率在街头小店所售的书中就可以查到。如今在 Web 上也列出了这些信息；你还可以从 Radio Shack 连锁店购买一本书，其中包括当地、县和州的通讯频率，甚至联邦机构使用的频率也有。

当然，收听者不仅是那些出于好奇的人。通过收听，半夜抢商店的劫匪可以知道该地区是否安排了警车。毒品交易人员可以监视当地缉毒部门的行动。纵火者在纵火后，可以收听消防员奋力扑火时广播中的声音，以此来满足自己病态的快感。

通过多年来计算机技术的发展，加密语音信息已经成为可能。当工程师们把越来越强的计算能力塞入到单个微处理器芯片中时，他们开始为执法部门建立小型的加密无线电台，从而使那些居心叵测者或纯粹出于好奇的人不能再收听这些电台了。

6.3.2　窃听者丹尼

有一个扫描器狂热分子，同时也是一个熟练的黑客，我们称呼他为丹尼，他决定尝试一下，看能否从一家主要的安全无线电系统制造商那里获得加密软件中最机密的部分——源代码。他期望通过研究源代码，知道怎样窃听执法部门，也可以知道是否有可能使用同样的技术，使得最强大的政府机构也不能轻易地监听自己与朋友们的谈话。

黑客中像丹尼这样的人介于"纯属好奇但绝无恶意和危险"的黑客与危险分子两者之间。他们有专业知识，同时，不管是为了挑战自己的智力，还是为了获得学习技术机理的乐趣，他们也跟恶作剧的黑客们一样，有着强烈的欲望要侵入计算机系统和网络。他们所用的电子攻击的技艺是相同的。这些人，作为善意的黑客，非法侵入站点的动机纯粹是为了证明自己有能力这样做，以及由此而获得的乐趣和兴奋之情。他们不偷东西，不从自己的摸索中获得报酬，不破坏文件，不中断网络连接，也不会让任何一个计算机系统瘫痪。他们只是进入系统，在安全和系统管理员的背后寻找一些重要文件，以及在电子邮件中搜索密码，让那些负责防范入侵者的人为之大伤脑筋。这种高人一筹的感觉是他们主要的满足感。

为保持这种本色，丹尼想窥探一下目标公司严密看管的产品的细节，目的只是为了满足自己那抑制不住的好奇心，以及欣赏一下设计者可能已经完成的灵巧的创新。

不用说，这些产品设计是高度商业机密，是这家公司的资产中最为贵重的，也是最为严密保护的。丹尼知道这一点，但他毫不在乎。毕竟，这只是一家不知名的大公司而已。

但如何才能得到软件源代码呢？事实证明，攫取该公司安全通讯部门皇冠上的宝石太轻而易举了，尽管该公司使用了"双重身份认证"方案，即人们需要提供两份独立的标识来证明自己的身份，而不是只用一个就可以了。

下面的例子你可能很熟悉。当你收到新的信用卡时，发卡公司要求你打电话给他们，以便让他们知道信用卡在他们要寄给的那个人手里，而不是有人从邮箱中窃取了信封。如今，随卡的说明书中通常要求你从家里打电话过去。当你打电话时，信用卡公司的软件分析这次电话的 ANI，即电话公司的交换机提供的自动号码识别结果，其中涉及的费用由信用卡公司来支付。

信用卡公司的计算机利用 ANI 提供的来电号码，与公司的持卡者数据库中的号码进行比对。当信用卡公司的员工接听电话时，他或她的显示器上显示了来自数据库中有关该顾客的详细信息。这样该员工就能知道电话是否来自顾客家里；这是一种形式的身份认证。

接电话的员工从显示在他面前的个人信息中挑出一条——通常

是社会保险号、出生日期或你母亲娘家的姓——向你提问。如果你给出了正确答案，这就是第二种形式的身份认证——建立在你应该知道这些信息的基础之上。

行话

　　双重身份认证：使用两种不同类型的认证方案来确认身份。比如，为了证明自己的身份，你可能要从某一个可识别的特定地点打电话，同时还要知道密码。

　　在我们的故事中，这家制造安全无线电系统的公司里，每个需要访问计算机的员工都有自己的用户名和密码，但同时他们还有一个被称作安全 ID 卡的小电子设备。这是一种基于时间的令牌。这样的设备有两种：一种与信用卡的一半大小差不多，但要厚一点；另一种要小得多，以至于用户可将它挂在钥匙链上。

　　这种小设备用到了密码学的原理，它有一个小窗口，其中可以显示一连串的 6 位数。每隔 60 秒，显示的数就改变为另一个 6 位数。当一个授权的人需要从外部访问网络时，首先她要键入自己的 PIN 码和显示在令牌设备上的数来证明自己的身份。在被内部系统验证以后，她还要用自己的账户名和密码进行认证。

　　丹尼这位年轻的黑客要想得到自己觊觎的源代码，首先必须得到某个员工的账户名和密码(这对有经验的社交工程师来说不是什么问题)，同时他还得绕过基于时间的令牌这一关。

　　要克服"基于时间的令牌"和"用户的 PIN 码"这两者构成的双重身份认证机制似乎是一件不可能的事情。但对于社交工程师来说，这样的挑战类似于那些扑克牌玩家所面临的挑战，好的扑克牌玩家更会揣摩对手的心思。当他在桌子边坐下时，他知道自己只要凭借一点点运气，就可能带走一大笔别人的钱。

6.3.3　猛攻堡垒

丹尼开始做一些准备工作。没多久，他就收集到了足够多的信息，可以把自己伪装成一名真正的员工了。他有了员工姓名、部门、电话号码和员工号，以及经理的姓名和电话号码。

现在是暴风雪前的平静。真正意义上的暴风雪。按照丹尼制定的计划，他还需要一样东西才能开始下一步行动，但他无法控制这样东西：他需要一场暴风雪。丹尼有必要请大自然母亲帮个小忙，那就是让天气变得异常恶劣，从而人们无法到办公室上班。

上述制造商的工厂在南达科他州，在这里的冬天，人们不用等很久就可以碰上坏天气。星期五晚上，一场暴风雪降临了。开始是雪，后来变成了冰冷的雨，因而，到了早晨，路面上覆盖了滑滑的一层冰，路况变得非常危险。对丹尼来说，这是一个绝佳的机会。

他给工厂打电话，要求转计算机室。接电话的是 IT 室的一个计算机操作员，他说自己叫 Roger Kowalski。

丹尼报上了自己预先准备好的真实员工的姓名，他说，"我是 Bob Billings，在安全通讯组工作。我现在在家里，因为暴风雪不能开车上班了。问题是，我需要从家里访问我的工作站和服务器，但我把自己的安全 ID 卡忘在办公桌上了。您能帮我取一下吗？或者让其他人取一下？然后当我需要进入公司网络时把卡上的代码念给我听？因为我的小组在赶一个重要的期限，而且我现在没有别的办法。我也不可能到办公室——沿途的道路太危险了。"

计算机操作员说道，"我不能离开计算中心。"

丹尼马上问，"您自己有安全 ID 卡吗？"

"计算中心有一个，"他说，"我们为操作员保留了一个，以备急用。"

"那好，"丹尼说，"您能不能帮我这个大忙？当我拨入网络时，您能让我借用您的安全 ID 卡吗？用到可以安全地开车上班的时候。"

"再问一下，你是哪位？"Kowalski 问道。

　　"Bob Billings。"

　　"你的老板是谁？"

　　"Ed Trenton。"

　　"噢，是的，我认识他。"

　　当有可能面临更深入的追问时，一名优秀的社交工程师通常会做更多的事先调查工作。"我在二楼，"丹尼接着说，"挨着 Roy Tucker。"

　　他同样知道这个名字。丹尼接着转回到他的任务上。"到我的座位上去取我的安全 ID 卡可能更方便。"

　　丹尼确信这个家伙不会这么做。首先，他不会在值班的时候穿过走廊走上楼梯，到达大楼内一个比较偏远的地方。他也不想翻腾别人的办公桌，侵犯别人的私有空间。不会的，丹尼敢打这个赌，他肯定不想这么做。

　　Kowalski 不愿对需要帮助的人说"不"，但也不想因为说了"是"而惹上麻烦。所以他想办法避开这一艰难的抉择："我请示一下老板。请别挂，"他放下电话，丹尼能听到他拿起了另一部电话，然后拨通电话，并解释了丹尼的请求。Kowalski 随后做了一件不可思议的事情：他居然为这个自称 Bob Billings 的人打保票。"我认识他，"他告诉自己的经理。"他的老板是 Ed Trenton。我们能让他使用计算中心的安全 ID 卡吗？"守候在电话旁的丹尼无意中听到了这种非同寻常，同时也出乎自己意料的帮助，他感到很吃惊，简直不敢相信自己的耳朵和运气。

　　又过了一会儿，Kowalski 回到电话旁，说，"我的经理想亲自跟你说，"并给了他那人的姓名和号码。

　　丹尼给经理去了电话，把整个故事重复了一遍，增加了有关当前正在做的项目的一些细节，解释了为什么自己的产品组需要赶一个重要期限。"如果有人去取一下我的卡会更方便，"他说。"我想我办公桌的抽屉没有锁上，它应该在我左上角的抽屉里。"

　　"好吧，"经理说，"我认为我们可以让你在这个周末使用计算中心的安全 ID 卡，仅仅这个周末。我会告诉值班的人，让他们在你打电话时，把随机访问代码念给你听。"随后他把安全 ID 卡的 PIN 码告诉了丹尼。

整个周末，每次丹尼想进入公司的计算机系统时，他只需给计算中心打个电话，让那里的人把安全卡上所显示的 6 个数字读给他听。

6.3.4 进入后的工作

进入了公司的计算机系统后，丹尼该怎么做呢？他怎样才能找到自己所需的软件是在哪台服务器上呢？

对此他早已有所准备。

许多计算机用户都很熟悉新闻组，在这种内容广泛的电子公告牌上，人们可以贴出问题，其他的人就会解答；或者可以在虚拟空间中找到与自己在音乐、计算机或其他几百个主题方面有相同兴趣的人。

但很少有人意识到，当他们在新闻组的站点贴出了一条消息时，这条消息会在上面保存很久，几年之内都可以被访问到。比如，Google 目前就维护了一个包含七亿条消息的档案库，其中有些消息是二十多年前发布的！丹尼首先去因特网站点：http://groups.google.com。

丹尼输入"encryption radio communications"(加密无线电通讯)以及该公司的名字作为搜索关键字，找到了该公司的员工在多年以前写的一条消息。这是这家公司刚刚开始开发产品时候发布的一条消息，那时警察部门和联邦机构可能尚未考虑对无线电信号进行加扰。

该消息包含了发送者的签名，其中不仅有这个人的姓名 Scott Baker，还有他的电话号码，甚至也有他所在的小组的名字：安全通讯组。

丹尼拿起电话，拨了这个号码。看起来这是个很大胆的推测——过了这么多年，他还会在这家公司吗？在这样一个暴风雪的周末他会在工作吗？电话铃响了一声，两声，三声，然后传来了一个人的声音"我是 Scott，"那人说。

丹尼声称自己是公司 IT 部门的人，设法使 Baker(可以使用前面章节中讲述过的某一种方法，相信你已经很熟悉了)说出了那些被用于开发工作的服务器的名字。这些服务器上应该存放着程序源代码，特别是在公司的安全无线电产品中所使用的专有加密算法和固化软件的程序源代码。

丹尼现在离目标越来越近了，他开始变得兴奋起来。他在期待着成功后的那种狂喜，每当他成功地完成了一件自认为只有少数人才能完成的事情时，他就会有这种感觉。

但现在他尚未达到目的。感谢那位乐于合作的计算中心经理，在这个周末剩下的时间里，他什么时候想进入公司的网络都可以。他也知道自己想要访问的是哪些服务器。但当他拨号进入时，他登录的终端服务器不允许他连接到安全通讯组的开发系统。一定是有一个内部防火墙或路由器在保护着这个组的计算机系统。他必须找到其他的进入方法。

接下来的步骤需要胆量：丹尼再次给计算机室值班的 Kowalski 打电话，抱怨说"我的服务器不让我连接，"并对 IT 部门的这个家伙说，"我需要你帮我在你们部门的某一台计算机上建立一个账户，这样我就可以用 Telent 连接到我的系统中。"

既然经理已经批准了把时间令牌卡上显示的访问代码告诉这个人，那么这个新的要求听起来也不觉得不合理。Kowalski 在操作中心的一台计算机上建立了一个临时账户和密码，并告诉丹尼"用完后给我打电话，这样我好把它删掉。"

用临时账户登录后，丹尼就能够通过网络远程连接到安全通讯组的计算机系统。然后丹尼在网络上搜索有关的技术漏洞，经过一个小时的搜索之后，他成功地找到了能使他进入主要的开发服务器的技术漏洞。显然，系统或网络管理员都没有注意到跟该机器的操作系统有关的(允许远程访问的)安全漏洞的最新消息，但 Danny 注意到了。

只一会儿时间，他就找到了自己想要的源代码文件，并把它们远程传送到一台提供自由存储空间的电子商务站点上。在这个站点上，即便有人发现了这些文件，也不可能追踪到他这里来。

在退出系统前他还有一件事：按照规范的做法应删除自己的踪迹。在名嘴 Jay Leno 的晚间脱口秀节目结束前，他做完了这一切。丹尼认为这个周末的工作非常出色。他自己无须承担任何风险。这种刺激让人心醉，比滑雪或跳伞还要强烈。

当天晚上，丹尼醉了。不是因为喝了苏格兰威士忌、杜松子酒、啤酒或米酒，而是因为当他细细浏览自己偷来的文件，并开始琢磨这难懂的、高度机密的无线电软件时，他为自己的能力所深深折服，有一种强烈的成就感。

6.3.5 骗局分析

在前面的故事中，骗局之所以能成功，是因为该公司的一名员工轻易地相信打电话的人确实是他所声称的那个人。一方面，当同事遇到问题时给于热心帮助，这既是产业轮转的部分动力，也是使某些公司的职员比另外一些公司的职员更易于合作的部分原因。但另一方面，这种乐于助人也正是社交工程师试图利用的一个主要弱点。

在丹尼的骗局中，有一个细节耐人寻味：当他请别人去他的办公桌那里取自己的安全 ID 卡时，他用了"fetch"这个词。这个词是一条针对狗的命令。没有谁愿意别人告诉自己去"fetch"什么东西。由于使用了这个词，丹尼更加肯定这个要求会被拒绝，从而其他的方案会被采纳，这正是他所期望的。

计算中心的操作员，Kowalski，被丹尼骗住了，因为丹尼报出了几个正好他也认识的人的名字。但是，为什么 Kowalski 的经理——至少是一个 IT 经理——也允许一个陌生人访问公司的内部网络呢？原因很简单，在社交工程师的兵器库中，求助电话是一个强大的、很有说服力的工具。

类似的事件可能会在你的公司发生吗？还是已经发生了呢？

米特尼克的提示

　　这个故事表明，基于时间的令牌和类似的身份认证形式不足以防御狡猾的社交工程师。只有当员工们自觉地遵从安全规定，并且充分理解别人可能会以什么方式来恶意地影响自己的行为时，这样的身份认证手段才能真正起到防御的作用。

6.4　预防骗局

　　在这些故事中，一个经常重复的要素似乎是，攻击者设法从公司外部拨号进入该公司的计算机网络，而帮助他的人没有采取足够的措施来证明打电话的人是否真的是内部员工，以及是否已被授权访问。为什么我要不厌其烦地反复讨论这个主题呢？因为在很多社交工程攻击中，这确实是一个很重要的要素。对于社交工程师来说，这是最容易达到目的的方法。既然简单一个电话就能解决问题，攻击者为什么要花上几个小时来试图入侵呢？

　　社交工程师在实施这一类攻击时，最强有力的方法是装作需要帮助——这正是攻击者常用的做法。你肯定不希望阻止自己的员工帮助同事或客户，所以你要把他们武装起来，让他们在有人要求计算机的访问权或索取敏感信息时，使用专门的验证程序。这样，对于那些应该得到帮助的人，你的员工仍然可以帮助他们，同时又能保护组织机构的信息资产和计算机系统不受侵害。

　　公司的安全章程有必要详细地列出在各种情况下应该采取何种验证措施。第 17 章给出了一份详细的程序列表，这里列出一些值得考虑的指导方针：

- 为了验证发请求人的身份，一个好的方法是，在公司通讯录中找到这个人的号码，并给这个号码打电话。如果提出请求的人是一个攻击者，则通过这个验证电话，你要么可以在假冒者等待回应的同时，与被假冒者本人通上电话，要么可以进入这名员工的语音信箱，从而你能够听到他的声音，并且与攻击者的声音进行对比。

- 如果在你的公司，员工号码被用于身份验证，那么这些号码就要被当作敏感信息来看待，它们需要小心看管，不要给陌生人。同样的措施也适用于其他各种内部标识，比如内部电话号码、部门的财务编号，甚至是电子邮件地址。

- 公司在给员工做培训时，要提醒员工注意，对于一个不认识的人，不要仅仅因为这个人听起来可信或了解某些情况，就把他当做合法的员工。一个人知道公司的某些做法或使用了内部术语，并不能成为他的身份不必再用其他方法进行验证的理由。

- 安全官员和系统管理员不能缩小自己的注意力范围，而仅仅关心其他人是否具有足够的安全意识。他们自己也需要确保遵从同样的规则、程序和规范。

- 密码一类的东西当然绝对不能共享，但是，针对像基于时间的令牌和其他形式的身份认证安全机制，对共享的限制尤为重要。需要达成共识的是，如果这些标识身份的东西也被共享了，则显然背离了公司安装这些系统的整个初衷。共享意味着不能明确责任。如果发生了安全事件或者某些地方出问题了，你就无法确定谁应该为此负责。

- 正如我在本书中反复重申的那样，员工需要熟悉社交工程学策略和方法，以便能对自己接收到的请求进行全面分析。可考虑在安全培训时使用角色扮演的方式，以便让员工更好地理解社交工程师是如何工作的。

第**7**章

假冒的站点和危险的附件

有句老话说得好，天下没有免费的午餐。尽管如此，免费提供一些东西依然是一种重要的招揽生意的手段，无论是合法的生意(譬如，"等等——还有更多！快拨打电话，我们将赠送一副刀具和爆米花机")，还是不那么合法的生意(譬如，"佛罗里达州的湿地，买一亩送一亩")。

而我们中的大多数人会急于得到免费品，以至于注意力被分散，无暇仔细考虑对方提供的是什么，他们许下了什么样的承诺。我们都很熟悉"购买东西要谨慎"这条警示语，但现在还要注意另一条警示：当心主动送上门来的电子邮件附件和免费软件。精明的攻击者会想尽一切办法进入公司的网络，包括利用人们总是希望得到免费礼物的天性。下面列举一些例子。

7.1 你不想要免费的吗？

就像自古以来病毒一直被人类和医学专业人员视为灾祸一样，

计算机病毒也正如其名字所指示的，对于计算机技术的使用者来说不啻为一种灾祸。最为人关注并最终成为议论焦点的计算机病毒往往也会造成最大的危害。它们都是计算机破坏狂的杰作。

由于人们对计算机的不了解，这更加促使计算机破坏狂们炫耀自己是多么聪明。有时他们的行为就像是入行仪式，目的是引起那些更有经验的老黑客们的注意。这些人的动机是制造出能造成破坏的蠕虫或病毒。如果他们的工作毁坏了文件、破坏了整个硬盘的数据，或者把自身发送给千千万万毫无防范的人们，那么，这些破坏狂会为自己的成就骄傲得不可一世。如果他们制造的病毒引起了足够的混乱，报纸予以报道，网络上也广播消息提醒人们加以注意，那这样的报道和消息真是越多越好。

对这些破坏狂和他们的病毒已经有很多描述了。为了提供保护，已经出现了许多书籍、软件程序，甚至建立了专门的公司。我们在这里不打算讲述怎样防御他们的技术攻击。我们现在关心的并不是他们的破坏行为，而是他们的远亲表兄妹，即社交工程师的更具针对性的行为。

7.1.1　伴随电子邮件而来

你可能每天都会收到主动送上门来的电子邮件，里面或者是广告信息，或是免费提供你既不需要也不想要的这样或那样的东西。你肯定知道这种东西。他们提供投资建议、打折的计算机、电视、相机、维他命或旅行，提供你根本不需要的信用卡、能免费收看收费电视频道的设备，以及改善你的健康或性生活的办法，等等。

但偶尔在你的电子邮箱中会冒出一些特别吸引眼球的东西。可能是一个免费的游戏，一个你最喜爱的明星的照片，一个免费的日历程序，或者一个可以保护你的计算机免遭病毒但又价格不高的共享软件。不管它是什么，这封邮件都会建议你下载相应的文件(说是包含了上面介绍的这些东西)来试试看。

或者你可能收到一条消息，标题写着"Don, 我想你，"或者

"Anna，为什么还不给我写信？"或者"嗨，Tim，这是我答应给你的性感照片。"你可能会想，这不应该是做广告的垃圾邮件，因为信里面有你本人的名字，看起来是特意发给你的。于是就打开附件来看照片或读消息。

所有这些动作——下载一个从广告电子邮件中获知的软件、点击链接之后进入一个从未听说过的站点、打开一个并非熟人发送过来的邮件中的附件——都可能招来麻烦。没错，大多数情况下你得到的是自己所期望的，大不了是一些令人失望或厌恶的东西，但不会带来危害。但有时，你得到的是一个电脑破坏分子精心准备的东西。

向你的计算机发送恶意代码，这只是整个攻击中的一小部分。攻击者只有说服你下载附件，该攻击才能成功。

所有恶意代码中最具破坏力的形式——像名为求爱信(Love Letter)、Cam 先生(SirCam)、库娃(Anna Kournikiva)等蠕虫，都依赖于社交工程学的欺骗技术，利用人们总是期望免费得到某些东西的心理来达到传播自身的目的。这类蠕虫以电子邮件附件的形式出现在用户面前，声称可以提供某些诱人的东西，比如机密信息、免费的黄色内容，或者——一种非常聪明的把戏——在邮件中说所附的文件是你订购的一件贵重物品的收据。最后的这个把戏会使你担心自己的信用卡被误刷了，因为你并没有订购东西，从而打开附件来查看。

令人吃惊的是，很多人被这种伎俩所蒙骗。尽管我们一而再，再而三地听到别人告诫，随便打开电子邮件附件是多么危险，但是，这种危险意识随着时间而逐渐减弱，从而导致我们每个人都很容易受到攻击。

注记

在计算机领域中有一种称为 RAT 的程序，即远程访问的特洛伊木马，可以让攻击者完全访问你的计算机，就像他坐在你的键盘前面一样。

7.1.2　识别恶意软件

另一种形式的 malware(恶件，恶意软件的简称)把一个程序放到你的计算机上，你未弄清它要做什么，也没有表示同意，它就已经运行，或者在你浑然不觉的情况下执行某些任务。malware 看上去一点也不像要搞破坏的样子，可能只是一个 Word 文档或 PowerPoint 演示稿，或者其他具有宏功能的程序，但它会偷偷地安装一个未经许可的程序。比如，malware 可能是第 6 章中讲到的特洛伊木马的一种版本。一旦这样的软件被安装在你的计算机上，它就会把你的每次击键动作都传回给攻击者，包括你的密码和信用卡号。

另外有两种恶意软件可能会使你感到震惊。第一种恶意软件能把你在计算机麦克风的范围内所说的每一句话都传给攻击者，即使你认为麦克风已经关掉了也同样如此。更糟的是，如果你的计算机上连接了一台网络摄像机，则攻击者使用类似的技术可以捕捉到你的计算机面前发生的一切事情，不管是白天还是晚上，即使你认为摄像机已经被关掉了。

> **行话**
>
> **MALWARE:** 恶意软件的俗称，指像病毒、蠕虫或特洛伊木马这一类能执行破坏性任务的计算机程序。

> **米特尼克的提示**
>
> 当心那些手持礼物的家伙们，不然你的公司可能遭遇与特洛伊城有同样的命运。当不能确认时，为了避免感染，应使用保护措施。

喜欢搞恶作剧的黑客可能会试图在你的计算机上植入一个恶意骚扰你的小程序。比如，它可能会不停地把你的光驱中的盘片弹出来，或者把你正在使用的文件变得最小。它也可能在半夜以最大的音量播放一段刺耳的尖叫声。当你想睡觉或努力工作时，这都不怎么好玩。但至少它们不会造成持久性的破坏。

7.2 来自朋友的消息

尽管你小心防范，事情仍有可能变得更糟。现在假设你决定不冒任何风险。除了像 SecurityFocus.com 和 Amazon.com 这一类你了解和信任的安全站点以外，你不再从别的站点下载任何文件；不再点击来源不明的电子邮件中的链接；不再打开任何意料之外的电子邮件中的任何附件。你检查自己的浏览器界面，确保每当你在进行电子商务交易或交换敏感信息时所访问的每个站点都有一个安全站点的符号。

有一天，你收到了一个朋友或商业伙伴的电子邮件，其中也包含一个附件。因为是非常熟悉的人发过来的，所以不会有什么恶意，不是吗？尤其是，如果你计算机上的数据被毁坏了，你知道该归咎于谁。

你打开了附件，然后……轰的一下，全完了！你遇到了一个蠕虫或特洛伊木马。你认识的人为什么要对你这么做？因为有些事情并不像表面上看起来的那样。你应该读到过这样的报道或介绍：蠕虫进入了某个人的计算机，然后把自己发送给此人地址簿中的每个人。于是，所有这些人都会从自己认识并信任的人那里收到一封邮件，而且这封可信的邮件中包含了这个蠕虫，蠕虫以这种方式迅速扩散，就像在平静的湖水中投入一颗石子后所泛起的涟漪那样。

这一技术之所以如此有效，是因为它利用了一石二鸟的原理：既能够传播给那些毫无疑心的受害者，又能够使自己好像来自可信赖的人。

一个可悲的事实是，在当前技术条件下，如果你收到了与自己关系密切的人发来的电子邮件，你也得考虑打开附件是否安全。

> **米特尼克的提示**
>
> 人类的很多神奇发明改变了世界和我们的生活方式。但是，针对每一项技术的实际用途，无论是计算机、电话，还是因特网，总有人会想出办法来滥用它们，以达到自己的目的。

7.3　一种变种形式

在如今的因特网时代，有一种欺骗形式是把你误导到一个并不是你所期望的站点。这样的事件经常发生，采取的形式也多种多样。下面的例子以因特网上实际发生的骗局为背景，具有一定的代表性。

7.3.1　祝圣诞快乐

有一天，一个已经退休的名叫 Edgar 的保险推销员收到了一封来自 PayPal 的电子邮件，PayPal 是一家提供快捷在线支付服务的公司。当一个国家(或者全世界)的某个地区的人要从另一个不相识的人那里买东西时，这种服务特别方便。 PayPal 从买方的信用卡上划钱，然后直接将钱转到卖方的账户上。

作为旧玻璃瓶古玩收藏家，Edgar 通过在线拍卖公司 eBay 做了不少交易。他经常使用 PayPal，有时一周好几次。所以当 Edgar 在 2001 年的圣诞节期间收到一封看起来来自 PayPal 的电子邮件时，他觉得很有兴趣。这封信说因为他更新了 PayPal 的账户而要给他一份奖品。邮件是这样的：

祝 PayPal 星级客户圣诞节快乐；

值此新年将至、万众迎新之际，PayPal 很高兴给予你的账户 5 美元的奖励。

为得到这 5 美元的礼物,你只需在 2002 年 1 月 1 日前,到我们的安全 PayPal 站点更新自己的个人信息。新年中将会有很多新变化,当你更新了个人信息后,我们就可以继续为你和我们的星级客户服务提供优质的服务,同时保持我们客户记录的正确性!

现在更新你的信息,你的 PayPal 账户立即就会收到 5 美元,请点击以下链接:

http://www.paypal-secure.com/cgi-bin

谢谢你使用 PayPal.com 并帮助我们成长为同行中最大的公司!

衷心祝你"圣诞快乐,新年愉快,"

PayPal 团队

关于电子商务站点的说明

你可能认识一些不愿意通过网络在线购物的人,哪怕是从 Amazon(亚马逊)和 eBay 这样的名牌公司,或者是从 Old Navy(美国休闲装的名牌,老海军)、Target (美国百货巨头)或 Nike(耐克)的 Web 站点。如果你的浏览器使用了目前的 128 位加密标准,那么从你的计算机发送至任何一个安全站点的信息都是经过加密的。经过足够长时间的努力,这些数据有可能被解密出来,但要在合理长度的时间内破解则是不大可能的,除非是国家安全局(NSA,National Security Agency)(但据我们所知,NSA 对于"窃取美国公民的信用卡号码""查找谁在订购色情 VCD 或变态内衣裤"这样的事情毫无兴趣)。

实际上,如果有足够的时间和资源,任何人都能破解这些加密后的文件。但事实上,很多电子商务公司错误地把自己客户的所有信息都以不加密的形式存放在数据库中,在这样的情况下,又有哪个傻瓜会费那么大劲才弄到一个信用卡号码呢?更糟的是,很多使用特定 SQL 数据库软件的电子商务公司又加剧了这个问题:他们从未更改过默认的系统管理员密码。当他们刚装上软件时,密码是空的,到今天仍然是空的。这样,因特网上的任何一个人,只要他试图连接到该数据库服务器，就可以看到数据库中的内容。这些站点总是受到攻击，其信息也总是被窃取，却没有人因此而变得警觉起来。

另一方面，那些因害怕自己的信用卡信息被窃取而不愿意在因特网上购物的人，可以用信用卡在简易的"砖瓦"商店购物，或者用信用卡支付午餐、晚餐或饮料——甚至在那种不愿意带妈妈一起去的小胡同酒吧或饭馆里使用信用卡付账。这些地方随时都在发生信用卡收据被窃的事件，或者有人在小胡同的垃圾箱里捡到信用卡收据。心怀不轨的店员或侍者可能会记下你的姓名和卡信息，或者使用一种可从因特网上买到的小玩意，即一种窃取信用卡信息的小设备。只要在它上面划一下信用卡，则信用卡的信息就被存储起来，以后可以再取出来。

网上在线购物确实是有风险的，但其安全程度可能与在简易的"砖瓦"商店购物相当。信用卡公司对你的网上在线购物提供了同样的保护——如果有人用欺诈手段花了你账户上的钱，你只需负责前50 美元。

所以在我看来，对网上在线购物的顾虑是不必要的。

Edgar 没有注意到这封电子邮件中有几个明显的不妥之处(比如，问候语后面跟的是分号，以及"我们的星级客户服务提供优质的服务"这样不通顺的语句)。Edgar 点击了邮件中的链接，按照要求输入了信息——姓名、地址、电话号码和信用卡信息，然后等着下一次信用卡账单上出现 5 美元的奖金。结果在账单上出现的却是自己从未买过的一堆东西的费用。

7.3.2　骗局分析

Edgar 被一种常见的因特网骗术所蒙骗了。这种骗术的表现形式多种多样。其中的一种(第 9 章将进行详细介绍)是，攻击者做一个一模一样的登录界面作为圈套来引诱用户。不同之处在于，假界面并不访问真正的、用户想要到达的计算机系统，而是把他的用户名和密码传给黑客。

在 Edgar 中计的骗术中，骗子用 "paypal-secure.com" 注册了一个 Web 站点——听起来好像是合法的 PayPal 网站的一个安全页面，但事实上不是。当他在该站点输入信息时，黑客得到了自己想要的东西。

米特尼克的提示

在访问一个站点时，如果它要求你输入你认为应该保密的信息，则一定要确保该连接是经过身份认证并加密的，尽管这样做也不是万无一失的(没有什么安全措施能保证这一点)。更重要的是，当有对话框提示安全问题时，比如一个无效的、过期的或已被取消的数字证书，请不要随手点击 Yes。

7.4　变种的变种

欺骗计算机用户进入假冒的网站，并且让他们输入自己的保密信息，这样的欺骗手段还有多少种？在我看来，没有谁能给出合理、准确的答案，只能说 "很多很多"。

7.4.1　不正确的链接

有一种诀窍经常被使用：发出一封电子邮件，在邮件中给出充分的理由诱使用户访问一个站点，并提供一个链接让用户点击后直接进入该站点。只不过该链接并不带你去那个你认为自己该去的站点，因为它只是跟那个站点的链接长得很像而已。下面是另一个在因特网上使用过的站点，同样跟名字 PayPal 的滥用有关：

```
www.PayPai.com
```

乍一看，它好像就是 PayPal。就算受害者注意到了，他也可能会认为这只是文本显示中的一个小缺陷，使得 Pal 中的 "1" 看起来像"i"。而又有谁能一眼就注意到：

`www.PayPal.com`

使用了数字 1 而不是小写的字母 L？有很多人能接受拼写错误和其他误导的现象，因而在信用卡盗窃事件中这种策略一直很流行。当人们到了假冒的站点后，看到的内容跟自己要去的站点类似，于是他们就轻率地输入自己的信用卡信息。为了设计这种骗局，攻击者只需注册一个假域名，向外发送电子邮件，然后等着傻瓜来上当受骗就可以了。

在 2002 年中期，我收到了一封电子邮件，邮件标明是从"Ebay@ebay.com"发出的，很显然这是一次邮件群发。邮件内容如图 7.1 所示。

---

msg：亲爱的 eBay 用户：

我们注意到有人在滥用你的 eBay 账户，违反了我们用户协定中的如下条款：

4. 拍卖和竞买

如果你通过我们的规定价格购买商品或者你是下文所描述的最高竞价人，则你有义务跟卖方完成交易。如果在拍卖结束时你是最高竞价人(符合所适用的最低价或底价要求)而且卖方接受了你的竞标，则你有义务与卖方完成交易，否则，按照法律或本协议，此交易将被禁止。

你接收到了这份来自 eBay 的通知，是因为我们注意到你现在的账户与其他 eBay 成员有了冲突，eBay 需要立即验证你的账户。请验证你的账户，否则你的账户可能会失效。点击这里的链接可验证你的账户——http://error_ebay.tripod.com

****

以上提到的商标或品牌是其所有者的财产。eBay 和 eBay 的标志图案是 eBay 公司的商标。

图 7.1　在使用像这种电子邮件中的链接时一定要非常小心

受害者点击了链接后，进入了一个看似 eBay 页面的 Web 页面。事实上，这个页面设计得很好，有一个真的 eBay 标志图案，以及"浏览""拍卖"和其他导航链接，点击后会把访问者带到真正的 eBay 站点。在右下角也有一个安全标志。为了防范精明的受害者，设计者甚至使用了 HTML 加密功能来掩盖用户所提供信息的发送去处。

作为一种恶意的、基于计算机的社交工程攻击，这是一个极好的例子。但它并非无懈可击。

邮件正文写得不太好；尤其是以"你接收到了这份来自 eBay 的通知"为开头的这一段，显得很笨拙，也不太恰当(实施这些骗术的人从来不会请专业人士为他们写稿，所以你总是可以看得出来)。而且，任何人，只要多加留心，就会怀疑为什么 eBay 想要访问者的 PayPal 信息；eBay 没有任何理由向客户索要涉及另一家公司的相关信息。

如果用户对因特网有所了解，他或许会发现，这里的超链接不是指向 eBay 的域名，而是指向 tripod.com。这是一个免费的 Web 托管服务商。这一下泄漏了天机，表明这封电子邮件不是合法的。但我敢肯定，很多人还是会在该页面上输入自己的信息，包括信用卡号码。

注记

为什么人们可以注册欺骗性的或者不恰当的域名呢？因为根据当前的法律和网络在线策略，任何人都可以注册尚未使用的任何站点名字。

很多公司试图与这种模仿地址的做法作斗争，但想想他们面对的是什么。通用电气(General Motors)对一家公司提起诉讼，因为该公司注册了 f**kgeneralmotors.com(但实际名字中没有星号)并把 URL 指向通用公司的 Web 站点。结果通用输了。

7.4.2　保持警惕

作为因特网的个人用户，我们都需要保持警惕，在决定要输入个人信息、密码、账户名、PIN 码和其他类似信息之前，请考虑这么做是否合适。

在你认识的人当中，有多少人能辨别出自己正在浏览的页面是否符合安全页面的要求？你公司的员工中有多少人知道应该检查哪些地方？

每个使用因特网的人都应该知道，经常出现在 Web 页面上的那个形状像挂锁的小符号是有含义的。他们应该知道，如果锁的搭扣是扣上的，就表示该站点已被证明是安全的。如果搭扣是开着的，或者没有锁的图标，则该 Web 站点没有经过认证，发送和接收的任何信息都是明文的形式，也就是说，是未经过加密的。

然而，攻击者设法取得公司计算机的管理员权限后，可以对操作系统的代码做修改或打补丁，从而改变用户的视觉感受，使他无法正确地理解当前系统正在做什么。比如，浏览器软件中有一些程序指令用来指示一个 Web 站点的数字签名是无效的，攻击者可修改这部分指令，从而绕过对 Web 站点数字签名的检查。或者可以用一种称作 root kit 的工具来修改系统，在操作系统层次上安装一个或多个难以被检测出来的"后门"。

行话

后门：一个可在用户浑然不知的情况下秘密地进入其计算机的隐蔽入口点。程序员在开发软件程序时也可能会使用后门技术，这样他们可以进入到程序中改正错误。

安全的连接可以证明站点的真实性，并对传输的信息进行加密，这样黑客即使截获了数据，也无法加以利用。但是，就算一个 Web 站点使用了安全连接，你就可以信任它了吗？不是，因为该站点的所有者可能不够警惕，没有安装所有的安全补丁，或者没有强制用户和管理员遵从好的密码习惯。所以你不能认为，任何一个理论上安全的站点就一定不容易受到攻击。

　　安全 HTTP(超文本传输协议)或者 SSL(安全套接字层)提供了一种自动机制，它利用数字证书技术，不仅可以对发送至远方站点的信息做加密，而且还提供了身份认证的能力(以保证你确实在跟真实的站点进行通信)。然而，如果用户不注意地址栏上显示的站点的名字是否真的是自己要访问的正确地址，则这种保护机制就没有用处。

　　另一个被大多数人忽略的安全问题发生在当你看到类似这样的警告信息："该站点不是安全的，或者安全证书已经过期。你确实要进入该站点吗？"的时候。很多因特网用户不明白这一提示消息是什么意思，当消息提示时，他们简单地点击 Okay 或 Yes，然后继续自己的工作，却没有意识到自己可能面临危险。注意，在一个未使用安全协议的 Web 站点上，无论如何都不应该输入秘密信息，比如自己的地址或电话号码、信用卡或银行账户号码，以及其他你希望保密的信息。

　　托马斯·杰弗逊说过，维护我们的自由需要"时刻保持警觉"。在信息就是金钱的社会，维护隐私和安全需要同样的努力。

行话

　　安全套接字层: Netscape 开发的一个安全协议。在因特网上的安全通信中，它可以提供客户和服务器的身份认证。

7.4.3　了解病毒

　　关于防病毒软件，有一点需要特别指出：防病毒软件不仅对于公司的内部网络是必要的，对于每一位使用计算机的员工也同样是必不可少的。除了在计算机上安装防病毒软件以外，很显然，用户还必须要打开防病毒软件(很多人不喜欢这样做，因为它会不可避免地使计算机的某些操作变慢)。

　　对于防病毒软件，还有一道重要的工序需要记住：保持病毒定义是最新的。除非你的公司通过网络分发和更新每个用户的软件，否则每个用户都有责任下载最新的病毒定义文件。我个人的建议是，大家在防病毒软件中将优先选项设置为"每天自动更新病毒定义文件"。

简而言之，除非你经常更新病毒定义文件，否则就容易受到攻击。即便如此，你仍然不是完全安全的，因为做防病毒软件的公司尚且不知道的病毒或蠕虫，或者在他们发布新病毒或蠕虫的检测模板之前，你仍然无法设防。

有权限从笔记本电脑或者家庭计算机远程接入的员工，他们的计算机上至少要有更新过的防病毒软件和个人防火墙。经验丰富的攻击者会从全局来寻找最薄弱的环节，并从这里发动攻击。要经常提醒那些使用远程计算机的人，让他们意识到个人防火墙的必要性，让他们记住保持更新并激活防病毒软件，公司的每个人都有责任提醒他们，因为你不能指望每个工人、经理、销售人员和其他那些远离 IT 部门的人，都能记得计算机失去保护时所带来的危险性。

除了以上这些步骤，我强烈建议使用那些能防范特洛伊木马的软件包，也被称为防特洛伊木马软件，这种软件虽然不怎么常用，但并非不重要。在撰写本书时，最有名的两个程序是 Cleaner(www.moosoft.com)和 Trojan Defence Suite (www.diamondcs.com.au)。

最后，对于那些不在公司网关处扫描危险电子邮件的公司来说，可能最重要的一条安全消息是：因为人们总是不关心或者忽略掉那些看似跟自己工作无关的事情，所以公司有必要使用各种方式，反复提醒员工不要打开电子邮件附件，除非他们确定这些邮件来自自己可以信任的个人或机构。管理部门也要提醒员工，他们必须使用激活的防病毒软件和防特洛伊木马软件，对于那些看起来可信却可能含有破坏性内容的电子邮件，这些软件提供了极为有用的保护。

第 8 章 利用同情心、内疚感和胁迫手段

在第 15 章中将谈到，社交工程师利用影响心理学让他的目标答应自己的要求。经验丰富的社交工程师善于设计一种局面来激发起人们的情绪，如恐惧、激动或内疚。为达到目的，他们利用心理触发器——一种自动机制，使人们不对现有信息做深入分析就向对方作出回应。

我们都希望避免让自己和他人陷入困境。基于这一积极正面的动机，攻击者可以利用人们的同情心，或者让受害者感到内疚，或者采用胁迫手段。

下面是一些研究生层次的课程，其中介绍了一些利用情绪大做文章的常用战术。

8.1 对摄影棚的一次造访

你是否曾注意过，比如当宾馆会议厅正在举行会议、私人聚会

或图书首发仪式时，有些人径直从门卫身边走过，却没有被要求出示门票或通行证？

利用同样的方式，社交工程师也可以进入你认为不可能去的地方——下面这个发生在电影行业的故事可以清楚地说明这一点。

电话

"这里是 Ron Hillyard 的办公室，我是 Dorothy。"

"你好，Dorothy。我是 Kyle Bellamy。我刚到剧组，在 Brian Glassman 的工作组做动画开发。你们在这里做的的确与众不同。"

"我想是吧。我没在其他摄影棚干过，所以不知道怎样。需要我帮忙吗？"

"说实话，我觉得自己有点笨。我约了一个作家下午过来讨论他的作品，却不知道应该跟谁说才能放他进来。这边 Brian 办公室的人确实不错，可是我不愿老打扰他们，问他们这该怎么做，那又该怎么做。就像我刚上初中时，不知道去洗手间怎么走一样。你明白我的意思吗？"

Dorothy 大笑。

"你应该找保卫部门。拨 7，再拨 6138。如果是 Lauren 接的，告诉她是 Dorothy 说的，她会好好对待你的。"

"谢谢你，Dorothy。如果我找不到男洗手间在哪里，我可能还会打电话给你。"

他们又开心地聊了几句，然后挂上了电话。

8.1.1　David Harold 的故事

我喜欢电影。在搬到洛杉矶以后，我想我得结识电影行业中各式各样的人，让他们带我去参加聚会，与我在摄影棚共进午餐。哎，我到那里有一年了，快 26 岁了，最达成愿望的一次也仅仅是，跟来自凤凰城和克里夫兰城的名人们一同游览环球影城。所以最后我想到一个主意，他们不请我去，我就自己请自己。于是我就这么做了。

我买了一份《洛杉矶时报》，读了两天娱乐栏目，并且记下了几个不同摄影棚的制作人的名字。我决定从最大的一个摄影棚入手。

于是我拨打总机，要求转到我从报纸上知道的这位制作人的办公室。我发现自己运气不错，因为接电话的秘书听起来像是一个慈母；如果电话那边是一个年轻女孩，老希望别人注意自己，那么她可能根本不会给我机会。

但这个 Dorothy，听说话的语气像是那种会收留迷途小猫的人，或者是那种看到年轻人面对繁重的工作吃不消时就会产生同情心的人。我确信自己遇上她是找对人了，因为并不是每次你想骗别人时，他们给予你的会比你期望的还要多。出于同情，她不仅给了我保卫部门一个人的姓名，而且让我转告那位女士，说是 Dorothy 希望她能帮我。

当然，我本来就打算利用 Dorothy 的名字，这样会使事情更加顺利。Lauren 直接给我开了绿灯，根本就没去员工数据库中检查我报上的姓名是否真正存在。

当天下午我驱车赶到大门口时，他们不仅已把我的名字登记在访客名单上，还特意给我准备了停车位。尽管时间晚了一点，我还是在那里的餐厅吃了一顿午饭，然后各处瞎逛直到天黑。我甚至偷偷溜到几处拍摄现场去看他们拍电影。一直到 7 点钟才离开。这是我最兴奋的一天。

8.1.2　骗局分析

每个人都当过新员工。我们都还记得自己第一天上班时的情形，尤其如果我们那时还太年轻、缺乏经验的话，印象就会更加深刻。所以当一个新员工求助时，很多人——特别是那些也还在入门级的人——就会记起自己刚来时遭遇麻烦的感受，因而会主动伸手相助。社交工程师很清楚这一点，并利用它骗取受害者的同情心。

我们让外人很容易就能混进自己的工厂和办公室。尽管门口有保安，并且规定非内部员工必须登记签字才能进入，但使用任何一种跟以上故事中类似的骗术，入侵者就能取得访客证，从而大摇大摆地进来。如果你的公司要求访客必须有人陪伴，则又如何？这是一个好的规定，但要想真正达到效果，除非公司的员工对无人陪伴的访客，不管他有没有访客证，都对他加以询问。而且，如果他的回答不令人满意的话，则员工必须主动联系门卫。

让外人太容易地进入公司的所属区域，这必然会危及公司的敏感信息。在如今的环境下，恐怖分子的威胁笼罩着整个社会，所以，面临危险的不只是信息。

8.2　"立即行动"

使用社交工程计策的人并不都是出色的社交工程师。每一个掌握了公司内部情况的人都可能是危险分子。如果公司把员工的个人信息存放在文件或数据库中——大多数公司都是这么做的——则这种风险就会更大。

如果员工没有接受过关于如何识别社交工程攻击的培训或教育，则像下面故事中那个被抛弃的女子就可能做出很多诚实人认为不可能的事情。

8.2.1　Doug 的故事

我和 Linda 之间的交往一直不是很如意。一遇上 Erin，我就知道她就是我的另一半。Linda 好像有点……晤，情绪不是太稳定，但还好，她受打击后还能振作起来。

我尽可能轻柔地告诉她，她得搬出去。我帮她打点行李，甚至让她带走了几盘原本属于我的德国女皇乐团(Queensryche)的 CD。她走后，我立刻到五金店买了一把 Medico 牌的新锁放在前门，并且当天晚上就把它装上了。第二天早上，我打电话给电话公司，请他们给我换了电话号码，并且不予公布。

这样我就可以放心地去追 Erin 了。

8.2.2　Linda 的故事

本来我打算离开的，只是尚未决定什么时候走。但没人喜欢被撵出去的感觉。所以，问题只在于，我应该怎么做才能让他知道自己有多蠢？

没过多久我就想出主意来了。肯定有另外一个女孩，不然他不会那么着急让我走。所以我只是等了一阵子，便开始在深夜给他打电话。要知道，这个时候他们最不希望有人打扰。

我一直等到下一个周末，大约在周六晚上 11 点前后给他打电话。不过他已经换了号码，而且新的号码没有登记出来。这表明这个家伙是多么混蛋。

这不是一个大问题。我开始翻阅自己在电话公司离职前设法带回家来的一些资料。找到了——有一次 Doug 那里的电话线出了点问题，我把维修票据保留下来了，上面记录了他的电话的电缆和线对号码。瞧，你可以改变电话号码，但是从你家到电话公司的交换局，也叫做中心局或 CO(Central Office)之间还是同样的一对铜线。如果你也像我一样，知道电话公司是怎样做事的，就会明白，只要有了目标电话的电缆和线对号码就可以查到电话号码。

我有一份表单上列出了全城所有 CO 的地址和电话号码。我找到了离我和 Doug 这个笨蛋同居过的地方最近的 CO 的电话号码，我拨通了电话，但没有人接。在你最需要接线员的时候，他到哪里去了呢？差不多停顿了 20 秒，我想出一个主意。我开始打电话给其他的 CO，最后终于找到了一个家伙。但他离那里有几英里远，可能他现在正坐在那里翘着二郎腿休息呢。我知道他不愿意帮我的忙。我想好了一个计策。

"我是 Linda，维修中心的，"我说。"我们有一个紧急事件。一个护理部的线路出故障了，我们有个现场工程师去修复但他找不到问题在哪里。我们需要你立刻开车到 Webster CO 看一看中心局有没有拨号音。"

我告诉他，"你到那里以后我会打电话给你，"我当然不愿意让他给维修中心打电话找我。

我知道他不愿意离开舒适的中心局，而要穿上衣服，刮掉冻结在车挡风板上的冰层，深夜驾车在烂泥路上。但这是一起"紧急"事件，他不能说自己太忙了。

45 分钟后，我打电话给 Webster CO 找到了他，告诉他检查第 29 号电缆的 2481 线对。他走到线架前，检查后说有拨号音。这我当然知道。

然后我说，"好的，我要你做一下 LV，"就是说线路核查，或者说让他确定一下电话号码。其做法是，他拨一个特殊号码，就可以听到自己是从哪个号码拨过去的。这个号码并未被登记，而且刚刚被改过，他对这些一无所知，所以，他按照我的要求做了，我听到他的工程测试设备读出了那个号码。太棒了。这个过程就如同梦幻一般。

我告诉他，"好了，问题一定是在现场，"就好像我一直知道这个号码一样。我向他道谢，告诉他我们会继续查找问题，随后道了晚安。

这个 Doug 费了那么大的周折，用不登记电话号码的办法来躲避我。现在好戏就要开始了。

米特尼克的提示

一旦社交工程师了解目标公司的内部运作情况，他就能很容易地利用这些知识跟合法员工拉上关系。公司要防止现在的和以前的员工中那些别有用心的人实施社交工程攻击。对个人背景的审查有助于剔除掉可能做出这种行为的人。但多数情况下，这样的人很难被发现。防止这种行为的唯一有效的办法是，当不知道对方是否仍在公司时，在透露信息以前，强化和审计身份认证过程，包括验证对方的在职状况。

8.2.3　骗局分析

这个故事中的女孩之所以能够得到她实施报复所需的信息，是由于掌握了内部信息：电话公司的电话号码、办事流程和内部用语。有了这一切，她不仅可以查到新的、未登记的电话号码，而且能在寒冬的深夜，让电话公司的接线员在城中驱车为她效劳。

8.3　"老总要的"

一种很常用而且极其有效的胁迫方式是——因为简单所以非常普遍——利用权势来影响人的行为。

仅仅是 CEO 办公室助理的名字就可能很值钱。私人侦探甚至猎头经常使用这种手段。他们给总机打电话要求接 CEO 办公室。当秘书或 CEO 的助理接电话时，他们会说自己有一份文件或包裹要寄给 CEO，或是说如果他们发送一份电子邮件附件，她能否打印出来？或者，他们会问，传真号是多少？顺便问一下，你叫什么名字？

然后他们打电话给下一个人，说，"老总办公室的 Jeannie 要我打电话给你，说你能在某某事情上帮我。"

这种技术被称为姓名攻势(name-dropping)，攻击者利用这种技术，让目标认为自己跟有权势的人有关系，从而很快跟目标建立起联系。目标更有可能帮助那些跟自己认识同一个人的人。

如果攻击者的眼睛锁定的是极为敏感的信息，则采用这种方式可以在受害者那里激发起对自己有用的情绪，比如害怕在自己的上司那里遇到麻烦。下面是一个例子。

8.3.1　Scott 的故事

"我是 Scott Abrams。"

"你好，Scott，我是 Christopher Dalbridge。我刚跟 Biggley 先

生通过电话，他很不高兴。他说十天前就告诉你们把市场渗透率调查报告送给我们分析。但我们什么也没收到。"

"市场渗透率调查报告？没人跟我提起过啊。你在哪个部门？"

"我们是他雇佣的一个咨询公司，按照日程我们已经延误了。"

"但是，我现在正要去开一个会。我记下你的电话号码，然后……"

攻击者的语气变得很为难："你想让我在 Biggley 先生面前这么说吗？！告诉你，他明天一早就要我们的分析结果，所以今晚我们得加班做这件事情。你是想让我告诉他我们完不成任务是因为不能从你这里拿到报告，还是由你自己来告诉他？"

如果 CEO 发了火，那么这一周就全完了。目标很可能会决定，自己还是应该在赶去开会之前把这件事情处理好。社交工程师又一次按下了正确的按钮来达成自己所愿。

8.3.2　骗局分析

当对方在公司中的职位很低时，这种用权势人物来吓唬人的策略尤其奏效。搬出大人物的名字，不仅可以克服通常的不情愿或怀疑心理，而且常常可以使人急于讨好；当你知道自己要帮助的人是一个重要人物，或者他很有影响力时，你就会变得格外乐于助人。

然而，社交工程师也知道，搞这种欺骗时，最好是使用比目标的顶头上司官衔还要高的人的名字。如果机构比较小，这样做会有一定的风险：攻击者不希望自己的目标有机会向主管市场的副总提起这件事。"我已经把产品市场计划发送出去了，你让那家伙给我打电话，"很容易引起"什么市场计划？哪个家伙？"之类的回应，这会让人发现自己的公司受骗了。

米特尼克的提示

通过胁迫手段可以营造出担心受到惩罚的恐慌，从而使人采取合作的态度。胁迫也可以让人害怕难堪或失去升迁机会。

必须通过培训告诉人们，在危及公司安全时，挑战权威是可以接受的。信息安全培训课程应该教给人们，怎样用对顾客友好的方式来挑战权威而不至于破坏关系。而且，必须从上至下支持这种行为。如果员工不顾别人地位如何就挑战其权威性，则往往得不到上面的支持，时间长了他们就不再这么做了——这样就会事与愿违。

8.4　社会保险管理局都知道你的哪些信息

我们通常认为，为我们管理档案的政府机构会把我们的信息锁在一个安全的地方，只有那些真正有需要的人才能够看得到。可现实是，即使联邦政府机构也不会像我们想象的那样，能够完全抵抗入侵者的攻击。

May Linn 的电话

地点： 一个地区性的社会保险管理局

时间： 星期四上午 10:18

"这里是 3 号服务员，您好，我是 May Linn Wang。"

电话铃一端的声音听起来非常谦卑，甚至有点胆怯。

"Wang 女士，我叫 Arthur Arondale，是监察长办公室的。我可以称呼你'May'吗？"

"应该是 May Linn，"她说。

"哦，是这样的，May Linn，我们这里新来了一个家伙，他还没有计算机用，但现在他有一个要紧的项目，所以他在用我的计算机。我们也是国家的政府机构，可是当我们抱怨的时候，他们说预算中

127

没有给这个家伙买计算机的钱。现在我的老板觉得我已经拖后太多了，不想听到任何解释。你明白我的意思吗？"

"我明白你的意思，完全明白。"

"你能帮我在 MCS 中查点东西吗？"他问道，这里提到了专供查询纳税人信息的计算机系统的名字。

"没问题，你要查什么？"

"首先，请你帮我做一个 alphadent，姓名为 Joseph Johnson，出生日期为 7/4/69"（Alphadent 是指让计算机按纳税人姓名的字母顺序查找账户，进一步由出生年月来指定查询结果）。

经过短暂停顿之后，她问：

"你要知道什么？"

"他的账户号码是什么？"他问道，使用了社会保险号的内部简称。她读给他听了。

"好的，接下来请你帮我对这个账户做一次 numident，"他说。

这是请求她念出纳税人的基本数据，May Linn 按照要求，读出了该纳税人的出生地、母亲的婚前姓名和父亲的姓名。她还告诉他该卡片的发放时间，以及发放的地区。来电者耐心地听着。

然后他要求做 DEQY(发音为 "DECK-wee"，即 "详细收入查询")。

这次请求得到的回应是，"做那一年的？"

打电话的人回答道，"2001 年。"

May Linn 说，"190 286 美元，是 Johnson MicroTech 公司支付给他的。"

"有其他收入吗？"

"没有。"

"多谢，"他说，"你太友好了。"

随后，每当他需要信息但又不能使用自己的计算机时，他都会给她打电话。这里他又一次使用了社交工程师最常用的伎俩，即设法跟某人建立联系后，每次都找这个人，从而省去了每次都要找一个新目标的麻烦。

"下周不行了，"她告诉他，因为她要到肯塔基州去参加妹妹的婚礼。其他时间，她会尽力帮忙。

放下电话，May Linn 心里感觉特别好，因为自己能给这个不受重用的公务员同事一点小小的帮助。

8.4.1　Keith Carter 的故事

在电影和畅销的犯罪小说中，私人侦探是那种道德感很缺乏，但是对于如何得到别人的丑闻却很有一套的人。他们通过完全非法的手段做到这一点，却总能勉勉强强避免被拘捕。然而，现实情况是，绝大多数私人侦探的经营活动是完全合法的。因为他们当中的很多人在职业生涯之初是宣誓就任的执法官员，他们非常清楚什么是合法的，什么是非法的，大多数人并不想跨越二者之间的界线。

但也有例外。有些私人侦探——而且不是极少数——的确跟犯罪小说中的一模一样。这些人在业界被称为信息贩子，这实际上是对那些蓄意破坏规则的人的一种礼貌的称呼。他们懂得，如果采取一些捷径，就能更快地完成任务，做起来也更容易一些。走这些捷径有可能是犯罪行为，有可能为此要坐几年牢，即便如此，也无法阻挡那些穷凶极恶之徒。

同时，一些高水准的私人侦探——那些在城市的黄金地段租有豪华办公室的人——并不亲自干这类事情。他们只是雇佣一些信息贩子来替自己做事。

下面这个家伙，我们叫他 Keith Carter，就是一个不受道德约束的躲在暗处的私人侦探。

•••••••••••••••••••••••••••

这是一个典型的"他把钱藏到哪里去了？"或者"她把钱藏到哪里去了？"的案例。有时候，一位有钱的太太想知道丈夫把自己的钱藏到哪里去了(Keith Carter 经常很纳闷，为什么有钱的女人会嫁给一个一文不名的家伙，但他从未找到过一个恰当的答案)。

这个案件中的丈夫，他的名字叫 Joe Johnson，是把钱藏起来的人。他是个极其聪明的家伙，凭着从妻子家里借来的一千万元成立了一家高科技公司，并且把公司做成了资产上亿的企业。按照她的离婚律师的说法，他肯定费尽心机隐藏了自己的财产。律师想要一份详细的财产清单。

Keith 认为自己应该从社会保险管理局下手，目标是有关Johnson 的资料，其中必定包含了对现在这种情况非常有用的信息。有了这些信息后，Keith 就可以冒充目标，让银行、经纪公司和海外分支机构把一切有关他的材料都告诉自己。

他的第一个电话打给了当地的社会保险管理办公室，其号码可在当地的电话本上查到，这是任何一个公共机构都使用的统一的800 号码。当有职员接听电话时，Keith 要求转财产申报部门。经过一阵等待后，有声音了。Keith 换了个话题；"您好"他说。"我是329 地区办公室的 Gregory Adams。我想找一位负责尾数是 6363 账户的财产申报员，号码将通过传真发送过去。"

"应该是 3 号服务员，"那人说。他查到号码，并告诉了 Keith。

然后他打电话给 3 号。当 May Linn 接听时，他换了身份，谎称自己来自监察长办公室，有人非得使用他的计算机，其过程如前面所述。她给了他要查找的信息，并同意在他今后需要帮助时尽自己所能提供帮助。

8.4.2　骗局分析

这种方法之所以奏效，是因为当职员听到了故事中"我的计算机必须要给别人使用，因而导致'我的老板对我不满'"之后而起的同情心。人们在工作中不太容易流露真情；但当他们真的动了感情时，就会完全放松对社交工程攻击的正常防范心理。"我遇到麻烦了，你能帮我吗？"这样的情感招术是事情成功的关键。

从负责接听公众电话的员工那里，攻击者是得不到此类信息的。Keith 所用的攻击方式奏效的前提是，接听电话的那一端是某一个不对公众公布的号码，因此接听电话的人认为所有的电话必定是内部人员打来的——又一个地下酒吧式安全的例子。

有利于这种攻击成功的因素包括：

- 知道对方服务员的电话号码。
- 了解他们所用的术语——numident、alphadent 和 DEQY。
- 谎称来自监察长办公室，每个联邦政府职员都知道这个机构是全国性的调查机构，拥有极其广泛的权利。这就给攻击者戴上了一层权威的光环。

顺便说一点很有意思的提示：社交工程师仿佛知道该怎样提出请求，才使人们几乎不会去想"你为什么给我打电话？"这样的问题——即便有时候，如果给另外部门的其他人打电话可能从逻辑上更说得过去。给来电话的人提供一点帮助，这可使受害者日常平淡的工作增添了一点调味剂，所以也就不去想一下这个电话看起来是多么不同寻常。

最后，这个事件中的攻击者不满足于仅仅为手头上的事情拿到一点信息，他想建立起联系，以便以后可以经常打电话。不然他可以利用更普通的方式来骗取同情心——"我把咖啡泼在键盘上了。"但在这里这并不好用，因为换个键盘一天时间就够了。于是他编造了自己的计算机被别人占用的故事，这样他就可以拖上几周："是啊，我想他昨天就应该有自己的计算机了，昨天进了一台机器，但其他人耍了点花招把它要走了。所以这个可笑的家伙还在我的座位上。"等。

可怜可怜我，我需要帮助。这就像具有魔力一样，屡试不爽。

社会不保险

令人难以置信的是，社会保险管理局在 Web 上发布了一份完整的操作手册，里面包含的信息不仅对他们自己的员工很有用，对社交工程师同样也是价值非凡。这份手册包含了各种缩写、内部术语，以及通过什么样的指令来索取自己想要的东西，就像上面的故事中讲述的那样。

想了解更多的社会保险管理局的内部信息吗？只需在google上搜索或者在浏览器中输入下面的地址：http://policy.ssa.gov/poms.nsf/即可。当你读到这里时，除非该部门已经看到了这个故事并且删除了此手册，否则你就可以找到执行各种操作的在线指令，甚至连SSA员工允许向执法群体提供哪些数据都讲得很详细。从实际角度来看，这一群体也包括了社交工程师，因为他们可以使SSA员工相信自己也来自执法部门。

8.5 仅仅一个电话

攻击者的一个最主要的障碍是如何使自己的要求听起来合乎情理——必须是受害者的日常工作中经常发生的，而且不能使受害者太为难。就像生活中的很多其他事情一样，使一个请求听起来合乎逻辑在今天可能是一个挑战，但是到了明天，事情可能会变得非常容易。

8.5.1 Mary H 的电话

日期/时间：星期一，11 月 23 日，清晨 7 点 49 分。
地点：纽约 Mauersby & Storch 会计事务所

对于大多数人来说，会计工作就是摆弄数字和数豆子，其工作乐趣在一般人眼里就像是治疗牙根疼痛一样。幸运的是，并不是所有的人都如此看待这项工作。比如，Mary Harris 就认为自己作为高级会计师的工作令人着迷，部分原因是因为，她是公司会计部门中工作最投入的员工之一。

就在这个星期一，Mary 一早来到办公室，开始了一天的工作，她认为今天会忙到很晚。当电话铃响起时，她感到有些惊讶。她拿起电话，报上了自己的名字。

"您好，我是 Peter Sheppard，是为你们公司提供技术服务的 Arbuckle 服务公司的。在我们的记录中，这次周末有好几起事件报告，抱怨他们的计算机遇到了问题。我想我可以在今天上午大家还没有开始工作之前就解决这个问题。你的计算机或网络连接有问题吗？"

她告诉他自己还不知道情况。她打开计算机，在机器启动的同时，他向她解释自己想要做些什么。

"我想对你做几个测验，"他说。"在我的屏幕上能看到你的键盘输入，我想确认这些键能通过网络传输过来。所以每次你敲键盘时，告诉我按的是什么键，我就能知道这里显示的是不是同样的字母或数字。可以吗？"

想到自己的计算机不能正常工作，那么一整天就什么事情都不能做，这是多么沮丧，她觉得那就像噩梦一般。能得到这个人的帮助，她简直是太高兴了。稍过片刻，她告诉他，"我看到了登录屏幕，我要输入我的 ID 了。我在输入——M...A...R...Y...D。"

"到现在为止一切正常，"他说。"我这里能看得到。现在，请继续进行，输入你的密码但不要告诉我你的密码是什么。你永远都不能告诉别人自己的密码，即使技术支持人员也不能告诉他们。我这里只能看到星号——你的密码是受保护的，我看不到。"这些都是谎话，但对 Mary 来说很有道理。他接着说，"你的计算机启动后，请立即告诉我。"

当她说机器在运行时，他要她打开两个应用程序，她报告说它们启动"很正常。"

看到一切似乎都很正常，Mary 松了一口气。Peter 说，"很高兴可以确认你能正常使用自己的机器。不过，"他接着说，"我们刚刚安装了一个允许人们改变自己密码的更新程序。能不能耽误你几分钟时间，这样我就能看看设置是否正确？"

她对他刚才给予的帮助心存感激，所以很痛快地就答应了。

Peter 一步一步地教她启动改变密码的程序，这是 Windows 2000 操作系统的一个标准组件。"请继续，然后输入你的密码，"他告诉她，"记住不要大声念出来。"

她做完后，Peter 说，"只是为了做个快速测试，当提示你输入新密码时，请输入'test123'。然后在确认框中再输入一遍，再按回车键。"

他一步一步地教她怎样与服务器断开连接，然后要她等几分钟后再重新连接，这次用她的新密码登录。完全正常，Peter 看起来很满意，告诉她改回到原来的密码或选择一个新的密码，同时再次提醒她不要念出声来。

"好了，Mary，"Peter 告诉她。"我们没有发现任何问题，太好了。注意，如果有了问题，尽管打电话给 Arbuckle。我通常在忙着做一些特殊的项目，但这里每一个接电话的人都能帮你。"她谢了他，随后两人相互说了再见。

8.5.2　Peter 的故事

Peter 成为人们谈论的焦点——当地与他一起上学的很多人都听说他成了一个计算机天才，常能找到别人无法获取的有用信息。当 Alice Conrad 找上门来要他帮个忙时，起初他拒绝了。为什么要帮她？他曾经跑到她面前想跟她约会，但被她冷冷地拒绝了。

尽管他拒绝给予帮助，但她并不感到惊讶。她说她认为这件事他无论如何都做不到。这就像对他发出了挑战，因为他确信自己能做到。于是他就同意了。

Alice 得到了一份为一家市场公司做咨询工作的合同，但合同条款看起来却不怎么好。在她再去谈更好的条件之前，她想知道别的咨询员的合同上都有些什么条款。

以下是 Peter 讲述的故事。

　　我没告诉 Alice，当别人要我做他们认为我不能做的事情，而我认为其实很容易时，我会很不客气。喔，不容易，的确，这次不太容易。需要费点劲儿，但还行。

　　我要让她看看究竟怎样才叫聪明智慧。

　　星期一早晨 7 点半刚过，我就给市场公司的办公室打电话，跟前台接线员说我是负责他们养老金计划的那家公司的，想跟会计部门的人通电话。她注意到会计部门有人来了吗？她说，"几分钟前我好像看到 Mary 来了，我试着给你转过去看看。"

　　Mary 拿起电话后，我告诉她那个有关计算机问题的小故事，目的是为了让她紧张从而愿意合作。一旦说服她修改了密码，我就赶紧用自己让她使用的临时密码 test123 登录进入系统。

　　现在我掌握控制权了——我安装了一个能让我在需要时使用我自己设定的密码进入该公司计算机系统的小程序。挂断了 Mary 的电话以后，我首先删除掉系统的日志记录，这样别人就不会发现我曾经登录到他或她的系统中。这很容易做到。我在提升了自己的系统权限以后，下载一个称作 clearlogs 的免费程序，这是我在 www.ntsecurity.nu 这个与安全相关的 Web 站点上发现的一个程序。

　　现在该做正事了。我搜索了所有在名字中含有"合同"字样的文档，并下载了这些文件。然后进一步搜索，找到了矿源——有一个目录中保存了所有顾问薪水的报表。这样我就有了所有的合同文件与一份工资列表。

　　Alice 可以仔细研究这些合同，看看他们给其他的顾问开了多少价钱。让她去费心拨弄这些文件吧。她要我做的我已经做到了。

　　我从存放数据的硬盘上，打印出一些文件来证明给她看。我让她与我会面并请我吃饭。你可以想象当她翻阅这堆纸时脸上的表情。"不可能，"她说，"简直不可能。"

　　我没把硬盘带在身上。它们是诱饵。我告诉她，要想得到所有数据，她得亲自到我这里来一趟。我希望她会因为我帮了她一个忙而向我表示感激之情。

米特尼克的提示

令人吃惊的是，社交工程师驱使别人做事的难易程度取决于他怎样设计自己的请求。前提是，基于心理学原理来触发受害者的自动反应，并利用"当人们认为打电话的人是自己的盟友时心理上会快速接纳对方"的习惯。

8.5.3　骗局分析

Peter 打给市场公司的电话代表了最基本的社交工程形式——一种简单的尝试，几乎不需要任何准备，首次尝试就能奏效，而且只需几分钟就能完成。

更巧妙的是，作为受害者的 Mary 没有任何理由认为有人对自己耍了花招或诡计，没有理由提交一份报告或引发一阵骚动。

这种方案的成功有赖于 Peter 使用的三个社交工程策略。首先，他制造恐慌——使她认为自己的机器可能用不了，从而争得 Mary 最初的合作。然后他耐心地让她打开两个应用程序使她确信她的系统工作正常，从而增进了两人之间的关系，造成了同盟的错觉。最后，由于他帮她确认计算机工作正常，所以他利用 Mary 的感激心理，在完成任务的最关键部分赢得了她的合作。

Peter 反复告诉她在任何情况下都不要泄漏自己的密码，即使对自己也一样，这就很巧妙地使她相信，自己非常在意她公司文件的安全。同时这也进一步使她相信，他一定是合法人员，因为他在保护她和她的公司。

8.6　警察突袭

想象这样的场景：政府试图设一个圈套来抓捕一个名叫 Arturo Sanchez 的人，因为他在因特网上任意散发电影。好莱坞的制片公司说他侵犯了他们的版权，他却说自己在推动他们认识一个即将来临且又不可回避的市场，以便促使他们提供新影片的下载。他(正确地)指出，这可能会成为一个巨大的收入来源，而他们却似乎完全视而不见。

8.6.1　请出示搜查证

有一天深夜回来时，他从街道对面查看自己公寓的窗户，发现灯全熄灭了，而他外出时总是开着其中一盏灯。

他使劲敲打一个邻居家的门，直到把邻居叫醒，从他口中得知警察确实突袭搜查了这栋楼。但他们让邻居们都呆在楼下，所以他并不知道他们进入了哪个房间。他只知道他们抬了些重物下去，这些重物包裹得严严实实的，不知道究竟是什么。他们没有用手铐铐走任何人。

Arturo 检查自己的房间。坏消息是，警察留下了一份文件，要求他立刻回电话，约好时间在三天内接受调查。更糟的是，他的计算机没了。

Arturo 消失在夜幕中，他去了一个朋友那里。但他心里却一直忐忑不安。警察知道多少？他们最终还是会逮捕他，只是给了他一个逃跑的机会？还是完全因为另外一件事，他可以为自己开脱而无须离开这座城市？

在继续读下去之前，请停下来想一想：你能想出什么办法来搞清楚警方了解你哪些情况呢？假定你没有任何政治关系，在警察局和检察院也没有朋友，作为一个普通公民，你能想出用什么办法来获得这些信息吗？就算有人具有社交工程学技巧，他能做得到吗？

8.6.2 诓骗警察

Arturo 用这样的方式来达成了解内情的目的：首先，他找到了附近一家复印店的电话号码，并打电话要了他们的传真号。

然后他打电话给地方检查署，要求转办案记录部门。接通后，他自我介绍说，自己是 Lake 县的调查员，想跟签发搜查令的职员通电话。

"是我负责签发搜查令，"那位女士说。"哦，太好了。"他回答。"因为昨天晚上我们突袭搜查了一个嫌疑人，我正在找书面证词。"

"我们按照地址签发搜查令，"她告诉他。

他给出了自己的地址，她听起来好像很兴奋。"哦，是的，"她抑制不住内心的兴奋，"我知道这个。'版权贼。'"

"就是这个，"他说。"我正在找书面证词和搜查令的副本。"

"哦，我这里就有一份。"

"太好了，"他说。"是这样的，我现在在外面，一刻钟后我要与安全局就这个案件开一个会。最近我有些漫不经心，我把文件放在家里了，回去取的话就无法及时赶回来了。我可以从你哪里拿一份吗？"

"当然，没问题。我会复印一份；你现在就可以过来拿走。"

"太好了，"他说，"真是太好了。不过，我在城市的另一头。你能传真给我吗？"

这带来了一个小问题，但并不是无法克服。"我们办案记录部门这里没有传真机，"她说，"但楼下的文员办公室他们那里有一台，或许他们会让我用。"

他说，"那我先给文员办公室打个电话把这事安排好。"

文员办公室的女士说她愿意帮忙处理这件事，但想要知道"谁来付账？"她需要一个财务账号。

"我去要账号，然后给你打电话，"他告诉她。

然后他给地方检查署(DA)打电话，又一次声称自己是一名警官，并直接问前台，"DA 办公室的财务账号是什么？"她毫不犹豫地告诉他了。

接下来他给文员办公室打电话告诉那位女士财务账号，这使他有了借口来进一步操纵她：他告诉她上楼去取要传真的文件。

8.6.3　掩盖行踪

Arturo 还要采取几个步骤。被人闻到鱼腥味的可能性总是存在的，他可能在赶到复印店时发现几个密探，他们穿着便装，假装很忙，就等着有人现身出来要那份传真。他等了一会儿，然后给文员办公室打电话确认那位女士确实已经将传真发出去了。一切还好。

他打电话给城里属于同一家连锁机构的另一家复印店，使用了一个惯用的伎俩，说他"多么感谢您的工作，想给经理写封信表示祝贺，她叫什么名字？"获得了这些基本信息以后，他再一次给第一家店打电话，说想和经理通电话。当那人拿起电话后，Arturo 说，"您好，我是 Hartfield 628 号店的 Edward。我的经理 Anna 让我给您打电话。我们有个顾客很生气——有人给了他另外一处分店的传真号。他在这里等一份重要的传真，只不过别人给他的号码是你分店的。"经理答应安排人找到这份传真，并立即发送到 Hartfield 分店。

当传真发过来时，Arturo 已经在第二家分店等着了。拿到传真后，他给文员办公室打电话向那位女士表示感谢，并说"没必要再把这些拷贝搬到楼上去了，你现在就可以把它们扔掉。"然后他打电话给第一家分店的经理，告诉他把传真的副本也扔掉。这样，已发生过的事情就不会有任何记录，以防万一后来有人提出疑问。社交工程师知道你怎么小心都不过分。

通过这样的安排，Arturo 甚至不需要为第一家店收取传真而付费，也不用为发送给第二家店而付费。如果警察真的出现在第一家店，那么，当他们安排人去第二家店时，Arturo 已经拿走传真离开多时了。

故事的结尾：书面证词和搜查令显示，警察对 Arturo 的电影拷贝活动有翔实的证据。这正是他想要知道的。午夜来临时，他已经跨过了州际边界。Arturo 要在另外某个地方使用新的身份来开始新的生活，并准备着重操旧业。

> **注记**
>
> 社交工程师为什么能知道这么多办事程序的细节——警察部门、检察院、电话公司业务部，以及在攻击过程中涉及到的相关领域(比如电信和计算机)的公司组织结构？因为这是他的工作需要。这些知识是一个社交工程师的百宝囊中的必备品，因为这些信息对他的行骗会大有帮助。

8.6.4　骗局分析

对于任何一个在地方检查署工作的人来说，无论在何地，总是会经常接触到执法官员——回答问题、进行调解、带消息等。任何一个人，只要敢打电话进来声称自己是警官、州郡治安官代表或其他什么角色的人，都极有可能说的是真话。除非他很明显不懂得术语，或者紧张得结结巴巴，或者在其他方面表现得不像真的，否则，他甚至有可能不会遭到任何对其身份的质疑。这里发生的事情就是这样的，两个不同的办事员皆如此。

取得支付代码只用了一个电话就搞定了。Arturo 亮出了同情牌，编造了"要和安全局开个会，我因为漫不经心，把文件忘在家里了。"的故事。她的怜悯之情自然而生，并主动帮助他。

然后，通过使用两个(而不是一个)复印店，Arturo 使自己去取传真时增加了安全系数。还有另一种使传真更难追踪的形式：攻击者不是要求把传真发送到另一家复印店，而是给出一个号码，看起来是传真号，实则是一个免费的 Internet 服务。该服务替你接收传真，并自动转发到你的电子邮件地址。这样，传真就可以直接下载到攻击者的计算机上，他也用不着在任何地方露面，免得以后可能被人指认出来。一旦这件事情完成以后，电子邮件地址和电子传真号码也就弃用了。

米特尼克的提示

　　事情的真实面貌是，面对一个出色的社交工程师，无人能幸免于上当受骗。因为在正常生活中，我们并不总是经过深思熟虑之后再作出决定，即使是非常重要的事情。复杂的情形、时间缺乏、情绪激动的状态或精神疲惫都很容易使我们分神。所以我们的头脑会走捷径，未对信息做仔细全面的分析就轻易地作出决定，这个心智过程称作"自动反应"。即使对联邦、州和当地的执法官员都是如此。我们都是人。

8.7　转守为攻

　　有个年轻人，我叫他 Michael Parker，他和其他一些人一样，很晚才发现，收入较高的工作通常都给了那些有高校学位的人。他有机会拿到一半奖学金再加上教育贷款，进入当地的一所大学，但这意味着他必须靠晚上和周末打工来支付自己的房租、食品、汽油和汽车保险。Michael 是一个总喜欢走捷径的人，他想，可能还有其他回报更快且更加省力的办法。因为他在 10 岁玩计算机的时候就沉迷于探究计算机是如何工作的，并从那时开始学习计算机，他决定试一试，看能否为自己"创造"快捷的计算机科学学士学位。

8.7.1　毕业——不怎么光彩

　　他曾经能够侵入州立大学的计算机系统，找到一个以 B+ 或 A- 作为平均分毕业的好学生的记录，复制一份，填上自己的名字，然后加入到这一年的毕业班记录里。他对这个想法感到有些不放心，经过深思熟虑后，他意识到，作为一个在校园生活过的学生，肯定还有其他记录——交学费记录、宿舍办公室的记录，谁知道还会有其他什么地方。仅仅创建课程和学分记录会留下太多漏洞。

进一步筹划和摸索后，他想出了一个主意。他可以看看学校中是否有和他同名的人在时间适当的几年内获得了计算机科学的学位。如果有的话，他就可以在求职申请表上写上另一个 Michael Parker 的社会保险号；如果公司用这个名字和社会保险号向大学做核查，则得到的回答是，没错，他的学位是真的(在别人看来可能不明显，但在他看来很显然，他可以在工作申请表上填写一个社会保险号，如果被录用后，则在新员工表格上填写自己真实的保险号。大多数公司都不会想到要检查新员工在应聘过程的初期是否使用了不同的号码)。

8.7.2　登录并陷入麻烦

怎样才能在大学的记录中找到一个 Michael Parker？他是这么做的：

他到了大学校园里的图书馆，坐在一台计算机终端前，进入因特网，开始访问该大学的 Web 站点。然后他打电话给学生注册办公室。对于接电话的那个人，他使用了我们已熟悉的社交工程师常用的一种手法："我是从计算中心打过来的，我们正在修改网络设置，希望确保不会中断你的网络访问。请问你连接到哪一台服务器？"

"你说什么？'服务器'？"对方问道。

"当你需要查找学生的学业信息时连接到哪一台计算机？"

答案是 admin.rnu.edu，这等于告诉他学生记录存储在哪一台计算机上。这是整个难题中的第一步：现在他知道了目标计算机。

他将此 URL 输入到计算机中，没有任何反应——正如所预料的那样，有防火墙阻止访问。然后他运行一个程序，看能否连接到这台机器上的其他服务，结果他发现，在一个开放的端口上运行着

Telnet 服务，该服务允许一台计算机远程连接并访问另一台计算机，就好像两台机器通过"哑终端"直接连接起来一样。现在，要想访问这台远程服务器，他只需一对标准的用户 ID 和密码即可。

　　他再次给注册办公室打电话，这次先仔细听声音，以确信是另一个不同的人在接听电话。这次是一位女士，他仍然声称自己来自大学的计算中心。他告诉她，他们正在安装一个新的记录管理系统。他想让她帮个忙，请她连接到仍处于测试状态的新系统上，看看能否正常访问学生的学业记录。他给了她要连接的 IP 地址，并在电话中一步一步地教她怎么做。

　　事实上，这个 IP 地址把她带到了大学图书馆内 Michael 面前的这台计算机中。采用跟第 8 章中讲述的同样的过程，他创建了一个模拟登录环境——一个假的登录屏幕——看起来就像她进入学生记录系统时早已熟悉的屏幕一样。"不行，"她告诉他。"总是告诉我'登录错误'。"

　　至此，模拟登录环境已经把她键入的账户名和密码传到了 Michael 的终端；任务完成了。他告诉她，"哦，有些账户还没有迁移到这台机器上来。我一会儿先把你的账户迁移过来，然后再给你打电话。"像任何一个熟练的社交工程师一样，他会小心处理善后细节，稍后再打个电话说测试系统还不能工作，如果她觉得合适的话，在找到问题的原因以后，他们会打电话给她或其他人。

> **行话**
>
> **哑终端：**没有微处理器的终端。哑终端只能接受简单的命令并以文本方式显示字符和数字。

8.7.3　乐于助人的登记员

　　现在 Michael 知道了自己要访问的计算机系统，同时也有了用户 ID 和密码。但是，他应该用什么命令才能在文件中查找指定姓名和毕业日期的计算机科学系学生的毕业信息呢？学生数据库是一个专有系统,是为满足大学和学生注册办公室的特定需要而建立的,访问数据库中的信息也必定有一套独特的方法。

清除这一障碍的第一步是:找到一个能指导他完成搜索学生数据库这一神秘工作的人。他又一次给注册办公室打电话,这次是另一个人接的。他告诉这位女士,自己来自工程院的院长办公室,"我们在访问学生的学业记录时遇到问题应该打电话向谁求助呢?"

几分钟后他和大学的数据库管理员通上了电话,使用骗取同情心的伎俩:"我是注册办公室的 Mark Sellers,你愿意同情一个新来的人吗?很抱歉打扰你,今天下午他们都去开会了,这里没有人帮我。我需要一份在 1990 年~2000 年期间获得计算机科学学位的所有毕业生的列表。他们今天就要,如果我拿不出来的话,我的这份工作可能就干不长了。你愿意帮助一个遇到麻烦的人吗?"帮别人的忙是数据库管理员工作的一部分,所以当他一步一步地指导 Michael 时,表现得格外有耐心。

等挂上电话时,Michael 已经下载了这些年份中毕业的计算机科学系学生的整个列表。刚搜索了几分钟,他就发现了两个 Michael Parkers,他从中选了一个,并拿到了此人的社会保险号和其他存储在数据库中的相关信息。

这样,他就成了"Michael Parker,计算机科学系学士学位(B.S.),1998 年毕业,荣誉毕业生。"

8.7.4　骗局分析

这里的攻击用到了一种此前未提到过的计策:攻击者请求该机构的数据库管理员一步一步地指导自己完成原先并不知晓的操作。这是一种很有威力,也很奏效的转守为攻手法,就好像请商店的主人帮你把一个装满了刚从他货架上偷来的各种商品的盒子搬到你的汽车上。

米特尼克的提示

　　计算机用户有时候一点都察觉不到技术领域中与社交工程有关的威胁和弱点。他们知道如何访问信息，却毫不了解哪些因素可能会成为安全威胁。社交工程师会把目标瞄准在那些对信息的重要性不太理解的员工身上，因而他们更有可能满足陌生人的要求。

8.8　预防骗局

　　同情心、内疚感和胁迫手段是社交工程师使用最频繁的三个心理触发器，本章的故事演示了这些策略在实践中的运用。那么，你和你的公司怎样才能避免这些类型的攻击呢？

8.8.1　保护数据

　　本章中的有些故事强调了将文件发送给陌生人是多么危险，即使这个人是(或者看起来是)一名内部员工，并且文件是在内部发送的，或者发送到一个电子邮件地址，或者到公司内部的传真机。

　　公司的安全政策需要明确指出怎样防止把有价值的数据发送给陌生人。对传送包含敏感信息的文件必须制定严格的程序。当自己不认识的人提出请求时，要采取明确的步骤验证其身份，根据信息的敏感程度使用不同级别的认证方法。

　　下面是一些可以考虑的技术：

- 确定确有必要了解信息(可能需要从指定的信息所有者那里获得授权)。
- 对这些处理过程有个人或部门的日志记录。

- 维护一份名单，列出哪些人接受过关于办事程序的专门训练，以及哪些人已经被授权可以发送敏感信息。规定只有这些人才允许将信息发送给小组以外的人。
- 如果对数据的请求是以书面形式(电子邮件、传真或邮件)提出的，则要采取额外的安全步骤来确认，该请求确实是所声称的那个人提出来的。

8.8.2 关于密码

所有能够访问敏感信息的员工——现在，这几乎涵盖了所有使用计算机的员工——都需要明白，像改变自己的密码这样的简单行为，即使只是一小会儿，都可能导致严重的安全损坏。

安全培训必须包含密码这一主题，其中一部分内容集中在何时及如何改变密码、怎样才是一个可接受的密码，以及让他人参与这一过程的危险性。特别要在培训中传达给所有员工的是，任何涉及密码的请求都是可疑的。

表面看来，这只是在向员工传达一条简单信息。然而事实并非如此，因为要想理解其中的道理，就要求每个员工都能明白，改变密码这样的简单行为可能会危及安全。你可以告诉孩子"过马路前先要看两边"，但除非孩子理解了为什么这样做很重要，否则你就得指望孩子盲目服从你的要求。而这种盲目服从的规则往往很容易被忽略或遗忘。

> **注记**
>
> 密码是社交工程攻击的一个中心焦点，我们在第 16 章中专门用一节篇幅来讨论这一主题。在那里，你能看到诸多关于密码管理的建议。

8.8.3　统一的中心报告点

在你的安全政策中，应该指定某个人或小组作为一个中心点，凡是那些看似企图入侵公司的可疑行为都要报告到这里来。每个员工都要知道，在发现可疑的电子或物理入侵时应该给谁打电话。而且，用于提交这类报告的电话号码也应该在每个员工触手可及的地方，因而，当他们怀疑有攻击发生时不必再找来找去。

8.8.4　保护你的网络

员工必须要理解，计算机服务器或网络的名字不是无关紧要的信息。它们可以向攻击者提供最基本的信息，从而有助于他获得信任或找到他所渴求的信息的位置。

尤其是，像数据库管理员这样的角色，他们在工作中跟软件打交道，属于有技术特长的那一类人。他们在工作中必须遵守非常严格的特殊规定，对于那些打电话进来请求信息或指导的人必须验证他们的身份。

那些经常要在计算机方面提供各种帮助的人需要接受充分的培训，以便明白哪些请求是危险信号，说明打电话的人可能在企图实施社交工程攻击。

值得注意的是，在本章的最后一个故事中，在数据库管理员的眼里，打电话的人符合合法人员的标准：他从校园内打来电话，而且很明显在一个需要账户名和密码的站点上。这再次表明了对于请求信息的人采用标准化的过程来做身份验证的重要性。尤其是，像在这样的案例中，打电话者正在寻求帮助以便访问机密记录。

所有这些建议在学院和大学都要加倍重视。计算机黑客活动是很多高校学生最喜爱的业余爱好，这已经不是什么新闻了，而且，毫不令人惊奇的是，学生记录——有时是教工记录——是他们最垂涎的目标。这种黑客行为如此泛滥，以至于有些公司把大学校园当作敌对的环境，在防火墙中设置规则以阻止所有来自以.edu 结尾的教育机构地址的访问。

简而言之，所有这一类的学生和个人记录都应当被视为主要的攻击目标，应该被当作敏感信息而加以充分的保护。

8.8.5　训练的要点

大多数社交工程攻击的防范都简单得令人难以置信……对于那些知道哪些信息被觊觎的人而言。

从公司的角度来看，良好的培训是非常必要的。另一件事情同样也很重要：要用各种方式提醒人们，别忘了自己所学到的知识。

当用户的计算机被打开时，使用闪烁的屏幕每天更换一条不同的安全消息。应当把这条消息设计成不会自动消失，要求用户点击某处表明自己已经阅读过了。

我要推荐的另一种方法是，使用一系列的安全提示。经常性的提示消息是很重要的；安全意识训练应该时刻进行，永不停止。在递交数据时，提示消息的措辞应该每次不同。研究表明，当这些提示消息使用不同的措辞，或者在不同的例子中被使用时，其接受效果最为理想。

一种很好的办法是，在公司的通讯简报中使用简短的广告词。它不应该是某一主题的一个完整专栏，当然，安全专栏无疑也是很有价值的。与此不同的是，设计一个两、三栏宽的嵌入内容，就像当地报纸中出现的小的显示广告一样。在每期通讯简报中，都以这种简短而易引人注意的方式发布一条新的安全提示。

第 **9** 章

逆 向 行 骗

在本书的其他地方提到过的《骗中骗》(The Sting)这部影片(在我看来,可能是最好的一部描写骗术的影片),在引人入胜的细节中展开情节。影片中的欺骗行动真实地描述了顶尖骗子是如何玩转"连环骗局"的,在三种重要的、被称为"大骗局"的欺骗方式中,这是其中之一。如果你想知道一群职业骗子怎样在一晚上就赢得大把大把的钱,那么这是再好不过的教科书了。

但传统的骗术,不管它的机关是什么,都会符合一定的模式。有时妙计会在反方向上起作用,称作"逆向行骗"。这是一种很有意思的手法,攻击者设计好某种场景,让受害者向他们求助,或者让同伙提出请求,由攻击者来响应。

现在让我们来看看,这是如何工作的。

行话

逆向行骗:一种骗术,被攻击者向攻击者寻求帮助。

9.1　善意说服别人的艺术

在普通人心目中，计算机黑客的形象通常让人不敢恭维，其性格孤僻、内向，书呆子气十足，最好的朋友是他的计算机，很难与人进行真正的谈话，除非通过即时消息系统来谈话。而社交工程师通常不仅具有黑客的技能，同时还拥有另一极端处的交际技能——极其出色的利用和控制他人的能力，从而使得他能够通过与人交谈，用你认为根本不可能的方式来获得信息。

9.1.1　Angela 的电话

地点：联邦工业银行的 Valley 分部。
时间：上午 11:27。

Angela Wisnowski 接到了一个电话，对方是一位男子，说他将继承一笔数目不菲的遗产，因而想了解有关各种类型的存款账户、存款单的信息，以及希望她能建议一些既安全又有适当利率的其他任何投资形式。她解释说可选的方案有很多种，问他是否愿意过来，坐下来与她面对面地探讨。他说，当这笔钱到账时他正好外出，而且有很多事情要安排。她给出了一些可能的投资建议和详细的利率，以及如果提前支取定期存款结果会怎样，等等，与此同时，她力图使他确定他的投资目标。

正在这时，他说，"哦，我要接另一个电话。我什么时候才能和你接着谈，以便做出决定？你什么时候去吃午饭？"这表明她的努力有了进展。她告诉他是 12:30，他说自己会在这个时间之前或者第二天再打电话。

Louis 的电话

大银行使用的内部安全代码每天都更换。当一个分行的人需要另一个分行的信息时，他必须证明自己知道当天的安全代码，以表明自己有权知道这些信息。为了额外的安全性和灵活性，有些大银行每天发布多个代码。在西海岸的这家被我称为联邦工业银行的机构，每个员工每天早上都会在自己的计算机上找到 5 个代码，分别以字母 A 到 E 来标识。

•••••••••••••••••••••••••

地点：同上。
时间：当天下午 12:48。

这一天下午，当电话打进来时，Louis Halpburn 没想过会发生什么事情。像这样的电话他每周要接好几个。

"你好，"打电话的人说。"我是 Neil Webster。我是从波士顿的 3182 分行打过来的。请找 Angela Wisnowski。"

"她出去吃午饭了。需要我帮忙吗？"

"好吧，她留言让我们把一个客户的资料传真给她。"

听起来这个人那一天过得很糟糕。

"平时负责处理这一类事情的人今天请病假了，"他说。"我有一大堆这样的事情要处理，这里快 4 点钟了，半小时后我将离开这个地方去看医生，这是事先约好的。"

这种做法——把所有博取别人同情的原因逐一叙述出来——可以起到减轻疑虑的作用。他接着说，"不管谁听她的电话留言，都听不清传真号码是什么。好像是 213 什么的，后面的号码是什么？"

Louis 给了传真号码，打电话的人说，"好的，谢谢。在发送传真之前，我需要问你代码 B 是什么。"

"是你打电话给我的呀，"他的态度很冷淡，自称来自波士顿的这个人应该能感觉到。

这还不错，打电话的人心想。人们不会轻轻一推就倒，这是好事。如果他们没有一点点抵抗，那么这项工作就太容易了，那样我会变懒的。

他对 Louis 说，"我的部门经理有些多疑，每次往外发东西都要求验证对方的身份，就是这样的。不过，如果你不想我们把资料发过去，那没问题，不需要验证了。"

"这样吧，"Louis 说，"再过半小时左右，Angela 就回来了。我让她给你打过去。"

"那我将告诉她，我今天不发送资料了，因为你不告诉我代码，所以无法证明这是一个合法请求。如果明天我不休病假，我会打电话给她。"

"好吧。"

"留言中说的是'紧急'。没关系，既然无法验证身份，我也无能为力。你告诉她，我试图发过去但你不给我代码，可以吧？"

在压力之下，Louis 让步了。电话那端可以听到不愉快的叹气声。

"好吧，"他说，"等一下；我要到计算机旁边，你想要哪个代码？"

"B，"打电话的人说。

他放下电话，稍候又拿起来。"是 3184。"

"不对，你的代码不正确。"

"没错——代码 B 是 3184。"

"我说的不是 B，是 E。"

"哦，天哪。等一下。"

又一阵停顿，他在查这个代码。

"E 是 9697。"

"9697——正确。我马上去发传真。好吧？"

"好的，谢谢。"

Walter 的电话

"联邦工业银行，我是 Walter。"

"嘿，Walter。我是 Studio 城 38 分行的 Bob Grabowski，"打电话的人说。"我需要你找一个顾客账户的签名卡，然后用传真发送给我。"签名卡(也称 sig 卡)，上面不只是客户的签名；还有很多标识身份的信息，比如大家熟悉的社会保险号、出生日期、母亲娘家的姓，有时候甚至还有驾驶证号码。对社交工程师来说这些信息非常便于利用。

"没问题。请问 C 代码是什么？"

"另一个出纳员正在使用我的计算机，"那人说，"但我刚用过 B 和 E，我还记得这两个代码。你可以问我其中任意一个。"

"好，E 是什么？"

"E 是 9697。"

几分钟后，Walter 按照要求，用传真发出了签名卡。

Donna Plaice 的电话

"您好，我是 Anselmo 先生。"

"请问需要我帮忙吗？"

"我想看一笔存款是否到账，应该打哪个 800 号码？"

"你是银行的客户吗？"

"是的。我有一阵子没用过这个号码，现在不知道把它记在哪儿了。"

"号码是 800-555-8600。"

"好的，谢谢。"

9.1.2 Vince Capelli 的故事

Vince 是斯波坎市一名街道警察的儿子，从很小的时候他就知道自己以后不愿意去做苦工，为了微薄的薪水而冒生命的危险。他生活中的两个主要目标是：离开斯波坎市，以及独立经商。中学好友的嘲笑更激发了他的这种愿望——他们认为他这样痴迷于自己做生意却不知道要做什么生意，简直是太可笑了。

Vince 从心里知道他们是对的。他唯一擅长的事情是在中学的棒球队做接球手，但还不足以凭此获得大学奖学金，更谈不上做职业棒球手。所以他能做什么生意呢？

有一点 Vince 周围的人从来没有注意到：他们拥有的任何东西——一把新式的弹簧刀、一副暖和而时髦的手套，甚至是美丽性感的新女友——如果 Vince 喜欢，没多久就成他的了。他不去偷，也不在别人背后打小报告；他用不着。原物主会心甘情愿地放弃，随后会纳闷自己为什么要这么做。就算去问 Vince 也没用：他自己也不知道。看起来只不过是他要什么，别人就会满足他而已。

Vince Capelli 从小就是一个社交工程师，尽管他从来没听说过这个名词。

拿到中学毕业证以后，他的朋友们不再嘲笑他了。其他人步履艰难地在城里到处走动，试图不用说"你这里需要年轻人来工作吗？"就能找到一份工作，Vince 的父亲让他去跟一位做过警察的老同事谈谈。这个人离开警察队伍以后，自己在旧金山开了一家私人侦探公司。他很快发现了 Vince 在这方面的才能，便录用了他。

这是 6 年前的事了。他不喜欢替人查寻不忠实的配偶的确凿证据，因为那需要痛苦地干坐着等上好几个小时。但有些任务一直对他很有挑战性，那就是发掘财产状况，供律师判断一些陷入困境的家伙是否还值得起诉。这些任务让他有充分的机会发挥他的才智。

就像这次他需要调查一个名叫 Joe Markowitz 的家伙的银行存款。Joe 可能对一个从前的朋友做过一笔不光彩的生意，这个朋友现在想知道，如果自己起诉的话，Markowitz 是否有足够的钱，以便有机会把自己的钱追回一部分？

Vince 的第一步是，知道至少一个(最好两个)银行当天的安全代码。听起来像是一个不可能完成的挑战：究竟什么东西才能诱使银行职工在内部安全系统中打开一个缺口呢？如果你想做到这一点，问问你自己，是否知道该怎样做吗？

对于像 Vince 这样的人来说，事情太容易了。

· · · · · ·•••••●●●●•••••· · · · ·

如果你知道别人工作中或者公司内部的行话，他们就会信任你。这就像表明你属于他们内部的圈子一样。也像是一次秘密的握手。

对这样的工作，我不需要太费脑筋。肯定不需要脑部手术。知道一个分行的代码就够了。当我打电话给波士顿 Beacon 街道分行时，接电话的人听起来像是个出纳。

"我是 Tim Ackerman，"我说。随便一个什么名字都可以，他不会记在纸上的。"你们分行的号码是多少？"

"电话号码还是分行号码？"他想知道，这真是太蠢了，我不是已经拨通电话了吗？

"分行号码。"

"3182，"他说。就这样。没有问"你问这干嘛？"或别的什么，因为这不是敏感信息，他们所用的每张纸上几乎都写着呢。

第二步，给我的目标开户的那家分行打电话，取得他们当中某个人的名字，并弄清楚那人什么时候出去吃午饭。Angela，12:30 离开。至此，一切正常。

第三步，在 Angela 去吃午饭的间隙打电话给同一家分行，说我是从波士顿的某某分行打过来的，Angela 要让我把这份资料传真过去，并且要求告诉我今天的一个代码。这是最棘手，也是最关键的部分。如果让我为社交工程师出考试题的话，我会加上类似这样的一道题。当受害者开始怀疑——有充分的理由——之后，你还继续坚持，直到打消他的疑虑，并且从他那里获得你所要的信息。单凭背诵条文或死记套路是无法做到这一点的，你得读懂自己的受害者，控制他的情绪，像把一条鱼拖上岸一样挑逗他，把线松开，再收紧，再松开，再收紧。直到你把他收进网里，往船上一扔，啪嗒！

就这样我把他拖上了岸，得到了当天的一个代码。这是很大的一步。对大多数银行，他们只使用一个代码，所以我应该可以松口气了。然而，联邦工业银行使用 5 个代码，所以，只得到一个还是风险太大。如果我知道 5 个中的两个，则采取下一步行动时成功的机会就会大很多。我喜欢"我说的不是 B，是 E"这个细节，当它行得通时，就会显得非常优雅。而多数情况下它总是行得通的。

如果能得到第 3 个当然更好。我确实打算在同一个电话中拿到三个——"B""D"和"E"的发音是那么相似，因而你可以说他们又搞错了。而这要当对方确实是一个容易被说服的人的时候才可以尝试。这个人不是。我就将就着用两个吧。

所拿到的当日代码正是我索要签名卡的王牌。我打电话过去，那家伙要一个代码。他要的是 C，我只有 B 和 E。但这并不是世界末日，这时你需要保持冷静，说话要让人听起来有自信，要继续向自己的目标前进。我应付他说，"有人正在使用我的计算机，问我另外两个中的一个。"听起来一切很自然。

我们是同一公司的员工，大家都在一起，对这个家伙不要太苛刻了——像这种时候，你希望受害者能这么想。他完全按我设想的去做了。他从我提供的选择中选了一个，我给出了正确的答案，他就把签名卡传真给我了。

快要大功告成了。下一个电话给了我一个 800 号码，客户可以用它来使用自动服务，电话中会有电子语音读出你所请求的信息。从签名卡上，我得到了目标的账户和 PIN 码，因为这家银行使用社会保险号的前 5 位或后 4 位作为 PIN 码。我手里准备好一支钢笔，拨通了 800 号码，一通按键后，我得到了这个家伙 4 个账户中的最新余额，另外，还有他最近在每个账户上的存款和取款情况。

现在有了我的客户所要求的一切，甚至更多。我总喜欢额外奉送一点东西。这样可以取悦客户。毕竟，回头客可以使生意继续做下去，不是吗？

9.1.3 骗局分析

整个事件的关键是获取至关重要的当日代码。为此攻击者 Vince 采用了几种不同的手法。

当 Louis 不愿意告诉他代码时，他开始在言语中对他施加压力。Louis 的怀疑是有道理的——银行的安全代码应该在反方向上使用。他知道，按照常规做法，未相识的打电话者应该给他一个安全代码。这对 Vince 是一个非常关键的时刻，他把整个事件的成功都押在这上面了。

面对 Louis 的怀疑，Vince 使用操纵技巧来消除，包括利用唤起同情心（"去看医生"）、施加压力（"我有一大堆事情要做，现在已经快四点了"）和蓄意操纵（"告诉她你不愿意给我代码"）。聪明的是，Vince 实际上并未发出任何威胁，他只是隐含了一点：如果你不给我安全代码，我就不把你同事要的客户资料发送过去，我还会告诉她，如果不是你不合作，我早就发过去了。

尽管如此，我们还是不要急着责怪 Louis。毕竟，打电话的人知道（至少看起来知道）同事 Angela 需要一份传真。他知道安全代码这回事，并且知道它们是用字母来区分的。他说自己的分行经理要求安全代码是为了更好的安全性。看起来确实没什么理由不按他的要求给予验证。

不只 Louis 这样。银行职员每天都把安全代码泄露给社交工程师。听起来难以置信，但事实就是如此。

有一条界线，私人侦探所用的技术一旦越过它，就由合法变成了非法。Vince 获得分行代码时是合法的。甚至他在骗 Louis 给自己两个当天的安全代码时还是合法的。当他让人将银行客户的机密信息传真给他时，他就越过了这条界线。

但是对于 Vince 和他的雇主，这是一种风险很低的犯罪。如果你偷钱或偷物，别人会发现它们不见了。当你偷信息时，多数情况下没人会注意到，因为信息仍在所有者的掌握之中。

米特尼克的提示

　　口头的安全代码等价于密码，同样提供了一种方便可靠的保护数据的方式。但员工需要对社交工程师所用的技巧有所了解，因此，要培训员工让他们不要交出大门的钥匙。

9.2　让警察受骗上当

　　对于心术不正的私人侦探或社交工程师来说，知道了某人的驾驶证号码有时候可以派上用场——比如，如果你想假冒他人的身份以便得到他银行账户的余额信息。

　　如果不是偷人钱包或者找个适宜的时候从女士的肩头往下窥视，要弄到别人的驾驶证号码几乎是不可能的事情。但就算是对社交工程学技能很一般的人，这也几乎不是什么难题。

　　有一个社交工程师——我在这里叫他 Eric Mantini，经常需要得到驾照和机动车注册号码。Eric 认为没必要每次在需要这类资料时都冒险打电话给机动车管理局(DMV)，时不时地重复一遍同样的计策。他纳闷是否有一种方法可以简化这个过程。

　　可能以前从没人想过这个问题，但他想出了一个办法，在需要这类资料时转眼之间就能得到。他的做法是，利用自己所在州的机动车管理局提供的一项服务。很多州的 DMV(该部门在你的州可能叫其他名称)让原本机密的公民信息对保险公司、私人侦探和其他某些组织开放，只要该州的立法机关认为，它们被授权分享这些信息对于商业和社会是有好处的。

　　当然，DMV 对于开放何种信息做了适当限制。保险业可以从档案中获得某些类型的信息，想要其他的信息就不行。对私人侦探等，则有另外的限制，等等。

　　对执法官员，则使用另一条规则：只要一个宣誓就职的治安官

能证明自己的身份，则 DMV 就会提供记录中的任何信息。在 Eric
居住的州，需要的身份证明是 DMV 签发的查询代码以及治安官的
驾照号码。DMV 的员工在给出任何资料之前，总是先把治安官的名
字跟驾照号码以及另外某条信息——比如出生日期——进行比较。

　　Eric 这个社交工程师想做的事情无非是把自己的身份装扮成执
法官员。

　　他怎样才能做到这一点呢？通过对警察进行逆向行骗。

9.2.1　Eric 的骗局

　　首先，他打查号台询问该州府的 DMV 总部的电话号码。得到号
码 503-555-5000；当然，这是供公众使用的号码。然后他拨打附近的
县治安厅，要求接电传室——这是资料收发部门，跟其他执法部门、
全国罪犯数据库、当地的担保机构等之间的联系都是在这里进行
的。接通电传室后，他说自己正在查找当执法部门给州 DMV 总部
打电话时所用的电话号码。

　　"你是谁？"电传室的警官说。

　　"我是 Al。我拨打的电话是 503-555-5753，"他说。这个号码
一半是假设，一半是凭空捏造出来的；DMV 为执法人员设立的专
线号码极其可能与面向公众的号码有同样的区码，接下来的三个数
字也几乎肯定是相同的。实际上他真正要猜测的是最后的 4 位数字。

　　县治安厅的电传室不接受公众打进来的电话。况且这个打电话
的人差不多知道完整的号码。显然，他是合法人员。

　　"是 503-555-6127，"那位警官说。

　　这样 Eric 就搞到了执法人员给DMV打电话时所用的专线号码。
但仅有一个号码还不够；该机构应该不止有一条电话线，Eric 必须
知道到底有多少条电话线，以及每条线的号码。

9.2.2　交换机

　　为了实行自己的计划，他需要访问那台负责把执法人员的来电

接入 DMV 的电话交换机。他打电话给州电信局，声称自己来自 DMS-100 的生产商 Nortel，DMS-100 是使用最广泛的商用电话交换机之一。他说，"请帮我转到负责 DMS-100 交换机的技术员那里。"

接通了技术员后，他说自己来自 Nortel 在德克萨斯州的技术支持中心，解释说他们正在建立一个总数据库，以便对所有的交换机做最新的软件升级。所有工作都将通过远程来完成——不需要任何交换机技术人员的参与。但他们需要交换机的拨入号码，以便可以从技术支持中心直接进行升级。

听起来完全可信，技术员把电话号码给了 Eric。现在他可以直接拨入该州的一个电话交换机。

为防范外来入侵，这种类型的商业交换机都是有密码保护的，就像任何一家公司的计算机网络一样。每个有电话飞客背景的社交工程师都知道，Nortel 的交换机为软件升级提供了一个默认的账户名：NTAS(Nortel 技术服务支持的缩写；没什么好奇怪的)。但密码呢？Eric 拨了好几次，每次尝试一个很显然的常用密码。与账户名相同：NTAS，不行；"helper"也不成；"patch"，还是不灵。

然后他试着用"update"...进来了。使用一个显然的、容易猜测的密码比没有密码也就好那么一点点。

紧跟自己行业的发展是很有用的；Eric 对这种交换机的编程和维修知识可能与技术员知道的一样多。一旦以合法用户的身份进入交换机，他就对自己的目标电话线路取得了完全的控制权。他在自己的计算机上操纵交换机，查询他已经拿到的供执法部门拨打 DMV 的号码：555-6127。他发现另外还有十九条线路通往同一个部门。显然他们每天要处理好多电话。

对每个打进来的电话，交换机会按照预先编制的程序在二十条线路中"搜寻"，直到找到一条不忙的线路。

他选择了第十八条，输入指令给这条线路增加呼叫转接功能。对呼叫转接号码，他输入了自己新买的廉价的预付费手机。这种手机很受毒品交易者的青睐，因为它们很便宜，用完之后就可以扔掉。

在第十八条线路上设置了呼叫转接功能以后，只要该机构有十七条线路在忙，下一个电话就不会打到 DMV 的办公室，而是转移到 Eric 的手机上。他坐下来，等待着。

9.2.3　一个给 DMV 的电话

一天早晨，刚过 8 点钟手机就响了。接下来的部分是最棒、最津津有味的。Eric，一名社交工程师，在与一名警察说话。而这名警察实际上有权过来逮捕他，或者拿着搜查证突袭搜查对他不利的证据。

并且不只是一名警察打来电话，而是一串，一名接着一名。有一次，Eric 正坐在一家饭馆里跟朋友们一起吃午饭，每过五分钟左右，他就接一个电话，巧妙地应答，用借来的钢笔在一张餐巾纸上记下信息。至今他仍觉得非常好玩。

但是，跟警官讲话一点也不会使一个好的社交工程师感到胆怯。实际上，因欺骗这些执法人员而带来的刺激给 Eric 增添了很多乐趣。

据 Eric 的说法，接电话的过程是这样的：

"这是 DMV，我能帮你吗？"

"我是侦探 Andrew Cole。"

"你好，侦探。我能帮你做点什么？"

"我需要驾照为 005602789 的司机的桑迪克斯(Soundex)，"他说道，其中用到了执法人员索要照片时常用的一个字眼。照片是很有用的，比如，当警官去逮捕一个嫌疑犯却不知道他长什么样的时候。

"没问题，我把记录找出来，"Eric 说。"请问 Cole 侦探，你在哪个警署？"

"Jefferson 县。"然后 Eric 问到了最激动的问题："侦探先生，你的查询代码是多少？""你的驾照号码是多少？""你的出生日期呢？"

打电话的人提供了他自己的个人标识信息。Eric 假装花了会儿时间来验证这些信息，然后告诉他说验证信息已经得到确认了，问他想从 DMV 知道哪些细节。他假装开始查询姓名，故意让打电话的人听到敲打键盘的声音，然后说，"哦，天哪，我的计算机又坏了。对不起，侦探，这礼拜我的计算机一直不好。你重新打电话让其他人帮你查好吗？"

通过这种方式，他可以干干净净地结束通话，并且不会因为自己不能帮助这名警官而引起任何怀疑。同时 Eric 拥有了一个偷来的身份——利用这些细节信息，可以随时在需要时获得机密的 DMV 信息。

又花了几小时接听电话，得到了十几个查询代码后，Eric 拨入到交换机中取消了来电转接。

随后的几个月，他从合法的私人侦探公司那里接了几个活，这些公司不关心他使用什么方式得到信息。无论何时，只要他需要，就再次拨入交换机，打开呼叫转接，获取另一些警官身份信息。

9.2.4　骗局分析

我们来回放一下 Eric 为了行骗成功而施加在一连串人身上的计策。第一步，他设法让治安厅电传室的那人把属于机密的 DMV 电话号码给了一个完全陌生的人，那人没做任何验证就认为他是自己的同事。

随后，州电信局的一个人又做了同样的事情，相信 Eric 所说的话，认为他的确来自设备制造商，从而向一个陌生人说出了负责 DMV 的电话交换机的拨入号码。

现在 Eric 有很大的把握能进入交换机，因为交换机的制造商采取了较弱的安全措施，他们所有的交换机都使用相同的账户名。这种大意使社交工程师很容易就能猜出密码，因为他们知道交换机的技术员与其他大多数人一样，会选择自己容易记住的密码。

进入到交换机后，他把保留给执法部门的某一条 DMV 电话线路设置了呼叫转接，将来电转到自己的手机上。

随后是故事的高潮同时也是最值得炫耀的部分，他一个接一个地骗警察给出各自的查询号码以及个人的身份标识信息，这样 Eric 就能够冒充他们。

要成功地完成这些惊人之举确实需要技术知识，但如果没有这么一连串不知道自己碰到假冒者的人的帮忙，事情是不可能成功的。

这个故事再次展示了一个现象，即人们为什么不问"为什么找我？"。为什么电传室的人把信息告诉治安厅里一个不相识的人——在这个例子中，则是一个谎称自己来自治安厅的陌生人，而不是建议他找自己的同事或警官要信息？我所能给出的答复仍然是，人们问这样的问题太少了。他们从未想过要问吗？还是不想让人觉得咄咄逼人或者不愿意帮助人？也许是这样的。更多的解释只能是猜测。但社交工程师们并不关心这到底是为什么；他们只关心一点，那就是利用这个简单事实可以很容易地获得信息，不然的话，对他们来说要获得这些信息也许真的是一个挑战。

> **米特尼克的提示**
>
> 如果你公司的设备中有一个电话交换机，那么，当负责管理交换机的人接到一个声称来自供应商的电话，并且索要拨入号码时，他会怎么做？顺便问一下，这个人更改过交换机的默认密码吗？该密码是不是词典中很容易猜到的单词呢？

9.3 预防骗局

如果使用得当，安全代码能提供一层非常有价值的保护。如果使用不当，有安全代码反而比没有更糟糕，因为它给了一种事实上并不存在的虚假安全感。如果员工不保护好安全代码，那它们又有什么用呢？

需要使用口头安全代码的公司必须明确地向员工指出，在哪些情况下应该使用代码以及如何使用。如果本章第一个故事中的那位银行员工(Louis)经历过适当的培训，那么，当陌生人要他给出安全代码时他就不必凭直觉来做出判断，从而轻易地屈服于对方。他感觉到，在这种情况下别人不应该问他这种信息，但因为缺乏明确的安全规定——以及足够的常识——他很快就屈服了。

安全章程中也应该明确地规定，当员工拒绝了不合理索取安全代码的行为后应该采取哪些步骤。每个员工都应该从培训中知道，对索取认证信息(比如当日代码或者密码)的可疑行为要立即报告。当索取者的身份验证没有通过时他们也应当报告。

至少，员工应当记下打电话人的名字、他的电话号码、办公室或部门，然后挂断电话。在回打电话以前，他应该确认公司的确有这么一个人，而且要回拨的电话号码跟在线的或硬拷贝的公司通讯录上的电话号码相符。多数情况下，这样简单的措施就能证明打电话的人是不是他所声称的那个人。

当公司的通讯录是印刷形式的而不是在线版本时，验证过程变得棘手一些。电话号码随着人员的加入、离去、更换部门、职位变化而改变。硬拷贝的通讯录在印出来之后，甚至在交付印刷时就已经过时了。就算在线的通讯录也并不总是可靠的，因为社交工程师知道如何修改它们。如果员工不能根据一个独立的来源来验证一个电话号码，那么，安全章程中应该指示她通过其他方式来验证，比如联系其经理。

第 III 部分

入 侵 警 报

第10章

侵入公司领地

为什么外来者能够如此容易地假冒公司员工的身份，而且装得如此令人信服，甚至于有高度安全意识的人都会上当？为什么有些人有充分的安全意识，也知道对自己不认识的人保持怀疑的态度，以及积极保护公司的利益，但他们却也很容易受骗？

请一边想着这些问题，一边阅读本章中的故事。

10.1 尴尬的保安

日期/时间：星期二，10 月 17 日，凌晨 2:16。

地点：Skywatcher 航空公司位于亚利桑那州图森市郊区的加工厂。

10.1.1 保安的故事

在几乎空无一人的工厂内，听着皮鞋后跟在大厅的地板上发出的咔哒声，Leroy Greene 感觉比坐在安全办公室的电视监视屏前值班时要好多了。在那里他不允许做别的事情，只能盯着屏幕，就算阅读杂志或他那本皮革面包装的圣经都不行。你就得坐在那里看着上面显示的静止图像，所有东西都一动不动。

然而，在大厅里走着，他至少可以伸伸腿，如果走动时记得甩甩胳膊和肩膀，他还能做点锻炼。对于一个曾在拿过全城冠军的中学橄榄球队里打右后卫的人来说，这点锻炼算不了什么。不过，他仍然认为，工作就是工作。

他转过西南角，踏上那条可以俯瞰半英里加工场的走廊。他向下瞟了一眼，发现有两个人正在走过一条飞机生产线。他们停下来，看起来好像在相互向对方指出点什么。在晚上这个时候看到这些有点不同寻常。"最好查一下，"他想。

Leroy 走向楼梯，来到了两人背后的生产线，直到他走近了他们才注意到。"早安。我能看看你们的安全证吗？"他说。像在这种情况下，Leroy 总是试图压低自己的声音，以便尽可能柔和一些；他知道，光是自己的块头就足以使对方感到畏惧。

"你好，Leroy，"其中一个人说，他从 Leroy 的证件上念出了他的名字。"我叫 Tom Stilton，来自凤凰城公司总部的市场部门。我到这里来开会，顺便带这位朋友参观一下，看看世界上最大的飞机是怎样制造出来的。"

"好的，先生。请出示你的证件，"Leroy 说。他注意到他们看起来非常年轻。市场部的家伙看起来中学还没毕业，另一个长发披肩，看上去也就 15 岁左右。

短头发的那人把手伸进口袋掏证件，然后开始到处拍打自己的口袋。Leroy 突然有一种不祥的预感。"糟糕，"那人说，"一定是放在车里了。我可以去拿——给我十分钟，我去趟停车场再回来。"

这时 Leroy 掏出了自己的便笺。"先生，你刚才说叫什么名字来着？"他问道，并仔细地记下那人的回答。然后他要求他们跟自己一起到安全办公室。在去往第三层的电梯里，Tom 聊起了他来到公司只有六个月，希望这件事情不会给自己带来麻烦。

在安全监控室，跟 Leroy 一起值夜班的两个人也加入了对这两个嫌疑人进行盘问的队伍中。Stilton 给出了他自己的电话号码，说他的上司是 Judy Underwood，并说出了她的电话号码，这些信息都跟计算机上查到的相吻合。Leroy 把另外两个保安叫到一边，商量该怎么办。没人愿意在这件事情上出错；三个人一致同意最好给这家伙的上司打电话，尽管这意味着要在午夜把她叫醒。

Leroy 亲自打电话给 Underwood 女士，向她说明了自己的身份，然后问她手下是不是有个叫 Tom Stilton 的先生？她听起来似乎仍然半睡半醒。"是的，"她说道。

"哦，我们两点三十分的时候发现他在生产线附近活动，却没带身份证。"

Underwood 女士说，"让我来跟他讲。"

Stilton 接过电话说道，"Judy，很抱歉让这些家伙半夜吵醒你。我希望你不会因为这件事情而对我有看法。"

他听着，然后说，"原因仅仅是因为我早上必须到这里来参加新闻发布会。你收到了关于 Thompson 交易的那封电子邮件吗？我们需要在星期一早上会见 Jim，所以我们不想失去这个机会。星期二我仍然和你一起吃午饭，好吗？"

他又听了一会儿，说了声再见，然后挂掉了。

这让 Leroy 感到措手不及；他本以为自己可以拿回电话，这样这位女士就能告诉他一切正常。他想或许自己应该再给她打电话问一问，但随后又改变了主意。他已经半夜打扰过她一次了；如果再来第二次，她可能会发火并向他的老板抱怨。"干吗要招惹是非呢？"他想。

"好了，我可以让我的朋友接着看生产线吗？"Stilton 问 Leroy。"你想不想一起来，看着我们？"

"继续吧，"Leroy 说。"接着看。只是下次别再忘了带证件。

如果你需要在下班后留在厂房，则必须通知保安室——这是规定。"

"我会记住的，Leroy，"Stilton 说。然后他们走了。

十分钟不到，保安办公室的电话响了，是 Underwood 女士打过来的。"那人是谁？"她想知道。她说自己一直在问他问题，但他只管说跟她一起吃午饭，她不知道这个人究竟是谁。

这些保安赶紧打电话给大厅和停车场的门卫。但两个地方的人都说这两个年轻人几分钟前已经离开了。

后来在讲这个故事时，Leroy 总要在末尾加上一句，"老天爷，我的老板不断地责备我。很幸运，这份工作还是保住了。"

10.1.2　Joe Harper 的故事

仅仅为了证明自己的能力，十七岁的 Joe Harper 一年多以来，一直偷偷地混进各种大楼里，有时在白天，有时在夜晚。他的父亲是音乐家，母亲是鸡尾酒侍者，两人都上夜班，所以 Joe 有很多时间都是一个人。同样的事件让他来讲述，可以使我们明白这究竟是怎么发生的。

• •

我有一个朋友叫 Kenny，他想成为一名直升机飞行员。他问我，能不能把他带进 Skywatcher 的工厂看看他们制造直升机的生产线。他知道我以前到过其他的地方。这次的事情很过瘾，你可以看一看自己能否进入本不该去的地方。

但现在你并不是去一个普通的工厂或办公大楼。你要考虑周全，制定很多计划，要对目标做详细的侦查。到该公司的 Web 网页上查看员工的名字和职务、上下级结构和电话号码。阅读有关的新闻简报和杂志文章。我的做法一向非常谨慎，事先的调查足够充分，因而，当有人盘问我时，我能够知道得跟一个员工一样多。

从哪里下手呢？首先，我在 Internet 上查看该公司在哪些地方有办事处，发现公司总部在凤凰城。太棒了。我打电话过去，找市场部。每个公司都会有市场部。一位女士接听电话，我说我是 Blue Pencil 图像公司的，想知道他们是否有兴趣使用我们的服务，我应该跟谁谈一谈。她说应该找 Tom Stilton。我要他的电话号码，她说这类信息他们不对外透露，但她可以帮我把电话转过去。电话接通后转入语音信箱，他的提示消息是，"我是 Tom Stilton，3147 分机。请留言。"真有趣——他们不透露分机号，但这个家伙却把自己的分机号留在语音信箱里了。这太棒了。现在我有了一对姓名和分机号。

我又给同一个办公室打了个电话。"你好，我在找 Tom Stilton。他不在，我想问他老板一个简单的问题。"老板也不在，但打完电话后，我知道了老板的姓名，而且她也好心地把自己的电话号码留在了语音信箱中。

我差不多可以不费多大劲就能从大厅保安那里混过去，但我曾经开车从那家工厂旁边路过，我大概记得停车场周围有一圈栏杆。有栏杆就意味着当你试图开车进入时会有保安检查。而且，在晚上，他们可能还会记下驾照号码，所以我得在跳蚤市场上买个旧车牌。

但首先，我得弄到保安亭子里的电话号码。我得等一会儿，这样，如果再打电话进去还是同一个人接的，她就不会听出我的声音。过了一会儿，我打电话说，"我们以前听到过抱怨，说 Ridge Road 保安亭那里的电话有时断时续的毛病——他们现在还有这样的问题吗？"她说她不清楚，但可以帮我转过去。

有人回答，"这里是 Ridge Road 门亭，我是 Ryan。"我说，"你好，Ryan，我是 Ben。你那里的电话有问题吗？"他仅仅是一个薪水低微的保安，但我猜想他接受过一些培训，因为他马上说，"那个……Ben——你姓什么？"我接着说下去，就像没听到他说话一样。"之前有人报告说这部电话出了问题。"

我能听到他放下电话大声嚷，"嗨，Bruce、Roger，这部电话出过问题吗？"他回来后说道，"没有，我们不知道有过什么问题。"

"你们这里有几条线？"

他已经忘了问我名字的事情了。"两条，"他说。

"你现在用的是哪一条？"

"3140。"

到手了！"两条线都没问题吗？"

"看起来是。"

"好吧，"我说。"请听好，Ryan。如果你的电话有什么问题，尽管给我们电信部门打电话。我们这里会有人帮忙的。"

我和同伴决定在接下来的第二天晚上造访工厂。那天下午，我假冒那位市场部的人给保安亭打电话。我说，"你好，我是市场部的 Tom Stilton。我们面临一个重要的时间期限，需要两个人开车到城里来帮忙。可能要到早晨一两点钟才能赶到。你那时还在吗？"

他很愉快地回答，不在，他在半夜时分离开。

我说，"好吧，那你就给下一个值班的人留个条，好吗？如果有两个人到达你们那里并且说他们是来见 Tom Stilton 的，尽管让他们进来——可以吗？"

好吧，他说，这没问题。他记下了我的姓名、部门和分机号码，说他会安排好这件事的。

两点钟刚过，我们就驾车到了大门口，我报上了 Tom Stilton 的名字，一位昏昏欲睡的保安只是指了指我们应该从哪个门进去，以及在哪里停车。

走进大楼时，大厅里还有一个保安亭，因为是下班时间，所以要我们做例行签名。我告诉保安，我有一个报告要在早上准备好，我的这位朋友想看看工厂。"他对直升机很着迷，"我说，"我想他是想学开飞机。"他找我要证件。我摸了一下口袋，然后四处拍拍，说我肯定是忘在车里了；我去拿，我说，"大概需要十分钟。"他说，"没关系，就这样吧，签个名就行。"

我们沿着生产线漫步走着——太成功了。直到 Leroy 这个大树桩把我们拦住。

在安全办公室，我注意到，反倒是有一个跟这事没什么关系的人表现得有些紧张和害怕。当气氛紧张时，我开始让自己听起来像是真的恼怒的样子。就像我确实是自己所声称的那个人，对他们的不信任感到非常恼火。

当他们开始谈到，或许他们应该给我所说的女上司打电话时，我坐在那里心想，"这是个逃跑的好机会。"但停车场那里也有一道门——即使我们能逃出大楼，他们也可以关上那道门，那样我们就出不去了。

Leroy 给那位女士，即 Stilton 的老板，打了电话，然后把电话交给我，那位女士开始冲着我大嚷，"你是谁？你到底是谁？"我只管继续说话，好像我们谈得很愉快，然后挂掉了。

在深更半夜，如果你想要找公司的一个电话号码，你要花多长时间才能找到一个能帮助你的人呢？我估计，那位女士会打电话给安全办公室，告诉他们出了纰漏，在此之前，我们有不到 15 分钟的时间离开那里。

我们在不表现出慌张的情况下尽快从里面出来。当门口那人招手让我们通过时，我们确实高兴坏了。

10.1.3 骗局分析

需要指出的一点是，这个故事是以实际发生的事件为背景的，而且在实际事件中，入侵者确实是十多岁的小青年。他们的入侵是为了玩乐，仅仅是想试试自己是否能做到。但如果对小青年都这么容易，那么，对于成年的窃贼、工业间谍或恐怖分子来说，事情就更加轻而易举了。

为什么三个富有经验的保安人员让两个入侵者就这么轻易地走了？况且不是一般的入侵者，而是这么年轻的两个人，任何理智的人都应该怀疑他们？

刚开始，Leroy 曾经怀疑过。他采取了正确的做法，把他们带到安全办公室，并且盘问这个自称为 Tom Stilton 的家伙，核实他给出的姓名和电话号码。他还非常明智地给那位上司打电话。

但最后，他还是被年轻人的自信和愤慨蒙蔽了。这不是一个窃贼或入侵者合理的行为——只有真正的员工才可能会这样……，他多少是这样认为的。Leroy 应该学会凭借确凿的证据，而不是凭感觉来处理事情。

当年轻人挂断电话而不是交还给 Leroy 时，他为什么没有变得疑心更重呢？如果电话不被挂断，Leroy 就能直接从 Judy Underwood 那里得到确认，并且她能解释为什么这个小孩要这么晚到工厂里来。

Leroy 被这样一个大胆而且显而易见的伎俩欺骗了。试着站在他当时的角度来考虑：一个高中毕业生，担心自己的工作，不知道在半夜两次打扰经理是否会招惹麻烦。如果你处在他的位置上，你会接着打电话吗？

但是，再打第二个电话并不是唯一可能的做法。保安们还能做些什么呢？

即使是在打第一个电话之前，他也可以让这两个人出示一些有照片的证件；他们是开车到工厂来的，所以至少其中一个人应该有驾照。这样就立刻能看出他们先前给出的名字是假的(职业骗子可能有假证件，但这两个小青年预先没准备)。不管是哪种情况，Leroy 都应该检查他们的身份证件并记下相关信息。如果他们坚持自己没有证件，那么，他就应该让他们到汽车里取回 "Tom Stilton" 声称忘在车里的公司证件。

打完电话后，在这两人离开大楼前，应该有一个保安陪着他们，跟他们一起走到汽车跟前，记下车牌上的号码。如果他观察足够仔细的话，就会注意到车牌(攻击者在跳蚤市场上买的那个)没有一个有效的登记贴签——这时就有充足的理由把这两人留下来做进一步的调查。

米特尼克的提示

擅于操控他人的人往往具有非常吸引人的个性。他们通常行动果断，善于言谈。社交工程师也很擅长于转移别人的思路以便让他们跟自己合作。如果认为任何一个特定的人不容易被这种操控能力所左右，那你就低估了社交工程师的技巧和攻击本能。

而一个出色的社交工程师从来都不会低估自己的对手。

10.2　垃圾翻寻

垃圾翻寻这个词是指这样一种行为：通过翻找目标的废弃物，试图发现有价值的信息。通过这种方式能获知的有关目标的信息，其数量是惊人的。

多数人对自己家里丢弃的东西不会考虑很多：电话账单、信用卡结算单、医疗处方的瓶子、银行结算单、工作相关的材料，以及其他更多东西。

在工作中，员工必须意识到，确实会有人通过翻查垃圾来获得对自己有用的信息。

在上中学的时候，我经常在地区电话公司大楼后面的垃圾中翻弄——多数情况下是独自一人，偶尔也跟那些同样有志于了解电话公司的朋友们一起干。一旦成为垃圾翻寻的老手，你就能掌握一些技巧，比如怎样做可以避开那些从洗手间来的袋子，以及戴手套的必要性。

垃圾翻寻并不好玩，但回报却相当可观——公司内部的电话簿、计算机手册、员工名单、指示如何对交换设备进行编程的印刷物等——所有这些都在那里等着你去发掘。

我常把自己的行动安排在新手册发行的那些夜晚，因为这时垃圾桶里会有很多被随意丢弃的旧手册。有时我也会不定期地去那里，寻找那些能提供有用信息的备忘录、信件、报告等。

到达那里后，我找一些纸盒，取出来放在一边。有时会有人来盘问，我就说一个朋友在搬家，我要找一些盒子帮他装东西。保安从来没有注意过那些我放在盒子里要带回家的文件。有时，他们会让我走开，这时我尽管转移到另一个电话公司中心局就可以了。

行话

> 垃圾翻寻：在一家公司的垃圾(通常是在户外而且容易被人接触到的垃圾)中搜寻被丢弃的信息，这些信息或者自身有价值，或者能为社交工程攻击提供工具，比如内部电话号码或职务。

我不清楚如今的情形如何，但在那个时候，要辨别哪个袋子里可能装着有价值的信息是一件很容易的事情。地上的杂物和食堂的垃圾被松散地装在大袋子里，而办公室废纸篓中的垃圾则被装在白色的一次性垃圾袋中，保洁员会一个个拣出来用带子系好。

有一次，在和一些朋友搜寻时，我们找到了几张被人用手撕烂的纸。不仅仅是简单地撕烂：这人还真就费力地把它们撕成了小碎片，然后随手扔到一个五加仑的垃圾袋中。我们带着这个袋子来到当地的一家小吃店，把这些碎片倒在桌子上，然后把它们一块块地拼起来。

我们都喜欢玩拼图游戏，所以这给了我们一个玩大型拼图游戏的挑战机会……，但结果却远不止是小孩子式的回报。拼图完成后，我们得到的是该公司一个关键计算机系统的全部账户名和密码列表。

我们在垃圾翻寻上所付出的风险和努力值得吗？肯定值得。甚至你可能都想象不到，因为风险为零。当时是这样的，现在仍然是这样：只要你不踏入别人的宅院，翻弄别人的垃圾百分之百是合法的。

当然，不仅只有电话飞客和黑客才会在大脑中念及垃圾桶。全国各地的警察部门也经常翻弄垃圾桶，有很多指控，无论是针对黑手党教父，还是针对轻微挪用公款的事件，其部分证据都是从他们的垃圾桶中获得的。情报机构，也包括我们自己，多年来一直使用这种方式。

对詹姆斯·邦德来说，这种手段或许太低级——电影观众更希望看他以计谋来击败歹徒，以及跟漂亮女郎上床，而不是看他跪在垃圾堆里。在现实生活中，当有价值的东西可能混迹于香蕉皮和咖啡渣、报纸和杂货清单中的时候，间谍们是不会拘于如此小节的。尤其是，当这样获取信息不会使他们陷入危险时。

10.2.1　付钱买垃圾

公司也玩这种垃圾翻寻的把戏。2000 年 6 月，报社可找到了大显身手的机会，他们报道说 Oracle 公司(它的 CEO，Larry Ellison，可能是全美国最率直的敢于与 Microsoft 唱反调的人)雇用了一家调查公司，而这家公司在作案时被逮个正着。事情好像是，调查员想从一家 Microsoft 暗中支持的机构 ACT 那里得到垃圾。据媒体报道，这家调查公司派了一位女士向大楼管理员出价 60 美元要 ACT 的垃圾。结果他们拒绝了。第二天晚上她又来了，把价格上升为给清洁工 500 美元，给清洁工的上司 200 美元。

清洁工们不仅拒绝了她，还把她出卖了。

在线记者的领军人物，Declan McCullah，在他的《在线报道》中援引文献中的说法，用"Oracle 在刺探 MS"作标题。《时代》杂志则盯住 Oracle 的 Ellison，干脆用"爱偷窥的 Larry"作为他们的文章标题。

10.2.2　骗局分析

看了我本人和 Oracle 的经历，你可能会纳闷，为什么会有人冒险去偷别人的垃圾。

在我看来，答案是，这样做的风险为零而回报却可能非常可观。不错，试图贿赂大楼管理员也许确实增加了暴露的机会，但如果不怕手被弄脏一点的话，其实根本没必要去贿赂。

垃圾翻寻对社交工程师也有益处。他能够获得足够多的信息来指导自己对目标公司的攻击，包括备忘录、会议日程、信件，以及其他可泄露名字、部门、职务、电话号码和项目安排的资料。从垃圾中能得知公司的组织结构图，获得有关公司内部结构、行程安排等信息。这些信息对内部人员看来也许微不足道，但对攻击者却可能非常有价值。

Mark Joseph Edwards 在他的《Windows NT 因特网安全》一书中提到了"整份报告因为排印错误被丢弃，密码写在纸片上，在外出留言中附上电话号码，尚夹着文件的文件夹，尚未被删除或销毁的软盘和磁带——所有这些都可能帮助潜在的入侵者。"

接下来，他又问，"你的保洁人员都是些什么人？如果你确定保洁人员不能[被允许]进入计算机室，那也不要忘了其余的垃圾桶。既然联邦机构认为有必要检查那些能接触到自己废纸篓和碎纸机的人的背景，可能你也应该这么做。"

米特尼克的提示

你的垃圾可能是敌人瞄准的宝藏。我们在个人生活中往往并不过多地考虑所要丢弃的材料，既然如此，那为什么认为人们在工作中就会有不同态度呢？总之，要让工作人员了解到危险(不道德的人可能正在搜集有价值的信息)和缺陷(敏感信息没有被粉碎或正确地删除)。

10.3　丢脸的老板

星期一早晨，Harlan Fortis 像往常一样到县公路局上班，他说自己离开家时太匆忙所以忘带证件了，对此大家都没有想太多。女保安在这里工作已经两年多了，这两年来每天都看到 Harlan 进进出出。她让他签名领了一个临时员工证，然后他就进去了。

两天以后，坏消息传开了。故事像野火一样在整个局里传播开来。知道消息的人有半数认为这不可能是真的。其他的人不知道是应该开怀大笑呢，还是应该同情这个可怜的家伙。

毕竟，George Adamson 是一个既和善，又富有同情心的人，他算得上是历任局长中最好的一个。这种事情实在是不应该发生在他身上。当然，如果所传言的故事是真实的话。

麻烦是在某个星期五的晚些时候开始的，George 把 Harlan 叫到自己的办公室，用尽可能温和的语气说，从星期一开始 Harlan 就要做一份新的工作。去公共卫生部门上班。对于 Harlan 来说，这无异于被解雇，甚至更糟，他为此感到羞辱。他不能就这样忍气吞声。

当天傍晚，他坐在自家的门廊前，看着回家的车流。后来他看到了邻居家那个叫 David 的男孩骑着机动自行车从中学放学回来，这个男孩被大家称为"战争游戏仔"。他叫住 David，特别给了他一瓶"红色代码山露"饮料，并与他谈一笔交易：一台最新的电视游戏机和六个游戏，交换条件是在计算机方面帮个忙，而且不能对别人讲。

Harlan 解释了自己的计划，但没有告诉他有什么特别的危害，David 答应了。他描述了自己想让 Harlan 做些什么事情。他要买一个调制解调器，然后去办公室找一台附近有空闲电话插孔的计算机并接上调制解调器。再把调制解调器放到桌下，以便别人不太可能注意到。然后是风险最大的部分。Harlan 要坐在这台计算机前，安装一个远程访问软件包，并让它运行起来。在这个办公室工作的人随时都可能会出现，或者其他人从旁边走过时可能会看到他待在别人的办公室里。他紧张得几乎看不懂男孩给他写下的操作指南。但他把一切都做好了，溜出大楼，没人注意到他。

10.3.1　埋下炸弹

当天晚上，David 吃过饭后过来了。两人坐在 Harlan 的计算机

179

前面，几分钟后男孩就拨号连上了调制解调器，进入系统，然后连上了 George Adamson 的机器。没费多大劲，因为 George 从不采取像更改密码这样的安全措施，还总是要这个人或那个人帮他下载文件或者用电子邮件发送文件。久而久之，办公室的每个人都知道了他的密码。

经过一番搜寻，发现了一个名为 BudgetSlides2002.ppt 的文件，男孩把它下载到 Harlan 的计算机上。于是 Harlan 让孩子回家，过两个小时后再回来。

当 David 回来后，Harlan 让他再次连到公路局的计算机系统，把同样的文件放回到他们原来找到的地方，并覆盖掉先前的版本。Harlan 给 David 看了电视游戏机，并许诺说如果一切正常，他第二天就能得到它。

10.3.2 吃惊的 George

你可能想不到会有人对预算听证这样乏味的事情感兴趣，但县议会的会堂里挤满了人，有记者、特殊利益群体的代表、公众代表，甚至还有两个电视台的人。

以前在这类会上 George 总感到有很多危险。县议会掌握着钱袋，如果 George 不能做出有说服力的陈述，公路局的预算就会被大幅度削减。然后大家就会抱怨路上坑坑洼洼、交通灯坏了没人管、岔路口太危险，把责任都归到他身上，那么接下来的一整年他都过不安宁。但这天晚上轮到他介绍时，他充满自信地站起来。他在这份陈述和 PowerPoint 图片上花了六个星期，已经对他的妻子、局里的高层人员和一些自己敬重的朋友们试讲过。大家都认为这是他做得最好的一份陈述。

前三个 PowerPoint 图片效果很好。作为一个过渡，每个议员都集中了注意力。他有效地阐述了自己的观点。

突然，事情全变糟了。第四幅图片应该是去年刚开通的新公路延长线上的壮丽日落画面，但它现在却成了另一个东西，而且很令人尴尬，像是一幅刊登在 *Penthouse* 或 *Hustler* 这样的成人杂志上的图片。他听到人群中有人惊叫，赶紧点击笔记本电脑的鼠标，换到下一幅图片。

这幅更糟。一切都裸露无遗。

他还想接着点下一幅图片，但有听众把幻灯机的电源拔掉了，主席用槌子使劲敲着，在一片喧闹声中宣布会议延期。

10.3.3　骗局分析

利用小青年的黑客技能，一个心怀不满的员工设法进入了部门头头的计算机，下载了一个重要的 PowerPoint 演示文件，把其中几页换成了几乎肯定可以致人尴尬的图片。然后把演示文件放回到那人的计算机上。

通过把调制解调器插在电话插孔中并连接到办公室的一台计算机上，年轻的黑客就可以从外部拨号接入。他预先安装了远程访问软件，所以，一旦他连接到这台计算机上，就能访问整个系统上的所有文件。因为这台计算机连接到了公司的网络上，而且他已经知道了老板的用户名和密码，所以他能轻易地访问到老板的文件。

包括花在搜寻杂志图片上的时间，这个过程仅仅用了几个小时。结果却是一个好人的名声受到了极其严重的损害。

米特尼克的提示

大多数被调换工作岗位、开除或在公司裁员过程中走人的员工都不会造成问题。但只要其中有一个，公司就会意识到自己本来可以采取一些措施，但那时已经晚了。

经验和统计数据已经清楚地表明，对企业最大的威胁来自"内部人员"。内部人员知道有用的信息放在何处，以及从哪里发动攻击能够给公司带来最大威胁。

10.4　寻求升迁的人

在一个凉爽宜人的秋日，快到中午时分，Peter Milton 走进 Honorable 汽车配件公司 Denver 办事处的大厅，这是一家专为机动车售后市场提供零部件的全国性公司。他在前台等候的时候，那位年轻的女士正在登记一位来访者，同时指示打电话的人开车该怎么走，还在跟卖 UPS 的人砍价，所有这些事情几乎都是同时进行的。

"你怎么学会同时做这么多事情的？"当她抽出时间来招呼他时，Peter 说。她笑了，显然，她很高兴别人注意到这一点。他告诉她，自己是 Dallas 办事处市场部的，今天来这里与 Atlanta 区域销售部的 Mike Talbotth 会面。"今天下午我们要一起去见一个客户，"他解释说。"我就在这里的大厅等着。"

"市场销售！"她说到这个词时，用的是一种近乎渴望的语气。Peter 微笑着看着她，等着她继续说下去。"如果我能读大学，我就会选这个专业，"她说。"我喜欢做市场工作。"

他又笑了。"Kaila，"他说，从柜台的署名卡上知道了她的名字。"在 Dallas 办事处有一位女士，她先前是一个秘书，但设法转到了市场部。这是三年前的事情了，现在她成了市场部经理的助理，薪水是以前的两倍。"

Kaila 眼里充满了幻想。他接着说，"你会用计算机吗？"

"当然会，"她说。

"如果我把你的名字放到市场部秘书工作的候选名单中，你愿意吗？"

她乐了，"为此我甚至要搬到 Dallas 去。"

"你会喜欢 Dallas 的，"他说。"我不能马上就许诺给你一个位置，但我会看看能做些什么。"

她想，这位穿西服、戴领带，头发梳得整齐发亮的好心人可能会给自己的工作带来巨大变化。

Peter 坐在大厅对面，打开笔记本开始工作。大概过了十到十五分钟，他又回到柜台前。"打扰一下，"他说，"看起来 Mike 一定被什么事情给绊住了。这里有没有一间会议室，可以让我在等他的时候坐下来查一下电子邮件？"

Kaila 打电话给负责协调安排会议室日程的人，然后安排 Peter 使用其中尚未被预定的一间。按照从硅谷的公司学来的做法(Apple 可能是第一家这么做的公司)，有些会议室的名字采用了卡通人物，另一些则是连锁饭店、电影明星或漫画书中的英雄人物。Kaila 告诉他去找米老鼠会议室。她让他签到，并告诉他怎样找米老鼠。

他找到了那间会议室，坐下来，把自己的笔记本接到了以太网端口上。

你现在明白这是怎么回事了吗？

没错——攻击者连接到公司防火墙之后的网络中了。

10.4.1　Anthony 的故事

与其说 Anthony Lake 是一个懒惰的生意人，倒不如说他"不正派"更贴切。

他决定不再为别人打工，而要自己创业。他想开一家店铺，这样就能够整天呆在一个地方，而不必在乡下四处奔波。他只想要一份能尽可能保证让他赚钱的生意。

开什么店呢？没多久他就想明白了。他知道怎样修汽车，就卖汽车配件吧。

但怎样才能保证成功呢？答案在他脑中一闪而过：说服汽车配件批发商 Honorable 汽车配件公司把自己所需的配件以成本价卖给自己。

他们自然不甘心这么做。但 Anthony 知道怎样骗人，他的朋友 Mickey 懂得怎样侵入别人的计算机。他们一起制定了一个巧妙的方案。

秋季的那一天，他乔装打扮成一名叫作 Peter Milton 的员工，在得到了对方的信任后，设法进入了 Honorable 汽车配件公司的办事处，把自己的笔记本连接到了他们的网络上。至此一切都正常，但这只是第一步。接下来要做的事情可不简单，特别是 Anthony 给自己的时间限制是 15 分钟——他认为时间再久的话，被发现的可能性太大了。

在先前的一个电话中，他借口说自己是来自他们计算机供应商的一名支持人员，并在电话中胡编乱造。"你们公司购买了一项为期两年的支持计划，我们要把你放到数据库中，这样我们就能知道你们所用的软件程序什么时候出了补丁或更新版本。所以我需要你告诉我都在使用哪些应用软件。"对方给了他一个程序列表，有一个做会计的朋友向他指出，其中一个被称为 MAS 90 的程序可以作为攻击目标——这个程序中有他们的供应商名单和每个供应商的折扣及付款事项。

有了这一关键知识，他马上使用一个软件程序来找出所有正在网络上工作的主机，不一会儿就找到了会计部门所用的服务器。他从笔记本上的黑客工具箱中选了一个程序运行起来，用它找出了目标服务器上所有的授权用户。接着，他用另一个程序尝试了一些常用的密码，如"blank"和"password"本身。就是"password"。不必惊讶。人们在选择密码的时候，总是丧失了所有的创造力。

仅过了六分钟，事情就成功了一半。他进去了。

接下来的三分钟，他小心翼翼地把自己新公司的地址、电话号码和联系人姓名添加到顾客名单中。然后是最关键的一项，也是此行的根本所在，这一项的内容说明了所有商品以 Honorable 零部件 1%的价格卖给他。

不到十分钟，他就做完了这一切。他又停留了一会儿，向 Kaila 道谢说查完自己的电子邮件了。他跟 Mike Talbot 也联系上了，计划有所改变，会议改在了客户的办事处，他现在就要赶过去。临走还提到，他不会忘了推荐她去市场部工作的事情。

米特尼克的提示

要训练自己的员工不要单凭一本书的封面来判断这本书——一个人衣着考究并不意味着他比别人更可信。

10.4.2　骗局分析

这个自称为 Peter Milton 的入侵者使用了两种心理学上的颠覆技术，一种是事先计划好的，另一种则是即兴发挥。

他穿戴得像是一名收入不菲的管理人员。西服领带、发型讲究——这些看起来像是很小的细节，但能给人留下一个好印象。我是在无意中发现这一点的。我曾在加利福尼亚州 GTE 做过一小段时间的程序员——GTE 是一家较大的电话公司，但现在已经不存在了——我发现如果有一天我不带证件来上班，穿戴整洁但随意——比如说，运动衫、斜纹棉裤、Dockers 品牌的鞋——我就会被拦住受盘问。你的证件呢？你是谁？在哪儿工作？换了另一天，我来时还是不戴证件，但穿着西服、打着领带，看起来很有在公司工作的派头。我利用一种古老的搭便车的技术，当一群人要走进大楼或者安全入口时，我混入其中，就在到达大门口时，我缠住某个人，边聊边走进去，就像自己是他们当中的一员。就算门卫注意到我没带证件，他们也不会介意，因为我看上去是个管理人员，而且跟我在一起的人都戴着证件。

通过这次经历，我认识到保安的行为是多么容易预测。跟其他人一样，他们也是根据人们的外表来做出判断——这是一个严重弱点，社交工程师们学会了怎样利用这个弱点。

在注意到前台接待员不同寻常的表现后，攻击者使用了第二种心理学武器。尽管同时要处理几件事情，但她并没有表现出不耐烦，而是设法让每个人都感到自己得到了充分关照。他看到了这一点，认为这是一个人追求上进和证明自身能力的一种标志。他随后称自己在市场部门工作，然后观察她的反应，看是否有迹象表明自己和她建立起了和谐关系。他发现确实是这样的。对于攻击者，这意味着又多了一个可以利用的人，只要许诺尽量帮她转到一个更好的工作岗位上就能够控制她(当然，如果她说想去会计部门，他也会说自己有关系可以帮她在那边找到工作)。

攻击者还喜欢另一种心理学武器，在这个故事中他也用到了：分两个阶段来建立信任关系。他首先在闲聊中提到市场部的工作，然后采用"高攀名人"的做法——顺便提及另一个人的名字，这也是某一真实职员的名字，正如同他自己所用的名字一样。

本来他可以立刻要求到会议室去。但他却坐下来假装工作了一会儿，让人觉得他是在等自己的伙伴。这是打消怀疑的另一种方式，因为攻击者不会这么慢吞吞的。当然，他不会这么待太久。社交工程师知道，除非确实需要，否则不要在犯罪现场停留太久。

需要指出的一点是：直到撰写本书时，按照法律，Anthony 在进入大厅时没有触犯法律。当他使用另一真实员工的姓名时，也没有触犯法律。当他说服别人让他进入会议室时，也没有触犯法律。当他连接到公司的网络并查找目标计算机时，仍未触犯任何法律。

直到他真正闯入了公司的计算机系统后，他才触犯了法律。

米特尼克的提示

允许陌生人进入到一个可以用笔记本接入到公司网络的区域，会增加引发安全事件的危险性。员工要求到会议室查看自己的电子邮件是完全合理的，尤其对于那些外地的员工更是如此。但除非能证明造访者是可信任的员工，或者网络已被隔离从而可以防止未经授权的连接，否则这是一个易使公司的文件受到威胁的薄弱环节。

10.5　居然窥视凯文

很多年以前，我曾在一家小公司工作。那时我跟其他三位 IT 部门的计算机同事合用一间办公室，我开始注意到，每次当我走进办公室时，有一个家伙(这里我称他为 Joe)赶紧把自己的计算机屏幕切换至其他窗口。我立刻意识到这里面有问题。因为这种事情在一天里发生了两次还不止，我判断肯定有什么事情在发生，而且这件事情我应该知道。这家伙为什么要瞒着不让我知道。

Joe 的计算机充当着访问该公司小型机的一个终端，所以我在 VAX 小型机上安装了一个监控程序，这样我就能监视他在做什么。这个程序就像一台电视摄像头一样，在他的肩膀上方拍摄，从而清楚地告诉我他正在自己的计算机上看什么。

我的座位就在 Joe 旁边。我把显示器转过去，尽量能遮住他的一部分视线，但他还是能够随时向这边张望，可以看到我在监视他。不过，这不是一个问题：他太入迷了，根本就不会注意到。

眼前的情景让我张大了嘴巴。我看呆了，这个混蛋居然调出了我的工资材料。他在调查我的工资！

那时我刚进这家公司没几个月，我猜 Joe 大概受不了我可能比他挣得还多。

几分钟后，我看到他在下载一些黑客工具，这是那些经验不足、不知道如何自己编写这些工具的人才使用的工具。所以说 Joe 在这方面是低能的，他不会想到全美国最有经验的黑客之一就坐在他身边。我想这真是太滑稽了。

他已经知道了我的工资信息，要阻拦他已经太迟了。况且，任何能使用计算机接入国税局或社会保险管理局的人都能查出你的薪水。我可不想向他摊牌，不希望他知道我已经看到了他的所作所为。那时我的主要目的是保持低调，因为一个好的社交工程师不会炫耀自己的能力或知识。他们总是希望自己被别人低估，而不愿意被视作威胁。

　　所以我就让这件事情过去，心里暗笑 Joe 认为他知道了我的秘密，实际上却是另外一回事：我知道他做了什么，所以实际上我占了上风。

　　过了一段时间，我发现自己的这三位 IT 部门的同事喜欢查看这个或那个可爱的秘书的实得工资，或者(组里的那个女孩喜欢查看)穿戴整齐的帅哥的实得工资。他们还都掌握了自己感兴趣的公司人员的工资和奖金，包括高级管理层。

骗局分析

　　这个故事显示了一个很有趣的问题。那些负责维护计算机系统的人能够访问工资文件，所以这归结为一个人事任用问题：决定哪些人是可以信任的。有些情况下，IT 部门的员工忍不住要四处窥探，而且他们有这个能力，因为他们可以利用特权绕过对这些文件的访问控制。

　　一个预防措施是，每次访问特殊的敏感文件时都进行审计，比如工资文件。当然，任何有适当权限的人都能禁止掉审计功能，或者删除掉可能指向自己的记录，但是，每增加一个步骤，那些不道德的员工都要耗费更多的精力来掩盖自己的行为。

10.6　预防骗局

　　从翻弄你的垃圾到欺骗保安或前台，社交工程师能够从物理上侵入你公司的领地。让人高兴的是，你总是可以采取一些预防措施。

10.6.1　非工作时间时的保护

　　应该要求所有未佩戴证件上班的员工在大厅的柜台前或保安室领取一张临时证件供当天使用。在本章第一个故事中，如果公司的保安在碰到有人未按要求携带员工证件时，有一系列明确的步骤可以遵循，那么故事就会是另外一种完全不同的结局。

如果在整个公司或者公司的某些区域，安全不是一个要着重考虑的因素，那么，坚持每人都随时把证件佩戴在明显的部位可能不是那么重要。但对于一个有敏感区域的公司，则必须有一个强制严格执行的标准。应教育和鼓励员工盘问那些没有佩戴证件的人，高层员工必须学会接受这样的质疑，不要让拦住自己的人感到尴尬。

公司的政策应当包括，告诫员工常忘戴证件会有哪些惩罚。惩罚措施有可能是：让员工这一天不用再上班了，也不给他发这一天的工资；或者记录在他的人事档案中。有些公司制定了一系列越来越严厉的措施，比如把问题报告给这个人的经理，或者提出正式警告。

另外，如果有敏感信息需要保护，公司就应当制定规章，就如何授权人们在非工作时间来办公室做出具体规定。一个解决方案是：让公司安全部门或其他某个指定的小组来负责安排相关的事宜。当员工打电话要求在非工作时间来办公室时，这个小组要按照规定，打电话给这名员工的上司或采用其他适当的安全措施来验证他的身份。

10.6.2　对垃圾要有足够的重视

垃圾翻寻的故事揭示了你公司的垃圾被别人不正当利用的可能性。关于垃圾要考虑八个关键问题：

- 根据敏感程度对敏感信息进行分类。
- 制定出适用于整个公司范围的、有关丢弃敏感信息的规章制度。
- 在丢弃敏感信息前一定要先做粉碎处理，对小得无法粉碎的，也要给出一种安全的处理方法。碎纸机不能用便宜的低档产品，这样的碎纸机只能碎成一条条的纸带，有毅力的黑客只要有足够的耐心就能拼起来。应该用那种交叉式碎纸机，或能将纸片弄成碎末或纸浆的那种碎纸机。

- 提供一种方法：在把计算机介质丢弃前，能将其变得不可再
  用或完全删除。这里的计算机介质包括用于存储文件的软
  盘、Zip 盘、CD 和 DVD，以及可擦写磁带、旧硬盘和其他
  介质。记住，删除文件并不意味着真的将其删掉了；它们仍
  可以被恢复——安然(Enron)公司的管理层和其他许多人已
  经经受了由此而带来的沉痛教训。简单地把计算机介质扔
  到垃圾箱里，无异于在向当地友好的垃圾翻寻者发出邀请
  (在第 16 章中，你可以找到有关如何处理介质和设备的指导
  建议)。
- 在选择清洁工成员时，要保持适当的控制力度。必要时可以
  进行背景审查。
- 经常提醒员工，在丢垃圾时要想一想这些材料的性质。
- 把垃圾翻寻者拒之门外。
- 处置敏感信息时使用单独的箱子，跟有担保的专业公司签
  约，让他们来处理这些材料。

10.6.3 向员工说再见

前面已经提到过，当员工离职时，如果他曾经访问过敏感信息、
密码、拨号接入号码等等，那么采取严格的规程就很有必要。安全
规程中必须提供一种办法能够记录下谁对各种系统有哪些权限。要
想防范顽固的社交工程师绕过你的安全壁垒可能是非常困难的，但
要防范以前的员工也并不轻松。

另一个很容易被忽视的步骤是：如果一名员工有权从存储库中
提取备份磁带，那么当他离职时，必须立即以书面方式要求存储服
务公司把该员工的名字从授权名单中删除。

第 16 章将给出有关这一重要话题的详细信息。不过，在这里
列出某些应该采取的主要安全措施(正如本章的故事中所指示的那
样)是有益的：

- 员工离职手续的每一个步骤都应该完全和详细地列出来,对于曾经接触过敏感信息的员工应该有特殊条款。
- 有政策保证立即停止员工的计算机访问权——最好是在该员工还没有离开办公大楼时。
- 有一道手续收回他的身份证件,以及任何钥匙和电子访问设备。
- 按照条款规定,保安在允许没戴安全证件的员工进入前,必须先检查带有照片的证件,并把他的名字跟公司的名单对照以验证他是否仍是公司的职员。

更进一步的步骤对于有些公司好像显得有点多余或者代价太高,但对于其他公司可能正适合。这些更严格的安全措施包括:

- 在入口处设立扫描器结合电子身份证;每个员工要把自己的证件放在扫描器上刷一下,扫描器立刻就能判定他是否还在公司工作,是否有权进入(不过,请注意,保安仍要当心搭便车的行为——未经授权的员工跟在合法员工的后面混进去)。
- 与离职人员在同一小组工作的员工更改他们的密码,这是必要的,尤其当这个人是被解雇时(听起来是否太极端了? 我曾在通用电话公司工作了一小段时间,过了很多年之后,我了解到,当太平洋贝尔电话公司的安全人员听说通用电话公司曾经雇用过我时,"笑得直不起腰来。"但通用电话公司做得可取的一点是,当他们把我解雇后意识到自己雇用了一个著名的黑客时,他们要求公司中的每个人都要更改密码!)

你不希望自己的公司搞得像一座监狱,但同时你也需要防范那些昨天被解雇,今天又想回来搞破坏的家伙。

10.6.4　不要忽略任何人

安全政策总是很容易忽略那些低级别的员工,比如不接触公司敏感信息的前台接待人员。我们在别处已经看到了前台经常会成为攻击者的目标，而发生在汽车配件公司的闯入事件则给出了另一种类型的例子：举止友好、从穿戴看像是专业人士、自称来自异地部门同事的人可能并不是表面上的那样。公司必须通过培训使前台接待人员充分意识到，在必要时，要有礼貌地请求别人出示公司身份证件。而且培训不能只针对主要的前台接待人员，每个在午饭或休息时间坐在这一位置上的员工都应该受到培训。

对来自公司外部的访客，按照公司的政策规定，他必须出示带照片的身份证件，并且要登记有关的信息。弄到假证件并不难，但至少对于想要入侵的潜在攻击者来说，索要证件使得他在某种程度上增加了找借口的难度。

在有的公司中，有些规定是必要的，比如，当访客从接待室到会客室，或者从一个会客室到另一个会客室时必须有人陪同。在安全章程中必须明确规定，陪同人员在带这位访客会见他约见的第一个人时，要让这位接待的员工知道，这位访客是以员工还是非员工的身份进来的。为什么这一点很重要？因为，就像我们在前面的故事中所看到的，攻击者对自己遇到的第一个人谎称是一种身份，对另一个人又换了另一种身份。对攻击者来说，在大厅前台让接待员相信自己有个约会，比如说与一位工程师约好的……被带到工程师的办公室后又声称自己是其他公司的代表，想把某种产品卖给公司……然后，在与工程师谈完后，就可以自由地在办公楼内游荡——这一切简直太容易了。

在允许异地员工进入前，必须按照适当的程序确认这个人确实是自己的员工。前台接待员和保安必须了解，攻击者为了进入公司的办公楼，可能会用哪些方法假装自己是公司的员工。

对于那些设法混入大楼、并把自己的笔记本插到公司防火墙后面的端口上的人又该如何对付呢？在如今的技术条件下，这确实是一个挑战：会议室、培训室和类似区域内的网络端口不应该不加保护，而应该通过防火墙或路由器加以保护。但更好的保护措施是，在用户接入网络前，采取某种安全的方法认证其身份。

10.6.5 安全的 IT!

告诫各位内行人士：在你的公司里，IT 部门的每个员工都可能知道或者可以轻易地发现你挣多少，CEO 的薪水如何，谁使用公司的飞机去滑雪度假。

在某些公司，做 IT 或会计工作的人甚至有可能给自己涨工资，付钱给虚构的供应商，从人事纪录中删除负面的评价，等等。有时仅仅是因为害怕被抓住他们才保持了诚实……直到有一天贪婪或人性中的不诚实使他(或她)铤而走险。

当然，解决办法是有的。可以为敏感文件设置恰当的访问控制，使得只有授权人员才能打开它们。有些操作系统有审计控制，经过设置后可以就某些特定的事件维护一份纪录，比如当某人试图访问受保护的文件时，不管成功与否，都会留下记录。

如果你的公司能意识到这个问题，并对敏感文件采取了正确的访问控制和审计措施，那么你就朝着正确的方向迈进几大步了。

第11章

技术和社交工程的结合

社交工程师有能力操纵别人，使他们帮助自己达成目标，这是他们的生存之道。但是，他们的成功通常也依赖于计算机和电话系统方面的大量知识和技能。

下面是一个典型的社交工程骗局，其中技术扮演了很重要的角色。

11.1 在狱中作黑客

要防范入侵，不管是物理的、电信的还是电子的，你能想到的最安全的设施是什么？Fort Knox(诺克斯堡金库)？当然。白宫？肯定是。NORAD，深埋在一座山底下的美国防空设施？几乎肯定是。

联邦监狱和拘留中心怎么样？它们几乎肯定是全国最安全的地方，对吧？很少有人从那里逃出去，就算逃出去了，很快也会被抓回来。你可能会认为，这样的联邦机构在面对社交工程攻击时应该不会出什么问题吧。但你可能错了——任何地方都不会有百分之百的安全。

几年前，两个职业骗子卷入到一个案件中。原来他们从当地的一个法官那里骗了一大笔钱。这两人多年来一直断断续续地干一些违法的事，但这次联邦机构插手了。他们逮捕了其中叫 Charlie Gondorff 的一个，并把他关进了圣地亚哥附近的一个教改中心。联邦法官以他可能逃跑和危害公众为由把他拘捕了。

他的同伙 Johnny Hooker 知道 Charlie 需要一位好的辩护律师。但钱从哪里来呢？像大多数职业骗子一样，他们一旦骗到钱，就花在昂贵的衣服、豪华汽车和女人上面了。Johnny 的钱勉强够维持生活。

请一个好律师的钱得靠另一场骗局。可 Johnny 自己干不了，因为在他们两个人之中，Charlie Gondorff 是智囊，他们每次行骗都是 Charlie Gondorff 出的点子。但 Johnny 不敢去拘留中心问 Charlie 该怎么办，因为联邦机构已经知道参与行骗的是两个人，正急于抓住另一个。更有甚者，只有家庭成员才能会见 Charlie，这意味着他得设法出示假身份证，并声称自己是其家庭成员。在联邦监狱里使用假身份证，这听起来不是一个明智的主意。

不行，他一定得想出其他办法来跟 Gondorff 联系上。

这可不容易。被关在联邦、州或当地监狱中的人都不能接听电话。在联邦拘留中心，每个供犯人使用的电话上都贴着"敬告使用者，该电话中的所有谈话都可能被监听，你一旦使用了本电话，即意味着同意接受监听。"让政府官员监听到你在电话中讨论下一步犯罪计划，这等于是在延长自己的由联邦出资的度假计划。

但 Johnny 知道，有些特殊的电话不会被监听：比如犯人与律师之间的谈话，这是宪法所保护的客户-律师通讯。事实上，关押 Gondorff 的机构就有直接连接到联邦公共辩护人办公室(Public Defender's Office，简称 PDO)的电话。拿起其中的一部电话，就直接连到了 PDO 办公室的相应电话上。电话公司把这叫做"直接连接"。当局认为这种服务是安全的，不会受到攻击，因为打出去的电话只能到达 PDO，而进来的电话会被阻挡住。就算有人想办法弄到了电话号码，在电话公司的交换机上这类号码被称作"拒绝终端(deny terminate)"，这一不雅的术语用于专指禁止打入的电话服务。

即使是半瓶子醋的职业骗子也精于欺骗之道，Johnny 认为这个问题肯定有克服的办法。在里面，Gondorff 已经尝试着拿起一部 PDO 电话，说，"我是电话公司维修中心的 Tom。我们正在对这条线做测试，需要你试拨九，然后拨零-零。"九会接到外线上，零-零则接到长途运营商。行不通——POD 那边接电话的人已经知道了这个把戏。

行话

　　直接连接：电话公司内部的术语，专指那种一拿起电话就直接连到某一特定号码的电话线路。

　　拒绝终端：电话公司提供的一种服务。通过在交换机上的设置，使得对特定号码，所有电话都打不进来。

Johnny 做得比较成功。他很快发现拘留中心有十个房间单元，每个房间都有直接连接的电话线通到公共辩护人办公室。Johnny 遇到了一些障碍，但作为一个社交工程师，他设法绕过了这些讨厌的绊脚石。Gondorff 在哪个单元？他那里的直接连接服务的电话号码是多少？他怎样才能给 Gondorff 通上第一个电话而不会被监狱官员监听到？

在一般人看起来不可能的事情，比如得到联邦机构中的秘密电话号码，对于有经验的骗子来说，很可能只不过是打几个电话的事情。经过几个晚上躺在床上翻来覆去的筹划，Johnny 有一天早晨醒来时终于想清楚了整个计划，分五个步骤：

首先，他要找出通到 PDO 的十部直接连接电话的号码。

他要让这十部电话都改为允许电话打进来。

他要找到 Gondorff 在哪个房间单元。

然后他要弄清楚哪个电话号码接到那个单元。

最后，他要安排 Gondorff 何时等他的电话而不至于引起政府的怀疑。

小事一桩，他想。

11.1.1　打电话给 Ma Bell(AT&T)

Johnny 打电话给当地的电话公司商务办公室，谎称自己来自负责为联邦政府采购货物和服务的总务管理局(General Service Administration)。他说自己正在执行一项有关附加服务的采购计划，需要知道目前正在使用的直接连接服务的费用情况，包括圣地亚哥拘留中心所使用的电话号码和每月的费用。接电话的女士很乐意帮忙。

为了确认，他试着拨其中的一条线路，听到的是典型的录音，"本线路连接已断开或不再使用"——他知道实际上不是这么回事，这条线路已被经过编程，禁止电话打入。这正是他所希望的。

根据自己对电话公司的运营和办事程序的深入了解，他知道，自己必须联系一个称为最新更改记忆管理中心(Recent Change Memory Authorization Center)或 RCMAC 的机构(我一直纳闷是谁起的这些名字！)。他打电话给电话公司的商务办公室，说自己是维修中心的，需要知道某一 RCMAC 的号码，并给出了该 RCMAC 服务区的区号和前缀——这些号码跟拘留中心的线路属于同一个中心局。这是一个常规的请求，现场工程师需要帮助时通常会提出这种请求，接电话的职员毫不犹豫地告诉他了。

他打电话给 RCMAC，报上了一个假名，仍然称自己是维修中心的。他从先前通过商务办公室骗到的几个号码中选了一个，让接电话的那位女士查一查。查到后，Johnny 问，"这个号码被设置成拒绝终端了吗？"

"是的，"她说。

"哦，难怪客户不能接电话！"Johnny 说。"你能不能帮我一个忙。我需要你改变这条线路的分类代码或者把拒绝终端的功能去掉，可以吗？"她停下来检查另一个计算机系统，以确认是否有一个服务申请单批准了这一更改。她说，"这个号码应该被限制为只允许拨出电话。这里没有服务申请单要求做这样的改变。"

"好吧，这里是有一点差错。我们应该在昨天提出申请，但平常负责这个客户的人生病在家，忘了交代别人替她处理这件事情。现在客户肯定正在生气呢。"

女士沉默片刻，思索着这个不寻常的、不合操作规程的请求。她说，"好吧。"他能听到她在敲键盘输入更改命令。几秒钟后，改完了。

坚冰融化了，现在从某种意义上讲他们是在合谋。Johnny 体会到了女士的态度，感觉到她乐于帮忙，于是毫不犹豫地利用了这一点。他说，"再占用你几分钟时间，帮个忙好吗？"

"好的，"她回答。"你需要什么？"

"这家客户还有其他几条线路也存在同样的问题。我把号码读给你听，把它们都设置成非拒绝终端模式——好吗？"她说没问题。

几分钟后，所有十条电话线都被"更正"成可接受电话打入。

11.1.2　找到 Gondorff

下一步，找出 Gondorff 在哪个房间单元。拘留中心和监狱的管理人员肯定不希望让外界知道这种信息。Johnny 还得依靠自己的社交工程技能。

他给另一个城市的联邦监狱打电话——他打给迈阿密，事实上任何一个都可以——声称自己来自纽约的拘留中心。他要求与监狱中负责岗哨计算机的人接听电话，所谓岗哨计算机(Sentry computer)，是一种计算机系统，其中包含全国各地监狱当局所关押着的犯人的信息。

当那人接电话时，Johnny 操起了他的布鲁克林口音。"你好，"他说，"我是纽约 FDC 的 Thomas。我们跟岗哨计算机的连接老断，你能帮我查一个犯人的关押位置吗？我想他可能在你们这里。"并给出了 Gondorff 的名字和他的登记号码。

"不，他不在这里，"过了一会儿，那人说。"他在圣地亚哥的教改中心。"

Johnny 装作很惊讶。"圣地亚哥！他应该在上个礼拜就被联邦执法官的紧急空运飞机转到迈阿密去了！我们是在谈论同一个人吗——这家伙的 DOB(出生日期)是什么？"

"12/3/60，"那人从显示屏上读出来。

"对啊，就是这个人。他住在哪个房间单元？"

"北边十号，"那人说——很显然，一个在纽约监狱工作的员工没有理由需要知道这些，尽管如此，他想都没想就轻率地回答了。

现在，Johnny 已经让那些电话能够接听来电，并且知道 Gondorff 在哪个房间单元。下一步，他要找出哪个电话号码连接到北边十号房。

这一步有点困难。Johnny 拨通了其中一个号码，他知道电话的振铃已经被关掉了，没有人知道电话在响铃。所以他在那里一边读着 Fodor 的欧洲主要城市旅游指南，一边听着喇叭不停地响，直到有人拿起电话为止。很自然地，另一端的犯人肯定在试图与法庭为自己指定的律师取得联系。Johnny 用了对方所期待的回答，"这里是公共辩护人办公室，"他自报家门。

那人要求见自己的律师，Johnny 说，"我去看看他在不在，你是哪个房间单元的？"他记下了对方的回答，按了通话保留键，半分钟后回来说，"他在出庭。你得晚点儿打过来，"然后挂断了。

他已经花了大半个上午的时间，但这还不算太糟糕；他的第四次尝试就接通了北边十号。这样 Johnny 就知道了 Gondorff 所在单元中连接到 PDO 的电话号码。

11.1.3　对好时间

现在要给 Gondorff 送出一个信息，让他知道什么时候拿起这部将犯人和公共辩护人办公室直连起来的电话。听起来好像很困难，实际上却容易得多。

Johnny 打电话给拘留中心，用官方的语气说自己是中心的员工，要求把电话转到北边十号。电话被转过去了。那里的教改官员拿起电话后，Johnny 利用一个只有内部人员才使用的简称(即接收和释放部门，Receiving and Discharge，简称 R&D)来蒙骗他，该部门既负责接收新来的犯人，也负责把犯人送出去。"我是 R&D 的Tyson，"他说。"我要跟一个叫 Gondorff 的犯人讲话。我们这里有一些他的东西，需要他告诉我们该送到什么地址。你能把他叫到电话旁边来吗？"

Johnny 能听到看守在休息室里喊。经过几分钟不耐烦的等待后，一个熟悉的声音在电话中想起。

Johnny 告诉他，"你先不用说话，等我解释完这是怎么回事后再说。"他解释了自己所用的借口，这样听起来好像 Jonny 在讨论应该把什么东西送到哪里去似的。随后 Johnny 说，"如果今天下午一点钟你能联络公共辩护人办公室，就不用回答了。如果不能，那么请说一个你能在那里的时间。"Gondorff 没有回答。Johnny 继续，"好的。那就一点钟。我会在那时打电话给你。拿起电话。如果接通了公共辩护人办公室，那就每隔 20 秒钟按一下电话机的钩键。直到你听到我在电话铃另一端为止。"

一点钟，Gondorff 拿起了电话，Johnny 已经在那里等着他。他们愉快地、不紧不慢地聊起来。后来他们又用这种方式打了几个电话，策划出为 Gondorff 的律师费筹钱的骗局——所有这一切都没有受到政府的监听。

11.1.4　骗局分析

这个故事给出了一个极佳的例子，它展示了社交工程师怎样通过一系列的欺骗，使不可能发生的事情成为事实。在他欺骗的几个人当中，每个人都做了一件本身并不起眼的事情。但每件事都解决了问题的一小部分，直到骗局成功。

电话公司的第一个员工认为自己把信息给了来自联邦政府总

务管理局的人。

第二个员工知道自己不应该在没有服务申请单的情况下改变电话服务的分类代码，但最终还是帮了这个言谈友善的男子的忙。这使得给拘留中心的所有十条连接到公共辩护人办公室的电话线有可能接听打入的电话。

在迈阿密拘留中心的人看来，其他联邦机构的人遇到计算机问题时向他们请求帮助是完全合理的。尽管他好像没有理由要知道房间号码，但为什么不回答这个问题呢？

北边十号的看守认为打电话的人确实来自同一拘留中心，他是为了公事才打来的。这是一个完全合理的请求，所以他叫犯人Gondorff接电话。算不上什么大事。

一连串精心策划的故事叠加在一起，完成了这场骗局。

11.2　快速下载

从法学院毕业十年之后，Ned Racine 看到自己的同学住上了前面有草坪的豪华房子，加入了某个乡村俱乐部，每周打一两次高尔夫球，而自己还在为那些无钱支付律师费的人打无关紧要的小官司。嫉妒心是一种可怕的东西。终于有这么一天，Ned 受不了了。

他过去有一个非常不错的客户，是一家专做兼并和收购的会计公司，虽然其规模很小，但公司做得非常成功。他们聘请 Ned 没有多久，虽然时间不长，Ned 就意识到，这家公司所涉及的业务一旦公诸媒体，必会影响一两家上市公司的股票价格。尽管这些股票只是小额的公告牌股，但从某种角度来看，这样的股票更有投资价值——价格的轻微上扬就意味着较大百分比的投资回报率。要是他能够偷看到他们的文件，知道他们在做些什么，那该多好。

在他认识的人当中，有人认识一个极其擅长于非主流事物的人。这人听取了 Ned 的计划后很感兴趣，同意帮这个忙。他只收取比平时低得多的费用，但要求 Ned 把在股票市场上赚的钱分他一部分，然后他告诉 Ned 该怎么办。他还给了 Ned 一个刚刚上市的小巧玲珑的设备。

接连几天，Ned 都在一个小的商业停车场观察，会计公司的办公楼看起来像是商店店面，一点也不张扬。大多数人在 5:30~6 点之间离开。到了 7 点钟，停车场已经空了。清扫人员 7:30 左右过来。太好了。

接下来的那天晚上，Ned 在快到 8 点的时候把车停到了停车场的对面。正如他所料，停车场上只有保洁公司的卡车。Ned 把耳朵贴在门上，能听到真空吸尘器的声音。他使劲地敲门，然后站在那里等着，当时他穿着西服领带，手里拿着有点发旧的公文包。没人回答，但他很有耐心，又敲了一次。最后从保洁队伍中出来一个人。"嗨，"Ned 隔着玻璃门喊道，拿出了早先某个时候从合作伙伴那里拿的一张名片。"我把钥匙锁在车里了，我要到我的办公座位上去。"

那人打开门，让 Ned 进来后又锁上，然后一路走过过道把灯打开，这样 Ned 能看清楚要去的地方。为什么不呢——毕竟他是这家为他们提供了衣食饭碗的公司的一个员工。他这样想也不无道理。

Ned 坐到某个合作伙伴的计算机前面，把机器打开。在机器启动过程中，他把别人给他的那个小设备插到机器的 USB 端口上。这个小东西小得可以放在钥匙链上，却能容纳 120 多兆字节的数据。他用合作伙伴一位秘书的用户名和密码登录进网络，这些信息就写在计算机屏幕上贴着的一个记事贴上，真是太方便了。不到五分钟，Ned 就从这台工作站和合作方的网络上下载了所有的报表和文档文件，然后回家了。

米特尼克的提示

工业间谍和计算机入侵者有时会亲身进入目标公司。但社交工程师并不是用铁棍撬开门闯进去，而用欺骗的手法影响里边的人来帮他开门。

11.3 轻松赚钱

我在中学时代初次接触计算机，当时我们通过一个调制解调器连接到位于洛杉矶市区的一台 DEC PDP 11 中心小型机，所有的中学共用这台机器。该机器上所用的操作系统称为 RSTS/E，这也是我最初学会使用的操作系统。

当时是 1981 年，DEC 每年为使用其产品的用户举办一次会议，这一年我听说会议将在洛杉矶举行。在这个操作系统的用户中有一本很流行的杂志，该杂志宣布了一个称为 LOCK-11 的新安全产品。在一个推广该产品的宣传活动中，有这样一段广告词，"凌晨三点半，与你共用同一电话端局的 Johnny 经过 336 次尝试之后，发现了你的拨入号码是 555-0336。于是，他进去了，你出来了。赶快使用 LOCK-11 吧。" 广告上说该产品能抵御黑客。它将在这次会议上被展出。

我自己很想看看这个产品。我的一个中学同学和朋友，几年后当上联邦调查员成为我对手的 Vinny 也跟我一样，对 DEC 的产品很感兴趣，他鼓励我跟他一起去开会。

11.3.1 当场赌现金

我们到了会上，发现展会上大家都在谈论 LOCK-11。好像几位开发者当场用现金作赌注，打赌说没有人能侵入他们的系统。听起来是一个挑战，我忍不住要试试。

我们径直走到 LOCK-11 的展位，发现那里有三个人，都是该产品的开发者；我认出了他们，他们也认出了我——尽管我才十多岁，但作为飞客和黑客，我已经是名声在外，因为洛杉矶时报曾经详细报道过我与当局的第一次较量。他们的文章报道说，我说服别人，午夜闯进了太平洋电话公司的大楼，在保安的眼皮底下带着计算机手册离开(显然洛杉矶时报想要做一篇轰动的新闻，公开我的名字正合乎他们的需要。因为我尚未成年，这篇文章就算没有违法，也违反了不能泄露失足青少年姓名的惯例)。

当我和 Vinny 走过去时，双方都来了兴趣。他们之所以有兴趣，是因为认出了我是他们在媒体上见过的黑客，看到我他们有些吃惊。我们有兴趣，则是因为这三个人每个人都站在那里，在自己的参展证件上沾了一张百元大钞。任何能攻破他们系统的人能得到全部 300 元的奖金——对于两个十多岁的年轻人来说，这可是一大笔钱。我们实在等不及，马上就开始行动了。

LOCK-11 的设计建立在一项确定的原理基础上，该原理需要依赖于两重安全性。如同通常情形一样，用户必须有一个合法的 ID 和密码，但是除了 ID 和密码以外，他还必须从授权的终端登录进来才能正常工作，这种做法被称为"基于终端的安全性"。为了攻破系统，黑客不仅需要知道账户 ID 和密码，还要从正确的终端输入这些信息。LOCK-11 的这种方法有完备的基础，它的发明者们相信他们能把坏家伙拒之门外。我们决定给他们一个教训，把三百元全拿走。

我认识一个人，他是 RSTS/E 的专家，在我们的前面已经来过他们的摊位了。几年前，他和另外几个人向我发出挑战，让我攻击 DEC 的内部开发计算机系统，结果当我攻入以后，他的同伴们告发了我。从那以后，他已经变成了一个受人尊敬的程序员。我们发现，在我们到来前不久，他曾经试图攻破 LOCK-11 的安全程序，但没有成功。这件事情让 LOCK-11 的开发者们大受鼓舞，他们更加相信自己的产品是真正安全的。

> **行话**
>
> **基于终端的安全性**：安全性部分依赖于所使用的计算机终端的标识；在 IBM 大型机上，这种安全方法尤为流行。

这种竞赛是直截了当的挑战：如果你能侵入，你就能赢钱。这是一种公关绝招……除非有人能使他们难堪，把钱拿走。他们对自己的产品很有信心，以至于大胆地把系统中某些账户的号码和相应的密码打印出来后贴在摊位前。况且这些还不是普通的用户账户，而是所有的特权账户。

看起来如此明目张胆，但实际上并没有这么严重：我知道在这种系统配置中，每个终端都被连接到计算机的一个端口上。不难发现，他们把会议厅内的五个终端统统设置成只能用非特权用户登录，也就是说，只允许无管理员特权的账户登录。看起来只有两条路：要么完全绕过安全软件——LOCK-11 正是用来防止这种做法的，要么用一种令开发者想象不到的方法绕过该软件。

11.3.2　接受挑战

我和 Vinny 离开那里，谈论这一挑战，我想出了一个计划。我们装作若无其事的样子在附近晃荡，从远处盯着他们的摊位。到了吃午饭的时候，人流减少，三个开发人员利用这一间歇一起去吃点东西，留下了一位女士，可能是其中一人的妻子或女友。我们逛到她哪里，我跟她谈这谈那的，以分散其注意力，比如问她"你在这家公司多久了？""市面上还有你们公司的什么产品？"等等。

与此同时，Vinny 躲开她的视线，利用一种我们两人都具有的技术开始行动。除了对入侵计算机的迷恋，以及我个人对魔术的兴趣以外，我们都沉迷于学习各种开锁方法。当我还是一个小孩子的时候，就翻遍了圣费南度山谷(San Fernando Valley)一家地下书店的书架，那里有许多书讲述怎样开锁、挣脱手铐、制造假证件——总之都不是一个小孩子应该知道的东西。

Vinny 跟我一样，也练习过开锁，一直练到能够熟练地打开五金店里的任何一把锁。有一段时间，我会搞一些跟锁有关的恶作剧，比如，发现有人为了多一份保险而用了两把锁时，我把这两把锁都拆下来，然后互换位置再装上，这样当主人试图用错误的钥匙打开它们时就会被搞得不知所措。

在展厅，我继续分散那位年轻女士的注意力，而 Vinny 则蹲在摊位背后以免被看到，他打开了那个装有他们的 PDP-11 小型机和电缆终端的柜子上的锁。把这个柜子说成是上锁的，这简直是在开玩笑，因为上面用的锁是非常容易被打开的，锁匠将这种锁称为片锁。就算像我们这样笨手笨脚的业余开锁人也可以轻而易举地打开它。

Vinny 用了总共大约一分钟就把锁打开了。在柜子里他找到了我们意料之中的用于插入用户终端的一溜端口，还有一个端口用于控制台终端。这是计算机操作员或系统管理员用来控制所有计算机的终端。Vinny 把从控制台端口引出的电缆插到展台上的某一个终端中。

这意味着这个终端现在被认为是一个控制台终端。我坐在这台被重新连接过的机器前，用开发人员明目张胆提供的密码登录进去。因为 LOCK-11 软件现在认为我是从一个授权的终端登录的，所以它给了我访问权限，这样我就跟系统连上了，而且有了系统管理员的特权。我对操作系统做了修补，这样我就能以特权用户的身份从展厅中的任何一个终端登录到系统中。

当我秘密地修补了系统后，Vinny 又把这条终端电缆断开，并把它插回到原处。然后他又把锁弄开，不过这次是把柜门关紧。

我列出一个目录下的内容，看计算机上有些什么文件，并在其中查找 LOCK-11 程序和相关文件。我意外地发现了令我震惊的东西：一个本不应该出现在这台机器上的目录。这些开发人员真的自信过头了，居然认为自己的软件是不可战胜的，竟然不屑于把新产品的源代码从这台机器上删除。我换到邻近的一个硬拷贝终端，把部分源代码打印到那时候人们所使用的带绿边的连续打印纸上。

Vinny 刚把锁关好回到我身边来，那些人就吃完午饭回来了。他们发现我坐在计算机前敲键盘，而打印机则响个不停。"凯文，你在做什么？"其中一个人问道。

"哦，在打印你们的源代码，"我说。他们当然以为我在开玩笑。但等到他们去打印机那里，看到确实是他们高度机密的产品源代码，才意识到大事不妙。

他们不相信我能够用特权用户登录进去。"按 Control-T，"其中一个开发者命令我说。我照他说的做了。屏幕上的显示证明了我说得没错。这家伙拍着他的前额，而 Vinny 则说，"三百元，请吧。"

他们付了钱。那一天剩下的时间里，我和 Vinny 在展会上晃来晃去，把三百元钞票沾在我们的参展证件上。每个看到钞票的人都明白它们意味着什么。

当然，我和 Vinny 并没有挫败他们的软件。如果开发小组为这次竞赛设立了更好的规则，或者用了一把更安全的锁，或者更小心地看管他们的设备，那么，他们那一天也就不会如此丢脸了，而且居然败在两个十多岁的小青年手下。

我后来才知道，那个开发小组不得不到银行提取一些现金：这三百元现金是他们带来的所有资费。

米特尼克的提示

这是聪明人低估敌人的另一个例子。换了你会怎样——你会对自己公司的安全措施自信到用 300 美元做赌注，说黑客无法入侵吗？有时候，攻破技术性安全设备的途径是你无法预料的。

11.4 用词典做攻击工具

如果别人获得了你的密码，他就能入侵你的系统。多数情况下，你甚至还不知道发生了什么坏事。

有一个年轻黑客，我叫他 Ivan Peters，他想要获得一个新的电子游戏的源代码。他不费吹灰之力就进入了这家公司的广域网，因为他的一个黑客同伙已经侵入了该公司的一台 Web 服务器。当这位同伙发现了该 Web 服务器软件中有一个尚未打补丁的漏洞后，他还发现该系统已经被配置成一台"双宿主主机 (dual-homed host)"，这意味着他有了一个进入公司内部网的入口点，这一发现使他兴奋得差点从椅子上摔下来。

但是当 Ivan 进入内部网后，他面临一个挑战，就像在罗浮宫一步步地寻找蒙娜丽莎的画像。如果没有地面分布图，你可能得晃荡上好几周。这是一个全球化的公司，有几百个办事处和上千台计算机服务器，他们并没有提供一个开发系统的索引或者浏览指南服务，能告诉他该去哪台服务器。

这里，Ivan 无法用技术手段找到自己的目标服务器，他需要使用社交工程的办法。他采用了与本书中其他地方讲到的类似方法，开始打电话。首先，他打电话给 IT 技术支持，声称自己是公司员工，眼下遇到了一个与他的小组正在设计的产品有关的接口问题，请他帮忙告知游戏开发组项目组长的电话。

然后他给对方提供的那个名字打电话，谎称是 IT 部门的人。"今天午夜，"他说，"我们将更换一台路由器，为了确保你项目组的人不会与服务器失去连接，我们需要知道你们组在使用哪些服务器。"网络总是在不停地升级，而且，给出服务器的名字也不会有什么危害，不是这样吗？因为它是有密码保护的，所以，仅给出名字也不至于会帮助他人入侵进来。于是这人把服务器的名字告诉了攻击者。甚至没有用回拨电话的方法来验证他讲的话，也没有记下他的姓名和电话号码。他直接给出了服务器的名字：ATM5 和 ATM6。

11.4.1　密码攻击

现在，Ivan 转而使用技术手段来获取认证信息。对于提供了远程访问功能的系统，大多数技术性攻击的第一步是，找到一个使用了脆弱密码的账户。这是进入系统的初始入口点。

当一个攻击者试图用黑客工具远程发现密码时，他每次跟公司网络的连接时间可能需要几个小时。显然他这么做有危险：连接时间越长，被检测到和抓获的可能性就越大。

第一步，Ivan 首先用列举的方法获得目标系统上的细节信息。因特网再一次方便地提供了各种专用软件 (在 http://ntsleuth.0catch.com 上。"catch" 前的字符是零)。Ivan 发现网上有几个公开的黑客工具把列举过程自动化了，从而避免了手工操作，如果手工操作的话，需要的时间更长，风险也就更大。他知道这家公司部署的大多数服务器是基于 Windows 的，于是他下载了一个称为 NBTEnum 的 NetBIOS (基本输入/输出系统)列举工具。他输入了 ATM5 服务器的 IP(因特网协议)地址，然后开始运行该程序。列举工具能够列出该服务器上已有的几个账户。

> **行话**
>
> 　　**列举：** 发现目标系统上所运行服务、操作系统平台以及该系统中账户名列表的过程。

一旦已有的账户被找出来了，这个列举工具还能够对远程计算机系统发动词典攻击。很多计算机安全人士和入侵者都非常熟悉词典攻击，但大多数其他的人知道了词典攻击后，可能感到震惊。这种攻击的意图是，通过使用各种常用的单词来找出系统中每个用户的密码。

我们在有些事情上都非常懒惰，但一直令我感到吃惊的是，当人们选择自己的密码时，他们的创造力和想象力好像消失殆尽。大多数人希望密码能给自己提供保护，但同时又要容易记住，而这通常意味着跟自身的某些方面密切相关,比如我们名字的第一个字母、中间名、昵称、配偶的名字、最喜欢的歌曲、电影或啤酒。或者我们所居住的街道或城镇的名字，驾驶的汽车的种类，喜欢逗留的夏威夷沙滩上的小村庄名字，或者垂钓鲑鱼的最佳场所名称。发现有什么规律了吗？这些大多是人名、地名或词典上的单词。词典攻击的做法是，快速地遍历常用的单词，尝试用其中的每一个单词作为一个或多个账户的密码。

Ivan 分三个阶段实施词典攻击。首先，他利用一个大约有 800个最常用密码的简单列表。该列表中包含了 secret、work 和 password 等单词。他所用的程序还会对词典中的单词做各种变换，比如在单词后面添加一个数字，或者加上当前的月份数。该程序对于已经找出来的所有用户账户进行了各种尝试。很不幸，没成功。

接下来，Ivan 转向 Google 的搜索引擎，在键入了"wordlists dictionaries"以后，他发现好几千个站点上都有英语的和其他一些语言的详尽的单词表和词典。他下载了一个完整的电子英语词典。接着他又下载了一些通过 Google 找到的单词列表，作为补充。Ivan 选择的站点是 www.outpost9.com/files/WordLists.html。

这个站点允许他有选择地下载(所有这些都是免费的)各种文件，其中包括姓、名、国会选举用到的名字和单词、演员的名字以及圣经中的单词和人名。

另一个提供单词列表的站点实际上是通过牛津大学提供的，在 ftp://ftp.ox.ac.uk/pub/wordlists。

其他站点提供的列表包括卡通人物姓名、莎士比亚著作中用到的单词，以及在奥德赛、托尔金(Tolkien)和星际旅行系列中的单词，或者在科学和宗教中使用的单词等(有一家网络公司以仅仅 20 元的价格销售一份包含 440 万个单词和名字的列表)。用户也可以设置攻击程序，使得它能够对词典中单词在调换字母顺序后得到的新词也进行尝试——很多计算机用户喜欢使用这种方式，认为这样做能够提高安全性。

11.4.2　比你想得还要快

一旦 Ivan 决定了要使用哪个单词列表并开始攻击以后，程序就自动运行。他可以把自己的注意力集中在其他事情上。这正是令人难以置信的地方：你或许以为，攻击者可以打个盹、做个黄粱美梦，但醒来后发现软件进展甚微。事实上，根据被攻击的平台、系统的安全设置和网络连接情况，一部英语词典中的所有单词可以在 30

分钟内被尝试一遍!

在第一台服务器上运行词典攻击的同时，Ivan 开始对开发组使用的另一台服务器：ATM6 作类似的攻击。20 分钟后，攻击软件完成了大多数不加防备的用户认为是不可能的任务：它破译了密码，显示其中的一个用户使用了"Frodo"作为密码，这是《指环王》一书中一个小矮人的名字。

有了这个密码在手，Ivan 就能使用该用户的账户连接到 ATM6 服务器。

接下来，对于我们的攻击者来说，既有好消息，也有坏消息。好消息是，他破译的账户有管理员特权，这对采取下一步行动至关重要。坏消息是，找不到游戏的源代码。肯定是在另一台机器 ATM5 上，不过他知道这台机器能够抵抗词典攻击。但 Ivan 现在还不会放弃，他还有一些手段可以尝试。

在一些 Windows 和 UNIX 操作系统上，密码散列值是公开可访问的，只要用户能够访问存储这些密码散列值的机器即可。这么做的理由是，加密过的密码不可能被破解，从而无须保护。这一理论是错误的。使用另一个被称为 pwdump3 的工具(同样可以通过因特网获得)，他能够从 ATM6 机器上提取出密码散列值并将其下载到本地。

一个典型的密码散列值文件看起来是这样的：

```
Administrator:500:95E4321A38AD8D6AB75E0C8D76954A50:2
E48927A0B04F3BFB341E26F6D6E9A97 : : :
akasper:1110:5A8D7E9E3C3954F642C5C736306CBFEF:393CE7
F90A8357F157873D72D0490821: : :
digger:1111:5D15C0D58DD216C525AD3B83FA6627C7:17AD564
144308B42B8403D0IAE256558: : :
ellgan:1112:2017D4A5D8D1383EFF17365FAFIFFE89:07AEC95
0C22CBB9C2C734EB89320DB13: : :
tabeck:1115:9F5890B3FECCAB7EAAD3B435B51404EE:1F0115A
728447212FC05EID2D820B35B: : :
vkantar:1116:81A6A5D035596E7DAAD3B435B51404EE:B933D3
6DD12258946FCC7BD153F1CD6E : : :
```

```
vwallwick:1119:25904EC665BA30F4449AF42E1054F192:15B2
B7953FB632907455D2706A432469 : : :
mmcdonald:1121:A4AED098D29A3217AAD3B435B51404EE:E406
70F936B79C2ED522F5ECA9398A27 : : :
kworkman:1141:C5C598AF45768635AAD3B435B51404EE:DEC8E
827A121273EF084CDBF5FD1925C : : :
```

把散列值下载到自己的机器上以后，Ivan 使用另一个工具执行另一种称为"强力法(brute force)"的密码攻击。这种攻击尝试字母和数字以及绝大多数特殊字符的每一种可能组合。

Ivan 使用了一个名为 L0phtcrack3(发音是 loft-crack，可以从 www.atstake.com 下载到；另一个可下载到各种优秀的密码恢复工具的来源是 www.elcomsoft.com) 的软件工具。系统管理员利用 L0phtcrack3 来审查脆弱密码，而黑客则用它来破译密码。LC3 中的强力特征是，它尝试了由字母、数字和包括"!@#$%^&"在内的绝大多数符号组合起来的密码。它会系统地尝试每一种可能的组合(然而，值得注意的一点是，如果使用了非打印字符，LC3 就无法查出密码)。

程序运行的速度快得几乎让人难以置信，如果机器的处理器主频是 1GHz，则每秒钟可以执行 280 万次这样的尝试。即便是以这样的速度，如果系统管理员正确地配置了 Windows 操作系统(禁止使用 LANMAN 散列值)，则破译一个密码仍然需要相当长的时间。

> **行话**
>
> **强力攻击**：一种密码检测策略，其做法是，尝试字母、数字和特殊符号的所有可能组合。

由于这个原因，攻击者经常把散列值下载到本地，然后在自己的机器或另外一台机器上运行攻击程序，而不是冒着被发现的危险一直连接在目标公司的网络上。

再看 Ivan，他等待的时间并不长。几个小时后，破解程序给出了开发组中每个成员的密码。但这些密码是针对 ATM6 机器上的用户，而他已经知道游戏的源代码并不在这台服务器上。

现在该怎么办？他依然未能获得 ATM5 机器上任何一个账户的密码。但作为一个黑客，他了解普通用户有一个很不好的安全习惯，那就是，在不同的机器上使用相同的密码。所以，他猜测，也许开发组中的某个成员在两台机器上使用了相同的密码。

结果他发现事实确实如此。开发组中的一个成员在 ATM5 和 ATM6 两台机器上使用了同一个密码："gamers"。

大门向 Ivan 敞开了。Ivan 四处搜寻，直到发现了自己所要的程序。在找到源代码树，并且愉快地下载下来后，他进一步采用了系统黑客常用的做法：他修改了一个许久未用的，且具有管理员权限的账户的密码，以防在将来的某个时候自己还想要得到该软件的更新版本。

11.4.3　骗局分析

在这个同时利用了技术缺陷和人性弱点的攻击中，黑客借故打了一个电话，获得了存放私有信息的开发服务器的位置和主机名。

然后他利用一个软件工具找出了在开发服务器上有合法账户的每个人的有效账户名。随后他运行两次连续的密码攻击，其中包括一次词典攻击，即尝试用一本英文词典中所有的单词来搜索常用的密码，有时还进一步增加几个单词表，包括人名、地名和某些有特殊意义的东西。

因为不论其目的如何，任何人都能获得商业的和公共领域的黑客工具，所以，在保护企业计算机系统和网络设施这一方面，保持高度的警觉就显得尤为重要。

决不能低估这种威胁的严重程度。据《计算机世界》杂志报道，针对纽约的奥本海墨基金公司(Oppenheimer Funds)的一份分析得到一个令人惊讶的发现。该公司负责网络安全和故障恢复的副总裁从上千个标准软件中选了一个,对自己公司的员工执行一次密码攻击。

杂志报道说，在短短三分钟内，他就破译出了 800 个员工的密码。

米特尼克的提示

按照《独裁者》游戏中的说法，如果你使用了词典中的单词作为自己的密码，那你就——直接进监狱吧。不要听之任之，也不要罚款 200 元。你必须要教会自己的员工怎样选择密码才能真正保护公司的资产。

11.5　预防骗局

当攻击者增加了技术元素后，社交工程攻击可能会变得更具破坏性。防止这类攻击通常需要在人和技术两方面采取措施。

11.5.1　尽管说不

在本章的第一个故事中，电话公司 RCMAC 部门的员工不应该在没有服务申请单已被批准的情况下，去掉十条电话线路的拒绝终端状态。仅仅让员工了解安全政策和规程是不够的；员工必须明白，这些政策对于防止公司受到损害是多么重要。

安全政策应该通过一个有效的奖罚系统来制止违反规程的行为。自然地，安全政策必须具有可行性，其执行步骤不能成为员工的负担，否则很可能被他们忽略。 同时，在安全意识教育中，应该让员工认识到，尽管按时完成分配下来的任务很重要，但是，走捷径绕过适当的安全规程可能对公司和同事带来严重伤害。

在电话中向陌生人提供信息时同样也要当心。不管那人讲得多么有说服力，不论他在公司的地位有多高、在公司的时间有多长，在他的身份被明确验证以前，绝对不要把未被指定为可以公开的信息透露给他。如果严格遵守了这一政策，那么，这个故事中的社交工程伎俩就无法奏效,被关押的 Gondorff 就不能跟他的同伙 Johnny 一起筹划新的骗局。

这一点是如此重要,以至于我在本书中一直重申:验证,验证,再验证。任何不是当面提出的请求,在请求者的身份被验证以前都不应该被接受——就是这样。

11.5.2 保洁人员

对于那些没有全天 24 小时保安的公司,这里所讲到的"攻击者在非工作时间进入办公室"的情况就很难防范。对于那些看上去像是在这家公司工作而且不像不法分子的人,保洁人员通常会很客气。毕竟,这些人可能会给他们带来麻烦或者让他们丢掉工作。正因为这个原因,不管公司的保洁人员是内部员工还是从外部机构签约借来的,都必须就办公场所的安全问题对他们进行培训。

做保洁工作不需要大学学历,甚至不需要会说英语,通常就算是有培训,也会集中在与安全无关的问题上,比如做不同的清洗工作应该使用哪些产品。通常不会有人告诉她们"如果非工作时间有人要求你们让他进来,你需要检查他们的公司证件,然后打电话给保洁公司的值班室,把情况解释清楚,然后等公司做决定。"

对于像本章中介绍的这种情况,公司应该未雨绸缪,在事件发生之前做好计划,对人员进行相关的培训。据我的个人经验,我发现大多数(如果不是全部的话)私营企业对办公场所的物理安全表现得非常懈怠。它们可能会从另一方面重视这个问题:把职责交给公司的员工。没有 24 小时保安服务的公司应该告诉自己的员工:在非工作时间进入办公室时要携带自己的钥匙或电子门卡,任何情况下都不能让保洁人员决定谁可以进去。然后告诉保洁公司,它们应当培训自己的员工在任何时候都不能让别人进入公司的办公场所。这是一条非常简单的规则:不要给任何人开门。如果合适的话,可以把它作为一个条款加入到与保洁公司的合同中。

同时,应该通过培训让保洁人员知道搭便车的做法(未被授权的人跟在授权人后面进入安全入口处)。还应该通过培训让他们明白，不能因为某人看上去可能是公司员工就允许他跟着自己进入大楼内。

随后每隔一段时间——比如一年三到四次——做一次渗透测试或脆弱程度评估。在保洁人员工作时让人到门外试图说服她们开门放自己进来。你不要用自己公司的员工，而是从专门做这种渗透测试的公司雇人来测试。

11.5.3　提醒同伴：保护你的密码

越来越多的机构日益关注通过技术手段来强化安全的政策——比如配置操作系统使它加强密码的政策，限制无效登录的次数，也就是说，一旦超过这一次数就把账户锁住。比如，Microsoft Windows 商业平台通常内置了这一特性。但是，用户对这种需要付出额外努力的特性往往感到厌烦，鉴于此，厂商在发行这些产品时通常把这些特性关掉了。软件厂商不应该在发行软件时用默认方式把本该发挥作用的安全特性关掉，现在真的是结束这种做法的时候了(我想他们很快就会意识到这一点)。

的确，企业的安全政策应该要求系统管理员尽可能通过技术途径来增强安全政策，目的是尽可能减小对人为因素的不必要依赖。无须多想就能知道，如果限制了一个账户的连续无效登录次数，则黑客的工作就会艰难得多。

每个机构都面临着在强安全性和员工生产力之间进行平衡的难题，由于生产力的要求，有些员工忽略安全政策，不接受这些政策在保护公司敏感信息的安全性方面所起的重要作用。

如果一个公司的安全政策不涉及这方面的问题，则员工可能会采取阻力最小的做法，哪种方法最方便、最省力就采用哪种方法。有些员工会抵制变革，公开放弃好的安全习惯。你可能会遇到某些员工服从关于密码长度和复杂程度的强行规定，但是把密码写在记事贴上，然后以挑衅的方式贴在自己的显示器上。

为了保护你的机构，一个很关键的部分是采用不易于被发现的密码，以及在技术上结合相应的强安全设置。

有关推荐采用的密码政策方面的详细讨论，请参阅第 16 章。

第12章

针对低级别员工的攻击

如同这里的很多故事中所指出的那样，熟练的社交工程师经常选择机构中级别较低的员工作为自己的攻击目标。攻击者很容易就能操纵这些员工，让他们透露一些看似无关紧要的信息，然后利用这些信息进一步获取更敏感的公司信息。

攻击者选择低级别员工的原因是，他们通常不理解公司里某些信息的价值，或者不清楚某些行为可能带来的后果。而且，他们更容易被常见的社交工程方法所蒙蔽，比如打电话者搬出权威；或者某人看上去友善可爱；或者某人好像认识公司里跟自己相识的人；或者攻击者声称有一个请求非常紧急；或者暗示受害者将得到某种好处或认可。

下面的故事展示了一些针对低级别员工的攻击。

12.1 乐于助人的保安

街头的骗子最希望遇到贪心的人，因为这样的人最容易落入骗局。当社交工程师把自己的目标定为保洁员或保安这一类人时，总是希望能遇到一个脾气好、待人友善并愿意信任别人的人。他们是最可能乐意帮忙的人。在下面的故事中，攻击者就抱着这种想法而来。

12.1.1 在 Elliot 的角度看来

日期/时间：1998 年 2 月份一个星期二的凌晨 3 点 26 分。

地点：位于新罕布什尔州纳舒厄市的 Marchand 微系统公司大楼。
·

Elliot Staley 知道，在未到规定的巡逻时间时，他不应该离开岗位。但现在是半夜，不知道怎么回事，自从开始值班以来他连一个人都没有遇到过。而且现在也快到自己巡逻的时间了。电话里那个可怜的家伙听起来好像确实需要帮助。能够帮别人一点小忙，一个人的心情就会很好。

12.1.2 Bill 的故事

Bill Goodrock 有一个非常简单的目标，从 12 岁至今从来没有改变过：24 岁退休，而且不动父亲给他的信托基金中的一分一毫。他要让他的父亲，那个能干而严厉的银行家看看，他靠自己也能取得成功。

只剩下两年了。现在已经很清楚，他作为一名成功商人或精明的投资者，在剩下的 24 个月里已经无法发大财了。他曾经想过拿着枪去抢银行，但这只是小说里的事情——风险-收益比太差了。他想到了瑞夫金(Rifkin，参见第 1 章)的做法——用电子手段抢银行。

上次 Bill 与家人一起去欧洲时，他在摩纳哥的一家银行开了个账户，存了 100 法郎。现在账户中仍然只有 100 法郎，但他的计划可能会使它一下子变成七位数，如果幸运的话甚至可能变成八位数。

Bill 的女朋友 Annemarie 在波士顿一家银行的并购(M&A)部门工作。有一天，她有一个会要开到很晚，Bill 在她的办公大楼里等她时，忍不住好奇地把自己的笔记本电脑插到他所在会议室的一个以太网端口上。啊！——他进入了他们的内部网络，连接到了银行的网络里面……是在企业防火墙的后面。他有了一个想法。

他的计算机知识是从一个同学那里积累起来的。他的同学认识一个名叫 Julia 的年轻女士，她是一名很有才华的计算机科学博士生，正在 Marchand 做实习生。Julia 像是一个巨大的内部基本信息来源。他们告诉她，他们正在写一个电影剧本，她还真的相信了。她觉得跟他们一起编一个故事很有趣，所以给他们提供了各种细节知识，以使得他们所讲述的恶作剧能够切实可行。她认为这个创意确实很棒，缠着他们要求把自己的名字也列在制片人名单中。他们警告她说，剧本创意经常会被人窃取，要她发誓不告诉任何人。

在 Julia 的合理指点下，Bill 亲自去做风险最大的部分。他坚信自己一定能够成功。

• • • • • • • • • • • • ● ● ● • • • • • • • • • • •

下午我打电话过去，设法得知当天晚上的保安经理名叫 Isaiah Adams。晚上 9:30，我给大楼打电话，跟在大厅里值班的保安聊上了。我说自己遇到了紧急情况，语气中显得有点惊慌失措。"我的汽车出故障了，去不了办公楼。"我说，"我遇到了紧急情况，很需要你的帮助。我试着给保安经理 Isaiah 打过电话，可他不在家。你能帮我一个忙吗？非常感谢。"

那幢大办公楼中的每个房间都有一个邮递号码，我给了他计算机房的邮递号码，问他是否知道在哪里。他说知道，答应为我到那里走一趟。他说要花几分钟才能到机房，我借口说我这里只有一条电话线，正用它拨入网络试图改正前面所说的问题，等他到了机房后我会打电话给他。

等我打电话过去时，他已经在那里等着了。我教他怎样找到我感兴趣的那个控制台，也就是找一个上面贴了一张小纸片的终端，小纸片上写着"elmer"——Julia 说，该公司所销售的操作系统的发行版就是在这上面创建的。当他告诉我找到了这个终端后，我知道 Julia 给我们的是真实的信息，心里不由得一阵激动。我让他连续敲几次回车键，他说屏幕上显示出了一个英镑符号。这等于告诉我，该计算机是以 root 用户登录的，这个超级账户具有所有的系统特权。他敲入字符时需要看着键盘逐个键地寻找，当我告诉他输入下一个命令时，他已经是大汗淋漓了。这条命令确实有点繁杂：

```
echo 'fix:x:0:0::/:/bin/sh' >> /etc/passwd
```

最后他总算弄对了，现在我们有了一个名为 fix 的账户。然后我让他敲入：

```
echo 'fix::10300:0:0' >> /etc/shadow
```

这个命令设置了一个经过加密的密码，位于两个连续的冒号中间。两个冒号之间什么都没有意味着这个账户的密码是空的。在密码文件中添加一个名为 fix 且密码为空的账户只需要这两个命令。最棒的是，这个账户具有与超级用户相同的特权。

我要让他做的下一件事情是，输入一个递归的目录列表命令来打印出一长串文件名。然后我让他进纸，把纸撕下来带到自己的保安座位上去，因为"稍后我可能需要你读一些东西给我听。"

这件事情的关键之处在于，他完全不会意识到自己创建了一个新用户。我让他打印出文件名的目录列表是因为我需要确保他早先敲入的命令会随着他一起离开计算机室。这样第二天早上就不会有什么东西提醒系统管理员或操作员发生过危害安全的事件。

现在我有了一个账户、一个密码和全部特权。快到半夜的时候，我拨号进去，一步步地按照 Julia 精心"为剧本"打造的指令去操作。很快就进入了一个开发系统，其中包含了该公司操作系统软件新版本的源代码主副本。

我上载了 Julia 写的一个补丁，据她说她修改了操作系统中某一个库里的一个例程。实际上，该补丁会暗中创建一个"后门"，通过此后门，允许远程用户用一个秘密的密码进入该系统。

注记

> 这里使用的这种后门不会改变操作系统的登录程序本身，而是通过替换登录程序所使用的动态库中的某个函数来创建一个秘密的入口点。在一般的攻击中，计算机入侵者通常会替换或修补登录程序自身，但是敏锐的系统管理员可以将它与 CD 或其他发行途径中的版本相对照，而检测到这种变化。

我仔细地按照她为我写下的指令进行操作，首先安装补丁，然后采取适当的步骤来删除 fix 账户并清理所有的审计记录，以便不会留下与我的活动有关的任何痕迹，这样我的入侵踪迹就被清除掉了。

这家公司很快就会将新的操作系统更新版本发行给他们的客户：全球所有的金融机构。他们发出的所有副本中都包含了我在其发行前放到主发布版本中的那个后门，这样，凡是安装了这一更新版本的银行和证交所，我都能访问他们的计算机系统。

行话

> **补丁**：在传统意义上是指一小块代码，当放入到一个可执行程序中以后，能改正某个问题。

当然，我现在还没有大功告成——还有事情要做。对于我期望"访问"的每一家金融机构，我还得设法访问他们的内部网络。然后，我还要找到哪台计算机是用来做转账的，再在上面安装监视软件以了解他们的操作细节及如何转移资金。

所有这些我都可以远程完成。从任何地方的计算机执行这些操作。比如，一边眺望着远处的海滩。现在，我就要去塔希提岛。

我给保安打电话回去，感谢他的帮助，告诉他可以把打印出来的东西扔掉，继续干他自己的事情了。

12.1.3 骗局分析

尽管对保安的职责有明确的指示，但即便是最深思熟虑的详尽指示也不可能考虑到每一种可能的情况。不会有人告诉他，替某个他认为是公司员工的人在计算机上敲几个键就可能造成多大的危害。

有了保安的合作，要进入保存主发布版本的关键系统就变得容易多了，尽管该系统所在的安全实验室是锁着门的。当然，保安有所有门的钥匙。

即便是本性诚实的员工(比如，在这个例子中的博士生和公司实习生 Julia)有时也可能被贿赂或蒙骗，从而泄露一些对社交工程攻击至关重要的信息，比如目标计算机系统在哪里，以及——对这个攻击成功的关键——他们何时会创建新的发行版本用于发布。这一点很重要，因为像这样的变化，如果做得太早，则被发现的概率会很高；或者，如果系统从一份干净的源代码开始重新创建，则所做的改变就会无效。

你理解让保安把打印出来的东西带回保安座位稍后又让他销毁掉这一细节了吗？这是很重要的一步。攻击者不希望当计算机操作员第二天来上班时在硬拷贝终端上发现这些致命的证据，或者注意到它们在垃圾箱里。给保安一个合理的理由让他把打印材料带走可以避免这种风险。

米特尼克的提示

当计算机入侵者不能亲自进入计算机系统或网络的现场时，他会设法操纵别人替他做。如果在攻击计划中现场作业是必要的，那么，用一个受害者作代理比亲自动手更安全，因为这样攻击者被发现和拘捕的风险要小得多。

12.2　紧急补丁

你可能会认为，技术支持人员应该明白让一个外来者访问内部计算机网络的危险性。但如果外来者是一名狡猾的社交工程师，他伪装成一个乐于帮忙的软件供应商，那么，结果可能就不是你所想象的那样。

12.2.1　一个帮忙电话

打电话的人想知道谁负责这里的计算机系统？电话接线员把他的电话转给了技术支持部门一个叫 Paul Ahearn 的家伙。

打电话的人声称自己是"你们的数据库供应商 SeerWare 公司的 Edward"。他说"有些客户很显然没有收到我们关于紧急升级的电子邮件，所以我们给其中一些客户打电话检查质量控制情况，看一看在安装补丁时是否遇到了问题。你做升级了吗？"

Paul 说他肯定没有看到过这方面的东西。

Edward 说，"喔，如果不安装的话，它可能会造成间断性的数据丢失，所以我们建议你尽早安装，"好的，他当然希望这么做，Paul 说。"好吧，"打电话者回应说。"我们可以将补丁程序的磁带或 CD 发送给你，我要告诉你的是，问题确实很严重——已经有两家公司丢失了几天的数据，所以你收到后就要赶快安装，以免你们公司发生同样的情况。"

"我能从你们的 Web 网站下载补丁吗？"Paul 想知道。

"应该很快就可以了——技术小组的人一直在忙着灭火。如果你需要，我们可以让客户支持中心远程为你安装。我们可以用拨号或通过 Telent 连接到你的系统，如果你支持这种做法的话。"

"我们不允许 Telnet，尤其是从因特网上——这样做不安全，"Paul 回答。"如果你使用 SSH，那就没有问题，"他的话中提到了一个可以安全地传输文件的产品。

"是吗，我们这里有 SSH。你的 IP 地址是多少？"

Paul 给了他 IP 地址。当 Andrew 问到 "我可以使用的用户名和密码是什么" 时，Paul 把这些也给了他。

12.2.2　骗局分析

当然，电话有可能真的是从数据库厂商那里打来的。但如果是那样，这个故事就不会出现在本书中了。

在这里，社交工程师首先制造一种恐慌情绪，声称关键数据可能会丢失，然后提供一种可以立即解决问题的办法。

另外，当社交工程师把目标瞄准了某个懂得信息重要性的人时，他需要想出非常确凿和有说服力的理由才能取得远程访问权。有时需要加入一点紧急的因素，以便在匆忙中分散受害者的注意力，使其在没有机会细加考虑之前就匆匆就范。

12.3　新来的女孩

在你公司的文件中，攻击者最希望访问哪些类型的信息？有时候，这些信息可能是你压根就没想过要保护的。

Sarah 的电话

"这里是人力资源部，我是 Sarah。"

"你好，Sarah。我是停车场的 George。进入停车场和电梯时所使用的通行卡你知道吧？好的，我们现在遇到一点问题，需要把最近 15 天内到来的新员工的卡重新编程。"

"所以你需要知道他们的姓名？"

"还有他们的电话号码。"

"我核对一下新员工名单，然后给你打过去。你的电话号码是多少？"

"我的分机是 73……哦，我马上要出去一下。半小时后我给你打电话怎么样？"

"没问题。就这样。"

他再次打电话过来时，她说：

"哦，是这样的。只有两个人，财务部的 Anna Myrtle，她是一位秘书。还有那个新来的副总 Underwood 先生。"

"他们的电话号码呢？"

"等一下……Underwood 先生的电话是 6973。Anna Myrtle 的是 2127。"

"太好了，你帮了我一个大忙。谢谢。"

Anna 的电话

"这里是财务部，我是 Anna。"

"很高兴这么晚还有人在工作。是这样的，我是商务部门的发行人 Ron Vittaro。我想我们还没见过面。欢迎你加入公司。"

"哦，谢谢你。"

"Anna，我正在洛杉矶，遇上了紧急事件。我想占用你十分钟时间。"

"没问题。你需要我做什么？"

"到我的办公室去。你知道我的办公室在哪里吗？"

"不知道。"

"好吧，它在第 15 层的一个角落，房间号是 1502。几分钟后我会给那里打电话找你。到了办公室后，你需要按一下电话上的转接键，不然我的电话会直接转到语音信箱。"

"好的，我现在就过去。"

十分钟后，她到了他的办公室，取消来电转接后等待电话铃响。他告诉她坐到计算机跟前，启动 Internet Explorer。程序运行起来后，他让她输入一个地址：www.geocities.com/ron-insen/manuscript.doc.exe.

一个对话框出现了，他让她点击 Open。看起来计算机是在下载

manuscript 文件，然后屏幕变得一片空白。她报告说可能是什么地方出问题了，他回答说，"哦，不会。不可能还这样。我以前从这个 Web 网站下载东西经常遇到问题，但我觉得应该已经改正了。哎，好吧，不要紧，以后我可以用别的办法搞到这个文件。"然后他让她重新启动计算机，以确保在发生刚才的问题后机器还能正常启动。他一步步地告诉她怎样重启机器。

当机器又正常地重新启动以后，他热情地向她表示感谢，并挂断了电话。Anna 回到财务部继续做她刚才的工作。

12.3.1　Kurt Dillon 的故事

Millard-Fenton 出版社对于一位即将与之签约的新作者非常热心，这是一位从财富 500 强一家公司退休的前 CEO，他将要讲述一些引人入胜的故事。有人给他介绍了一位商务经理来处理谈判事宜。这位经理不愿意承认自己对出版合同一无所知，于是他请一位老朋友来帮他弄清楚自己所需要知道的一些东西。不幸的是，这个老朋友可能并不是恰当的人选。Kurt Dillon 在进行调查时，采用了我们谓之不寻常的方法，一种不完全道德的方式。

Kurt 在 Geocities 上以 Ron Vittaro 的名义申请了一个免费站点，并把一个间谍软件(spyware)上载到这个新站点上。他把这个程序改名为 manuscript.doc.exe，以使其看起来像是一个不会引起怀疑的 Word 文件。实际上，这种做法的效果比 Kurt 预料的还要理想，因为那个真 Vittaro 从来没有更改过他的 Windows 操作系统中"隐藏已知文件的扩展名"这一默认设置。由于这一项设置，这个文件的实际显示名变成了 manuscript.doc。

随后他让一位女性朋友打电话给 Vittaro 的秘书。按照 Dillon 的嘱咐，她说，"我是多伦多 Ultimate 书店总经理 Paul Spadone 的执行助理。不久前 Vittaro 先生在一个书展上遇到了我的老板，并且请我的老板给他打电话讨论一个有合作可能的项目。因为 Spadone 先生经常出差，所以他说我应该先看看 Vittaro 先生什么时间会在办公室。"

两人比较了各自老板的日程安排后,这位女性朋友就有了足够的信息给攻击者提供一份 Vittaro 先生在办公室的时间表。这意味着他同时也知道了 Vittaro 何时不在办公室。只需要稍微多谈一会儿,就能发现 Vittaro 的秘书也会趁着他不在的时候去滑一会儿雪。所以有一小段时间,两个人都不在办公室。太棒了。

行话

> **间谍软件:** 一种特殊软件,用来暗中监视目标计算机的活动。其中的一种用途是,跟踪网上购物者所访问过的站点,从而根据他们的上网冲浪习惯来定制在线广告。另一种用途则类似于搭线窃听,只不过这里的目标设备是计算机。间谍软件可以捕获用户的各种活动,包括输入的密码和其他按键、电子邮件、聊天谈话、即时消息、所有访问过的站点,以及显示器上的屏幕快照。

在 Vittaro 和秘书同时不在办公室的第一天,他为了确认,打电话借口说有紧急事情。前台接线员告诉他,"Vittaro 先生不在办公室,他的秘书也不在。他们两人今天和明后天都不会在。"

然后,他先是成功地欺骗一名新员工进入自己的圈套,当他要求帮他下载一份"书稿(manuscript)"时,她好像眼睛都没眨一下就同意了。其实那是一个流行的商业间谍软件,但被攻击者改成了"暗中安装"模式。使用这种方法,任何防病毒软件都不会检测到这次安装过程。出于某一种古怪的原因,防病毒软件厂商不在市场上发行可检测商业间谍软件的产品。

行话

> **暗中安装:** 一种不让计算机用户或操作员察觉的软件安装方法。

那位女士刚把软件下载到 Vittaro 的计算机上，Kurt 就回到 Geocities 的站点上，把那个 doc.exe 文件换成了一份从因特网上找到的书稿，以防万一有人识破了这个计策，去站点调查发生了什么事情，这样，他们所发现的只不过是一份无辜的、内容很业余的尚未发表的书稿而已。

一旦程序安装完毕，计算机已重新启动，则间谍软件立刻被激活。几天后 Ron Vittaro 将回城开始工作，那时，间谍软件将把他计算机上的所有按键转发出去，还包括他发送的所有电子邮件和当时在他屏幕上显示的屏幕快照。所有这些将会以固定的间隔被发送至乌克兰的一家免费邮件服务提供商。

Vittaro 归来后的几天里，Kurt 一直在翻腾着他在乌克兰邮箱中所堆积的日志文件，没多久他就找到了一封机密邮件，里面的内容说明了 Millard-Fenton 出版公司愿意跟作者开出的最高价是多少。知道了这一点，作者的代理人就能很容易在谈判中要求更好的条件而不用担心丢掉合同的危险。当然，对于代理人来说，这意味着一笔更高的佣金。

12.3.2　骗局分析

在这次的招数中，攻击者选择了一位新员工作为自己的代理，因为她更愿意合作，也希望成为团队中的一员，并且对公司、公司中的人和良好的安全措施了解得更少。这样，攻击成功的可能性就更大。

因为 Kurt 在与 Anna 这位财务部职员的谈话中，假装自己是公司的副总裁，他知道她不大可能对自己的权威提出质疑。相反，她或许会这样想，帮助副总裁可能对自己有好处。

他在电话中引导 Anna 安装上间谍软件，这整个过程表面上看来不会有什么危害。Anna 怎么也不会想到，自己看起来无辜的行为会帮助攻击者获得了极有价值的信息，他利用这些信息可以做出损害公司利益的事情。

为什么他选择把副总裁的邮件发送至乌克兰的一个邮件账户呢？这是出于几方面原因的考虑，使用遥远处的目的地，是为了一旦追查起来，或者对攻击者采取措施的时候，攻击者被抓获的可能性要小得多。这种类型的犯罪在这样的国家中往往被放在很低的优先级，当地警察认为，在因特网上的犯罪不值得注意。因为这个原因，在不太可能跟美国执法部门合作的国家中选择目标邮箱，显然是一个很不错的策略。

12.4　预防骗局

社交工程师总是倾向于选择一个不大可能会识破自己计谋的人作为目标。这不仅使他的工作容易，而且风险更小——就像本章的故事中所显示的那样。

米特尼克的提示

请同事或下属帮忙是很常见的做法。社交工程师知道该如何利用人们乐于助人或渴望融入团队的天性。攻击者充分利用人性中这些积极的方面，来欺骗那些毫无戒心的员工为自己做事，从而达到自己的目的。理解这个简单的概念很重要，这样当有人试图操纵你时，你更有可能识别出来。

12.4.1　欺骗毫无戒心的人

早先我已经强调了需要充分培训员工，让他们永远不要听从陌生人的指示去做某些事情。所有的员工都必须理解，听从别人的请求在他人的机器上执行操作是有危险的。公司的安全政策应该禁止这种做法，除非在特殊情况下，有经理批准才行。可以允许的情形包括：

- 这个请求是一个你很了解的人提出来的，或者是通过面对面的方式，或者通过打电话，并且你能明白无误地辨认出打电话者的声音。
- 你按照规定的程序，已经正确无误地验证了请求者的身份。
- 如果要做的事情已经通过上司的授权，或者其他某个与请求者本人非常熟悉的有权之人的授权。

公司必须培训员工，不要帮助自己不认识的人，即使请求者声称自己是管理层的人。一旦有关身份验证的安全政策付诸实施，管理层必须支持员工坚持这些政策，这也意味着，当管理人员要求员工越过安全政策时，他应该受到员工的质疑。

每家公司也需要有政策和规程来指导员工，当别人要求对计算机或者与计算机相关的设备执行任何操作时该如何应对。在关于出版公司的这个故事中，社交工程师锁定的目标是尚未接受信息安全政策和规程方面培训的新员工。为防止此类攻击，应该告诉每个新老员工一条简单规则：不要使用任何计算机系统来执行陌生人请求的操作。就这些。

要记住，任何员工只要能以物理方式或电子方式访问一台计算机，或者与计算机相关的设备，那么，他就有可能被攻击者操纵，从而替攻击者完成某些恶意的行为。

公司的员工，尤其是 IT 部门的职员，必须要理解，允许外人访问自己的计算机网络，就像把自己的银行账号给了电话销售商，或者把自己电话卡的号码告诉了监狱中的陌生人。员工必须慎重考虑，执行相应的请求是否会导致泄露敏感信息或危及公司的计算机系统。

IT 部门的人也要提防不认识的人打电话冒充软硬件供应商。通常，公司应该考虑指定专门的人员作为每个供应商的联络人，并且在安全政策中规定，其他员工不得响应供应商的请求而向其透露信息或者对电话或计算机设备做任何改动。这样，指定的负责人就能熟悉供应商方面打电话来或者直接来拜访的人，从而不太可能被假冒者欺骗。如果当公司与供应商没有支持协议的时候，供应商主动打电话过来，则应该对这样的电话表示怀疑。

机构中的每个人都要意识到信息安全的威胁和薄弱环节。注意，对保安和相关人员，不仅要做常规的安全培训，还要做"信息安全培训"。因为保安经常会出入整个公司，所以他们必须能够识别出针对他们的各种社交工程攻击。

12.4.2　提防间谍软件

商业间谍软件一度曾被父母们用来监控自己的孩子在因特网上做什么，以及被雇主们用来确定哪些员工在因特网上冲浪打发时间。严肃一点的用途是，检测潜在的针对信息资产的盗窃或工业间谍行为。开发商在兜售其软件时说自己的软件是保护儿童的工具，而事实上它们真正的市场是哪些想要监视别人的人。如今，人们希望知道自己的配偶或者自己很在乎的人是否欺骗了自己，这种需求大大促进了间谍软件的销售。

在我开始写作本书中有关间谍软件的故事之前不久，替我接收电子邮件的人(因为法院不允许我使用因特网)发现了一封为一组间谍软件做广告的垃圾邮件。对其中一个软件的描述是这样的：

最受欢迎！必须拥有：这个强大的监控软件运行时隐藏在后台，它悄悄地捕获所有的击键动作和时间，以及所有活动窗口的标题，并保存到一个文本文件中。这些记录在加密之后可以被自动发送到特定的电子邮件地址，或简单地保存在硬盘上。该程序是有密码保护的，而且它也不会出现在按下 CTRL+ALT+DEL 键之后的列表中。

你可以用它来监视输入的 URL、聊天会话、电子邮件和很多其他东西(甚至是密码 ;-))

在任何一台 PC 上安装它都不会被发现，所有记录都会发送至你的邮箱中！！！！！！

防病毒软件的缺口?

防病毒软件并不检测商业的间谍软件,因此,尽管这些间谍软件被用来监视别人,它们也不会被视为恶意软件。所以在计算机上类似搭线窃听的行为不会被注意到,这使得我们每个人随时都有受到非法监视的危险。当然,防病毒软件的厂商可能争辩说,间谍软件可用于合法目的,因此不应被视为恶意软件。但有些工具以前曾经在黑客社区中使用,现在变成了自由分发的软件,或作为安全相关的软件来销售,然而,这类工具却被视为恶意软件。这里存在着双重标准,我不明白为什么会这样。

在同一封电子邮件中还承诺了另一个功能,即,它可以捕获用户计算机的屏幕快照,就像在这人肩膀上架了一台摄像机一样。有些这样的软件产品甚至不要求物理上接触受害者的计算机。只管远程安装和配置好程序,你就能立刻获得计算机形式的搭线窃听!FBI肯定喜欢这项技术。

因为间谍软件这么容易弄到,所以你的公司需要设立两层保护。首先,你要在所有的工作站上都安装一个类似于 SysCop(可以从 www.spycop.com 上获取)这样的软件来检测间谍软件。另外,你必须培训自己的员工不要上当受骗去下载程序,或者打开那些可能会安装恶意软件的电子邮件附件。

当员工离开座位去喝咖啡休息、吃午饭或开会的时候,要避免有人趁机安装间谍软件,此外,公司必须制定政策,要求员工用屏幕保护密码或类似的手段锁住自己的计算机系统,这样可以大大减小他人未经授权访问员工计算机的风险。这样,溜到别人的座位或办公室去的人就不能访问他的文件,无法阅读他的电子邮件,也不能够安装间谍软件或其他恶意软件。打开屏幕保护密码所需的资源几乎可以忽略,而对员工工作站的保护作用却是显而易见的。这种情况下的投入产出比应该是无须考虑的。

第13章

巧妙的骗术

到现在，你已经明白了，当有陌生人打电话要求提供敏感信息，或者其他可能对攻击者有价值的事项时，接电话的人通过培训，知道应该记下打电话者的电话号码，然后打电话回去，以验证那人确实像他所声称的那样——比如，他是公司员工，或者商业合作伙伴的员工，或者是来自供应商的技术支持代表。

但是，即使公司已经制定了有关如何验证来电者身份的规章制度，而且员工也能严格遵守，老练的攻击者仍能使用种种诡计来欺骗他们的受害者，让他们相信自己确实如声称的那样。即便是有高度安全意识的员工也可能被下面的方法所欺骗。

13.1　起误导作用的来电显示

每个接过电话的人都会注意到一项称为来电显示的特性——显示出对方的电话号码。在公司环境中，它也提供了便利，可让员工一眼识别出电话是同事打来的，还是公司外部打来的。

许多年以前，当电话公司还不允许把来电显示这项服务推向公众的时候，一些电话飞客就涉足了这个奇妙的领域。他们在接电话时，能够在对方开口之前就直呼其名问候对方，这使他们倍感其乐无穷。

你可能认为，用自己所看到的来电显示来确认对方的身份，必定是安全的做法，但攻击者或许正好利用这一点来发动攻击。

13.1.1　Linda 的电话

日期/时间：7 月 23 日，星期二，下午 3:12。

地点：Starbeat 航空公司财务部办公室。

Linda Hill 的电话铃声响起时，她正在给自己的老板写一份备忘录。她瞥了一眼来电显示，上面显示出该电话来自纽约的公司办事处，但名字是 Victor Martin，一个她不认识的人。

她想把电话转到语音信箱，以免打断写备忘录的思路。但是好奇心占了上风。她拿起电话，打电话者自我介绍说，他来自公共关系部，正在为 CEO 准备一些材料。"他正在去波士顿的途中，要去会见我们的几位银行家，他需要一些本季度的主要财务数据，"他说，"还有，他还需要 Apache 项目的财务预测报告。"Victor 补充道，其中提到了公司春季要发行的一个产品的代号名称。

她询问他的电子邮件地址，但他说自己收邮件遇到了问题，技术支持人员正在处理，她发传真行吗？她说没问题，于是他把自己传真机的内部分机号码告诉了她。

几分钟后，她把传真发了过去。

但 Victor 并不在公共关系部门工作。事实上，他根本就不在这家公司工作。

13.1.2　Jack 的故事

Jack Dawkins 很小就开始了自己的职业扒窃生涯，他出没在纽约的扬基体育馆(Yankee Stadium)、拥挤的地铁站台，或者夜晚混迹于纽约时代广场的人流中。他身手灵活，技艺高超，能在别人浑然不觉的情况下摘走他手腕上的手表。但在十多岁的少年时代他却变得笨手笨脚，有过被抓的尴尬经历。在少年教养所，他了解到了一个被抓概率要小得多的职业。

他现在的任务是，设法弄到一家公司的季度盈亏报告和现金流情况，而且要在这些数据被提交给美国证券交易委员会(SEC)并公布之前弄到。他的客户是一名牙医，他不愿意解释为什么自己想得到这些信息。对 Jack 来说，这人的小心谨慎很是可笑。这种事情他以前见多了——这个家伙可能在赌博时遇到了麻烦，或者瞒着自己的老婆找了个花钱如流水的女友。或许他不久前在老婆面前夸口说，自己在股票市场是多么能干，但现在却损失了一大笔，因此他想知道当这家公司的季度结果被公布时，股票价格将如何走向，以便能做一笔稳赚的大投资。

人们总是惊讶地发现，社交工程师在面临以前从未遇到过的问题时，只需花很少的时间就能想出对策。跟牙医会面后刚刚回到家里，Jack 就已经构思好了一个计划。他的朋友 Charles Bates 在一家名叫熊猫进口公司的机构工作，他们有自己的电话交换机，或 PBX。

按照懂电话系统的人们的说法，PBX 被连接至一项称做 T1 的数字电话服务，该服务被配置成 PRI(Primary Rate Interface)或 ISDN(综合业务数据网络)。这意味着，每当有电话从熊猫公司打出时，所有的信息，包括建立通话连接的信息和其他的通话处理信息都会通过一个数据通道到达电话公司的交换机。这些信息中包括打电话一方的号码，如果该号码没有被阻住的话，就会被传送到接收方的来电显示设备中。

Jack 的朋友知道如何对交换机进行编程，使得接电话的人在自己的来电显示设备上看到的不是熊猫公司办公室的实际号码，而是在程序中输入到交换机中的任意号码。本地的电话公司并没有把从客户那里收到的来电号码，与客户实际付费使用的号码进行检查，所以这一计策是可行的。

Jack Dawkins 只需进入任何一个提供这类服务的电话系统就可以实施他的计策。幸运的是，他的朋友，有时一块干这种勾当的 Charles Bates，总是乐意帮忙而且只不过象征性地收取一点费用。在这个案例中，Jack 和 Charles 临时改变了公司的电话交换机的程序，使得从熊猫公司中的某一条电话线拨出去的电话，都会伪装成 Victor Martin 的内部电话号码，看起来像是从 Starbeat 航空公司打来的。

由于很少有人知道来电显示的号码是可以任意设定的，所以人们一般不会对来电显示表示怀疑。在这个例子中，Linda 很乐意把对方索的信息传真出去，因为她认为对方确实来自公共关系部门。

Jack 挂上电话后，Charles 对自己公司的电话交换机又重新编程，把电话号码恢复成原设置。

13.1.3 骗局分析

有些公司不愿意让客户或者供应商知道自己员工的电话号码。比如，福特公司也许会这样决定，从他们的客户支持中心打出去的电话都应该显示为"福特支持"，而不是每个支持人员的实际直拨号码。微软公司也许灵活一些，他们让员工自己选择，是否愿意将电话号码告诉别人，而不是一概地设置成让接电话的人都知道他们的分机号码。通过这样的方式，公司就能够保持内部号码不被外人知道。

但同样，这种可重新编程的能力也给恶作剧者、讨债人、电话销售商提供了一种方便的手段。当然，其中也包括社交工程师。

13.2 变种：美国总统来电话了

我曾在洛杉矶与人共同主持过 KFI 谈话电台(KFI Talk Radio)的脱口秀节目"因特网的阴暗面"，当时我的上司是电台的节目主任 David。他是我所遇到过的工作最投入、最努力的人之一，因为他很忙，所以通过打电话总是很难找到他。他是那种轻易不接听电话的人，除非他在来电显示中看到了对方正是自己要谈话的人。

当我打电话给他时，因为我手机的电话号码发送功能被关掉了，他不知道是谁打来的，所以就不去接。电话被转到语音信箱，但我感到很恼火。

我跟一个多年的老朋友谈起了这件事情，他是一家房地产公司的合伙人，他们公司专门为高科技公司提供办公场所。我们一起想出了一个计划。他能访问他公司里的 Meridian 电话交换机，这样他就能像上一个故事中讲述的那样，通过编程来改变打电话一方的号码。每当我需要联系节目主任而他不接电话时，我就选择一个号码，让我的朋友用编程手段把它显示到节目主任的来电显示设备上。有时我让他把电话设成像是从 David 的办公室助理那里打来的，有时则装成从电台的控股公司打来的。

但我最喜欢的还是把电话编写成像是从 David 家里打来的，这样他总会拿起话筒。尽管如此，这里我还是要表达对他的赞扬。每次当他拿起电话发现我又骗了他时，他总是很有幽默感。最难能可贵的是，随后他会跟我在电话中谈论足够长的时间，以便弄明白我究竟想做什么，不管我有什么问题，他都会为我解决。

我在 Art Bell 的谈话节目中演示了这个小把戏，我设法让来电显示变成了 FBI 在洛杉矶总部的名称和号码。Art 对此大为震惊，警告我不要做违法的事情。但我向他指出，只要不用于行骗，这种行为就是完全合法的。节目播出后，我收到了几百封电子邮件，让我解释这是如何做到的。现在你该明白了。

对于社交工程师来说，这是一个获取他人信任的理想工具。比如，社交工程师在攻击活动的调查阶段，发现目标有来电显示，那么，他就可以把自己的号码伪装成是从目标所信任的公司或员工那里打来的。讨债者则可使自己的号码看起来是从你自己的公司打过来的。

但是，请停下来想一想这意味着什么。计算机入侵者可以打电话到你家里，声称是从你公司的 IT 部门打来的。由于服务器崩溃，他急需要你的密码来恢复你的文件。或者，来电显示的是你的银行或股票交易所的名称和电话号码，电话中那个声音甜美的女孩只是需要验证一下你的账号和你母亲娘家的姓氏。另外，为保险起见，她还需要验证你的自动取款机的 PIN 码，因为系统出了点问题。股票黑市中的电话操作者可以使自己的电话像是从美林证券或花旗银行来的。想窃取你身份的人可以伪装成是从 Visa 信用卡公司打电话给你的，从而说服你将自己的 Visa 卡号码告诉他。心怀嫉妒之徒可以打电话声称自己来自 IRS(美国国税局)或 FBI。

如果你能访问某个已连接至 PRI 的电话系统，再加上从电话系统供应商的 Web 网站上获得一点编程知识，那么，你就能利用这一手段跟朋友们开很酷的玩笑。你是否认识有强烈参政欲望的人呢？你可以通过编程把来电号码设成 202-456-1414，他的来电显示将是"WHITE HOUSE(白宫)"。

他将认为自己接到了总统打来的电话！

这个故事想要说明的道理很简单：除非来电显示功能被用于标识内部电话，否则它是不可信任的。无论是在工作中还是在家里，人们都要意识到来电显示的把戏，必须明白，在来电显示设备上显示的名字和电话号码不能作为身份验证的凭据。

米特尼克的提示

如果你下次接到一个电话时，你的来电显示表明是你亲爱的老妈打来的，那么你无法知道这是不是真的——没准是一个年老的女社交工程师打来的。

13.3　看不见的员工

Shirley Cutlass 发现了一种新型的快速赚钱方法，想起来就心潮澎湃。不用再长时间呆在盐矿中了。她加入到其他上百个骗子的行列中，从事一项达十年之久的违法犯罪活动：盗窃身份。

今天，她的目标是从一家信用卡公司的客户服务部门获取一些机密信息。在做完常规的准备工作后，她打电话给这家公司，告诉总机的接线员，她想要转到电信部门。接通电信部门后，她要求找负责管理语音信箱的人。

她利用事先调查到的信息，解释说自己名叫 Norma Todd，是克里夫兰办事处的。她使用一种你现在应该已经很熟悉的伎俩，说自己要到公司总部出差一周，需要在那里有一个语音信箱，这样她就不必通过长途电话来检查自己的语音信箱留言了。她说，她不需要物理上的电话连接，只要一个语音信箱就够了。他说他会处理好这件事，完成以后再打电话把必要的信息告诉她。

她用挑逗性的语气说，"我就要去开会了。一小时后我打电话给你好吗？"

当她再打电话过来时，他说一切都办妥了，并给了她所需要的信息——她的分机号和临时密码。他问她是否知道怎样修改密码，她请他一步步地教自己怎么做，尽管她在这方面的知识丝毫不比他差。

"顺便问一下，"她问道，"从我的宾馆，我应该拨哪个电话查我的留言？"他给了她号码。

Shirley 打电话进去，修改了密码，留下了新的外出问候语。

13.3.1　Shirley 的攻击

直到现在，一切都很容易。现在她开始使用欺骗的艺术。

她打电话给该公司的客户服务部门。"这里在克里夫兰办事处的收款部门，"她说道，然后用一个大家现在都很熟悉的借口的变种，"技术支持部门正在修理我的计算机，我需要你们帮我查找这些信息。"随后她给出了自己想要窃取身份的那个人的名字和出生日期，并列出了自己想要的信息：地址、母亲娘家的姓、卡号、信用额度、当前可用额度及付款历史。"按这个号码打电话给我，"

她说着，给出了语音信箱管理员为她设置好的那个内部分机号码。"如果我不在的话，把信息留在我的语音信箱上就可以了。"

那天上午接下来的时间里，她一直在忙一些杂事。到了下午，她查了一下自己的语音信箱。她索要的所有信息都在里面。挂上电话前，她清除了外出留言；如果把自己的声音留下来，那就太粗心了。

在美国，盗窃身份是增长最迅猛的犯罪类型，也是新世纪中的"流行"犯罪。现在又多了另一个受害者。Shirley 利用刚得到的信用卡和身份信息，开始花受害者卡上的钱。

13.3.2　骗局分析

在这个骗局中，攻击者首先欺骗公司的语音信箱管理员，让他相信她是一名员工，这样他就会为她设立一个临时的语音信箱。如果他愿意检查一番的话，就会发现，她给出的名字和电话号码与公司员工数据库中的名单相符。

接下来只需给出一个合理的借口说明计算机出了问题，然后索取自己想要的信息，并要求对方把答案留在语音信箱中。对于任何一个员工来说，有什么理由不与同事共享信息呢？因为 Shirley 给出的号码显然是一个内部分机号，没有任何理由产生任何怀疑。

米特尼克的提示

每隔一段时间就试着访问一次自己的语音信箱。如果你听到的外出留言不是你自己的，那么，你可能正好遇上了你的第一位社交工程师。

13.4　乐于助人的秘书

黑客 Robert Jorday 经常侵入一家全球性的公司——Rudolfo 运

输公司的计算机网络系统。这家公司最终意识到有人正在入侵他们的终端服务器，而且，他们也意识到，通过该服务器可以连接到公司中任何一个计算机系统。为了保护公司内部网络，公司决定，在每一台终端服务器上都要求提供拨入密码。

Robert 冒充法律部门的一名律师，打电话给网络运营中心，说自己连不上公司的网络。接电话的网络管理员解释说，最近有一些安全方面的事项，因此，所有的拨号接入用户必须每个月从自己的经理那里获取当月的密码。Robert 想知道的是，每个月的密码是通过什么途径到达经理手中的。后来他发现，每个月的密码是在上个月底的时候通过办公信件以备忘录的形式发送给公司中的每位经理。

这样事情就好办了。Robert 做了一点调查工作，然后在某个月份刚开始的时候打电话给这家公司，接电话的是一位经理的秘书，她说自己名叫 Janet。他说，"你好，Janet。我是研发部门的 Randy Goldstein。我想我应该已经收到了那封备忘录信件，其中包含了这个月从外部登录终端服务器的密码，但我找不到这封信件了。你收到这个月的备忘录了吗？"

是的，收到了，她说。

他问她，能否把备忘录通过传真发送给他，她同意了。他把公司园区内另一栋办公大楼的大厅接待处的传真号码给了她，而在那栋大楼内，他已经安排好那里的人帮他收传真，然后再为他转发。不过，这次 Robert 采用了另一种传真转发方法。他给了前台接待员一个网上在线传真服务的号码。当该服务接收到一份传真时，系统会自动将传真发送至订阅者的电子邮件地址。

Robert 在乌克兰的一个免费电子邮件服务网站上申请了一个邮箱，新的密码也就被送到了这里。他确信，如果这份传真要被追查的话，调查员必须得费尽心机争取得到乌克兰政府官员的合作，因为他知道，在这类事情上，他们极其不愿意合作。至少，他不必在传真机旁现身。

米特尼克的提示

　　熟练的社交工程师非常善于影响别人来帮自己的忙。接收一份传真并将其转发到别处，这看起来不会有什么危害，所以，要说服前台接待员或其他人答应做这样的事情是非常容易的。当有人请你帮一个涉及信息的忙时，如果你不认识他或者不能验证他的身份，那么，请尽管说不。

13.5　交通法庭

　　每个接到过超速罚款单的人可能都梦想能否能用某种方式混过去。既不是去驾驶学校学习或者简单地交罚款了事，也不是找机会说服法官，让他相信存在一些技术问题，比如警车的测速仪或雷达枪已经多久没校准过了。统统不是，最好的办法是以智慧来挫败这个系统，从而免掉罚款单。

13.5.1　骗局

　　尽管我不提倡尝试用这种方法来免掉交通罚款单(如同谚语中所说的，不要在家里尝试)，但下面的故事仍然是一个很好的例子，它说明了欺骗的艺术如何能帮助社交工程师。

　　我们称这个交通违章者为 Paul Durea。

第一步

　　"洛杉矶警察局，Hollenbeck 分部。"

　　"你好，我找传票管理部。"

　　"我就是传票管理部的。"

　　"太好了。我是 John Leland，是 Meecham、Meecham 和 Talbott 律师事务所的律师。有一个案件，我要发传票给一位警官。"

"好的，哪位警官？"

"你们部门有一位 Kendall 警官吗？"

"他的序列号码是多少？"

"21349。"

"是的。你要他什么时候去？"

"下个月的某个时候，但我还要传唤这个案件中的另外几个目击证人，然后告诉法庭哪些日期是可行的。下个月 Kendall 警官哪几天没空？"

"让我看看……他从 20 号到 23 号休假，8 号到 16 号有培训。"

"谢谢。现在我就需要知道这些。出庭日期确定以后我再给你打电话。"

市法院，办事员柜台

Paul："我想就这一张交通罚单预约出庭日期。"

办事员："好的。我可以给你安排在下月 26 号。"

"好吧，我想安排一次传讯。"

"你想就一张交通罚单安排一次传讯？"

"是的。"

"好吧。我们可以把传讯安排在明天上午或下午。哪个时间对你更合适？"

"下午。"

"传讯安排在明天下午 1:30，地点是 6 号审判室。"

"谢谢。我会按时到达。"

市法院，6 号审判室

日期：星期四，下午 1:45 。

办事员："Durea 先生，请靠近法官席。"

法官："Durea 先生，你理解下午刚刚对你解释过的权利了吗？"

Paul："是的，我理解了，阁下。"

法官："你想利用这个机会进驾校吗？在完成 8 小时的课程后，

你的案子就会被取消。我检查过你的记录，现在你还可以做这种
选择。"

　　Paul："不，阁下。我郑重提出请求，把本案提交法庭来裁决。
另外，阁下，我要到国外旅行，但 8 号和 9 号我在。把我的案子开
庭日放在这两天可以吗？明天我就要去欧洲作商务旅行，四周后
回来。"

　　法官："可以。那么，案子开庭日定在 6 月 8 号，上午 8:30，
在 4 号审判室。"

　　Paul："谢谢，阁下。"

市法院，4 号审判室

　　8 号那天，Paul 一大早就来到法院。法官到了后，办事员给了
他一连串警官不能出庭的原因。法官召集包括 Paul 在内的辩护人，
告诉他们案子被取消了。

13.5.2　骗局分析

　　警官在开罚单时，要签上自己的名字和警号(或者在他的警局
里，其他叫法的个人号码)。查出他在哪个警局是一件轻而易举的事
情。第一步，打电话给查号台，要求查询罚单上显示的执法机构(高
速公路巡逻局、县治安厅之类的机构)的电话。联系到了执法机构后，
他们会把电话转给负责管理事故发生地所属地理区域内传票的
职员。

　　执法人员经常要被传唤出庭，具体做法跟所属地区有关。当地
的法官或辩护律师在需要警官作证时，如果他知道这整个系统是如
何运作的，他首先要确认这位警官是否有空。这很容易办到，给负
责管理传票的职员打个电话就可以了。

　　在这类谈话中，法官或律师通常会问，某一位警官在某某日期
是否有空。在这个骗局中，Paul 需要采取点策略，他必须给出令人
信服的理由，来要求传票职员告诉他该警官何时不在。

当 Paul 第一次到法院时，他为什么不直接告诉办事员自己想选择哪一天？原因很简单——据我所知，大多数地方的交通法庭不允许公众选择开庭日期。如果办事员给出的日期不适合这个人，那么她将会提供另外一两个日期，但也就仅此而已。另一方面，愿意额外花时间接受传讯的人运气可能会好一些。

Paul 知道自己有权利申请一次传讯，而且他也知道，法官通常愿意接受对于特定日期的选择请求。他小心地选择日期，使之与那位警官的培训日期重叠。因为他知道，在自己所在的州，警官培训比出庭更重要。

而在交通法庭上，当警官不能出庭时，案件就会被取消。没有罚款，不用去驾校，也不会罚分。而且，更棒的是不会有交通违章记录。

我猜想，有些警官、法官和检察官读了这个故事后可能会摇摇头，因为他们知道这种伎俩是可行的。但他们只能摇摇头而已。我可以打赌，什么都不会改变。就像 1992 年的电影《通天神偷》(Sneaker)中的人物 Cosmo 所说的"最终，一切都是 1 和 0"——就是说真相最终会大白于天下。

只要执法部门乐意把警官的日程安排告诉给打电话进来的每个人，那么，逃脱交通罚单的可能性总是存在的。在你的公司或机构中是否有同样的漏洞，可被聪明的社交工程师用来获取你不希望他们知晓的信息呢？

米特尼克的提示

人的头脑真是奇妙。一个值得注意的有趣现象是，人们为了获得自己想要的东西，或为了摆脱窘境而想出来的种种欺骗手段是多么富于想象力。为保护公共部门和私有区域中的信息和计算机系统，你必须使用同样的创造性和想象力。因此，在制定公司的安全政策时，要发挥创造力，思路不能拘于窠臼。

13.6 SAMANTHA 的报复行动

Samantha Gregson 很生气。

她一直在为自己的大学学位努力工作，为此她欠下了一大笔学生贷款。周围总有人向她鼓吹，有了大学学位，你就能有一份职业，而不仅是一份工作，你就能挣更多的钱。但她毕业后，却到处找不到一份像样的工作。

从 Lambeck 制造公司拿到录用通知时，她是多么高兴。不错，接受一份秘书的职位是有些伤自尊心，但 Cartright 先生说了，他们是多么希望她能来工作，而且，接受了秘书工作，也将有助于她在下一个非事务性的工作机会来临时处于有利位置。

两个月后，她听说 Cartright 的一位下级产品经理要离职了。当天晚上她兴奋得几乎睡不着觉，想象自己坐在五楼的一间有门的办公室中，参加会议，拍板做决定。

第二天，她早上第一件事情就是去见 Cartright 先生。他说，他们认为她在开始正式的职业生涯之前，需要更多地了解这个行业。然后他们从公司外面雇了一个对行业的了解还不如她的新手。

这时她才意识到：公司里有非常多的女性，但她们几乎都是秘书。公司不会给她一个管理职位。永远都不会。

13.6.1 报复

她花了几乎一个星期的时间才想出了报复办法。大约一个月前，工贸杂志社的一个家伙到这里参加新产品的发布时，曾经试图收买她。几周后，他还打电话到她办公室，说如果她能提前给他一些关于 Cobra 273 产品的信息，他就会送花给她。如果这些信息确实是能够用在杂志上的热点新闻，那么，他还会特意安排一次旅行，从芝加哥过来带她出去吃饭。

没多久，有一天她到年轻的 Johannson 先生的办公室，那时他正在登录公司网络。她没有多想，只是观察他手指的动作(这种行为有时被为"肩窥")。他输入了"marty63"作为自己的密码。

现在她的计划形成了。她记得自己刚进公司没多久的时候曾经打过一份备忘录。她找到那份文件，用类似的语言和语气新打了一份。她的版本是这样的：

致：IT 部门，C. Pania

自：开发部，L. Cartright

Martin Johansson 将参与我部门内的一个特殊项目。

为此我授权他访问工程部使用的服务器。Johansson 先生的安全设置需要更新，他将与产品开发人员具有相同的权限。

Louis Cartright

行话

肩窥: 观察别人在计算机上敲击键盘，从而获知和偷取其密码或其他用户信息的行为。

当别人几乎都去吃午饭时，她从原先的备忘录上面剪下 Cartright 先生的签名，粘在自己的新版本上，并在边上涂了修改液。她把结果复印了一份，然后又在复印件的基础上复印了一份。这样，签名周围的边就几乎看不到了。

然后她用 Cartright 办公室旁边的传真机把传真发了出去。

三天后，她下了班还在办公室呆着，一直等到每个人都离开以后，她走进 Johannson 的办公室，试图用他的用户名和密码"marty63"登录进网络。成功了。

几分钟后，她就找到了 Cobra 273 的产品规格说明文件，并下载到一个 Zip 盘上。

当她迎着清凉的夜风走向停车场时，这份 Zip 盘片安安稳稳地放在她的口袋里。当晚她就会将文件发送给那位记者。

13.6.2 骗局分析

一个心怀不满的员工，一通文件查找，一阵快速的复制、粘贴和涂改操作，一个稍有创意的复印手法，一份传真。然后，好了！——她已经访问到了机密的市场计划和产品说明书。

几天以后，一家行业杂志的记者独家抢先报道了一个热点新产品的规范和市场计划，整个行业的杂志订户都将在产品发布前数个月获知这一信息。对手公司将有几个月的时间来开发与之匹敌的产品，并发动针对 Cobra 273 的广告大战。

当然，杂志不会说他们是从哪里得到的内幕消息。

13.7 预防骗局

当有人索取任何重要的、敏感的或关键的，并且可能有利于竞争对手或其他人的信息时，员工必须意识到，利用来电显示来验证外部打电话者的身份是不可接受的做法。员工必须使用其他验证方法，比如，向这个人的上司确认他(或她)的请求是恰当的，并且他有权收到这些信息。

对于身份验证过程，每个公司都必须在安全和效率之间定义一个适合自己的平衡点。赋予什么样的优先级来执行安全措施？员工是不是不愿意遵从安全规程，甚至为了完成自己的工作任务而绕过这些安全规程？员工是否理解为什么安全性对于公司和个人都很重要？为了在公司文化和商业需要的基础上制定一个合理的安全政策，回答这些问题是必要的。

在大多数人看来，凡是会影响到自己完成任务的事情都是一种烦恼，因此他们可能会绕过任何看起来是浪费时间的安全措施。通过教育和意识训练，鼓励员工们把安全当作日常职责的一部分，这是关键所在。

尽管来电显示服务不能用于验证公司外部来电者的身份，但另一种被称为自动号码标识(ANI)的方法则可以。提供这项服务的条件是，公司订购了付费服务，并且打进来的电话的费用由公司来支付。这项服务可以可靠地用于身份识别。与来电显示服务不同的是，电话公司的交换机在提供呼叫方号码时，并没有利用客户发送的任何信息。这样，ANI 所提供的号码就是分配给呼叫方的收费号码。

值得注意的是，有几个调制解调器生产厂商在他们的产品中加入了来电号码识别特性，只允许预先授权的电话号码才可以远程接入，从而保护了公司网络。在安全性要求较低的环境中，这种支持来电号码识别的调制解调器是一种可接受的身份识别方法。但是，到目前为止应该很清楚，对于计算机入侵者来说，假冒来电号码是一种较为容易的技术，所以，如果安全性的要求较高，那么就不能依靠来电号码来证明对方的身份或者场所。

为应对身份窃贼的情形，比如故事中所说的欺骗管理员在公司的电话系统中建立一个语音信箱，公司必须要有政策规定，所有的电话服务、语音信箱服务，以及对公司通讯录的修改，不论是印出来的还是在线形式，都必须以书面形式提出请求，要求员工填写一份专门制作的表格。员工的经理应该在请求表格上签字，而语音信箱管理员也应该验证一下表格上签字的真伪。

公司的安全政策应该规定，像添加新用户或提升访问权限这样的请求，只有在验证了申请人的身份后才能执行；验证方法包括给系统经理或管理员打电话，或者给他(或她)指定的人打电话，并且所拨打的号码是在打印出来的或者在线的公司通讯录上列出的电话号码。如果公司使用了安全的电子邮件，因而员工可以用数字方式对消息进行签名，那么，这种身份验证方法也是可以接受的。

要记住，每一个员工，无论他是否接触公司的计算机系统，都可能被社交工程师所欺骗。因此每个人都要接受安全意识培训。行政助理、前台接待员、电话接线员和保安都要非常熟悉社交工程师可能针对他们而发起的攻击形式，以便做好准备，更好地应对这些攻击。

第14章

工 业 间 谍

针对政府、公司和大学的信息攻击，其危害程度是不言而喻的。几乎每天都有媒体报道新的计算机病毒、拒绝服务攻击，或者，从电子商务网站窃取信用卡信息的案例。

我们读过一些关于工业间谍事件的报道，比如 Borland 指控 Symantec 窃取商业机密，Cadence Design Systems 因为竞争对手窃取源代码而提起诉讼。很多商业人士在读到这些故事时，总是认为这样的事件在自己的公司里永远不会发生。

但实际上，这类事件每天都在发生。

14.1 阴谋的变种形式

下面的故事中所描述的计谋可能已经被成功地运用过多次，尽管它听起来有点像好莱坞电影《局内人》(The Insider)中的片段，或者像是 John Grisham(美国畅销书作家，以法律惊悚小说为代表)小说中的章节。

14.1.1　集体诉讼

设想一下，有一宗针对大型制药公司 Pharmomedic 的大规模集体诉讼。他们在诉讼中声称，他们知道该公司一种广受欢迎的药物有致命的副作用，但只有在病人服用该药物多年以后才会表现出来。他们声称该结论来自于一系列揭示这种药物毒性的研究工作，但拒绝给出证据，也没有按照要求将证据交给美国食品和药品管理局。

Billy Chaney 是发起这次集体诉讼案的纽约一家律师事务所的记录律师，他现在有两个在 Pharmomedic 公司工作过的医生的证词来支持这一观点。但两人都已经退休了，而且都没有任何文件或档案，所以无法作为强而有力的证人。Billy 知道自己的证据不足。除非能得到一份这样的研究报告，或者内部备忘录，或者公司管理层之间的通讯记录，否则自己的整个案子终将失败。

于是他雇用了一家以前曾用过的私人侦探公司：Andreeson 父子。Billy 不知道 Pete 和他的手下是如何得到那些材料的，他也不想知道。他只知道 Pete Andreeson 是一个好侦探。

对于 Andreeson 来说，像这样的任务，正是自己所谓的黑箱工作。首要的原则是，雇用他的律师事务所或者公司永远无从知道他是如何获得信息的，这样他们总是可以将责任推得一干二净。如果有人要赴汤蹈火的话，那么这个人就是 Pete，而像这样的工作所能带来的可观佣金，让他觉得冒这么大的风险是值得的。而且，战胜了聪明人，这本身也能给他带来一种满足感。

如果 Chaney 希望他找的文件确实存在，而且未被销毁，那么，他们必定在 Pharmomedic 公司的文件中的某个地方。但是，要想在一家大公司的一大堆文件中找到它们可不是一件容易的事情。另一方面，假设他们已经将文件的副本提交给了他们的律师事务所——Jenkins 和 Petty 事务所，那该怎么办？如果辩护律师已经知道这些文件是存在的，但是没有在调查证据过程中交出来，那么他们就违反了律师的职业道德，同时也触犯了法律。因此在 Pete 看来，任何攻击都是公平的游戏。

14.1.2 Pete 的攻击

Pete 派了几个人开始调查,几天以后他就知道了 Jenkins 和 Petty 事务所使用了哪一家公司的存储服务, 来保存他们的备份资料。而且他也知道, 这家存储公司为律师事务所维护了一份人员列表, 只有列表中的人才有权提取磁带。他也知道, 在这些人当中, 每个人都有自己的密码。Pete 派了两个人出去做这一黑箱工作。

一天凌晨大约 3 点钟左右,这两个人利用一把在 www.southord. com 网站上订购的开锁枪打开了锁。几分钟后, 他们潜入了存储公司的办公室, 并且打开了一台计算机。当看到 Windows 98 的标志画面时,他们的脸上露出了微笑,因为这意味着事情将会非常轻松。Windows 98 不要求任何形式的身份认证。经过一通查找后,他们找到了一个 Microsoft Access 数据库, 其中包含了该存储公司每个客户的授权人员列表。他们在 Jenkins 和 Petty 事务所的授权列表中添加了一个假名字,他们俩当中的某一个人以前曾经弄到过一个假驾照, 这次用的名字就是假驾照上的名字。他们能否闯入锁着门的存储区, 并设法找到客户所需要的磁带呢? 当然能——但是, 如果这样的话, 这家存储公司的所有客户, 包括那家律师事务所, 都肯定会被告知有入侵事件发生。这样, 攻击者就失去了一个有利条件: 专业人员总是为将来的再次造访留下余地, 以备不时之需。

工业间谍有一个习惯,他们通常会把某些有用的东西收起来以备将来之用, 他们也是如此, 把包含授权列表的文件复制到一张软盘上。他们两人都不知道这到底会有什么用,只是基于“我们既然已经来了, 不拿白不拿”的想法, 事实上, 这样做有时候还是真有价值的。

第二天, 其中一人打电话给存储公司, 报上了他们在授权列表中加入的名字,并且给出了对应的密码。他要求提取出 Jenkins 和 Petry 事务所自上个月以来所有的磁带, 并且说快递公司将过去拿包裹。下午刚过了一半, Andreeson 就拿到了磁带。他手下的人把所有的数据都恢复到他们自己的计算机系统中, 开始悠闲地查找。

Andreeson 很高兴地发现，跟其他大多数公司一样，这家律师事务所并没有加密他们的备份数据。

第二天这些磁带又被寄回到存储公司，没有任何人察觉到。

米特尼克的提示

对于有价值的信息必须要加以保护，无论它是何种形式，或者存放在什么地方。一家机构的客户列表，无论是硬拷贝形式，还是办公室中或储藏箱内的电子文件，也具有同样的价值。社交工程师总是选择最容易挫败、防范最薄弱的攻击点。公司外部的备份存储设施可以被看成是一个弱点，攻击者在这里被发现和抓住的风险是非常小的。任何一个机构，如果要把有价值、敏感或关键的数据存储到第三方的公司中，都需要加密其数据以保证数据的机密性。

14.1.3　骗局分析

因为物理安全性的松懈，这两个坏家伙轻而易举地撬开了存储公司的门锁，进入了计算机系统，并且修改了有权接触存储单元的授权人员列表。在列表中新增加一个名字，从而假冒者就能够得到自己想要的备份磁带，这样他们根本就不必侵入公司的存储单元。因为大多数公司并不对备份数据进行加密，所以，所有的信息完全由他们来掌控了。

这一事件再次说明了，如果供应商公司不采取适当的安全防范措施，则攻击者很容易危害其客户的信息资产。

14.2　新的商业合作伙伴

相对于诈骗犯和设立赌摊的行骗者，社交工程师有一个很大的

优势，那就是距离。设赌摊者只能当面行骗，事发后你能够详细地
描述他的形象。如果你能够及早地意识到他的骗局，则还可以叫
警察。

社交工程师通常会避开这种风险，就像躲避瘟疫一样。但这种
风险有时是必要的，并且潜在的回报也使得这种风险是值得承担的。

14.2.1　Jessica 的故事

Jessica Andover 对于能在热门的机器人公司谋到一份工作感到
非常愉悦。不错，这只是一家创业阶段的公司，付不起太多的薪水，
但它的规模不大，人们也很友善，一想到自己的股票期权有可能使
自己成为富人，心中不免有些激动。自然，可能不会成为公司的创
立者那样的百万富翁，但肯定会足够富裕。

在 8 月份的一个星期二上午，当 Rick Daggot 走进大厅时，他
满面笑容，容光焕发。他那看上去很昂贵的西服(Armani 牌)、厚重
的金表(Rolex President 牌)、完美的发型，使他看上去既有男人味，
又充满了自信。当 Jessica 尚在中学时，女孩子们总是为这样的男人
风采所折服。

"你好，"他说。"我叫 Rick Daggot，到这里来是跟 Larry 会
面的。"

Jessica 的微笑停住了。"Larry？"她说。"Larry 这个礼拜在
休假。"

"我一点钟跟他有个约会。为了跟他会面，我刚刚从路易斯维
尔(Louisville)飞过来，"Rick 说着，拿出自己的掌上电脑，打开电
源，显示给她看。

她看了一眼，轻轻地摇了摇头。"20 号，"她说，"那是下周。"
他把掌上电脑拿回去，瞪大了眼睛。"哦，不！"他嘟囔着说。"简
直无法相信，我竟然会犯这么愚蠢的错误。"

"起码，我可以为你订一张回程机票？"她问道，心里充满了
对他的同情。

在她打电话时，Rick 向她透漏，他和 Larry 已经安排好要建立一个战略性的市场联盟。Rick 的公司生产的产品用于制造业和装配线，正好跟他们的新产品 C2Alpha 互补。Rick 的产品跟 C2Alpha 结合起来会形成一个强有力的解决方案，从而为两家公司打开重要的工业市场。

当 Jessica 定好了一张下午晚些时候的回程机票时，Rick 说，"哦，如果 Steve 在的话，至少我可以跟他谈谈。"但 Steve，公司的副总和共同创办人，也不在办公室。

Rick 对 Jessica 很友善，他跟她开了会儿玩笑，然后建议说，既然他已经来了，而且他的飞机是在下午晚些时候，他想请一些关键人员出去吃午饭。他又补充道，"当然，也包括你——午饭时间有人能替你一下吗？"

想到自己也被包括在内，Jessica 非常激动，她问，"你想让哪些人来？"他再次对着自己的掌上电脑指指点点，说出了几个人——研发部门的两个工程师，一个新来的销售和市场人员，以及财务部一个被指派负责该项目的人。Rick 建议她告诉他们自己与公司之间的关系，他也很乐意向他们作自我介绍。他点了当地最好的一家饭店，也正是 Jessica 一直想去的饭店，他说他会亲自去订桌子，时间是 12:30。上午稍晚一点他会打电话过来，以便确认一切都已安排妥当。

当他们四个人，加上 Jessica 在饭店聚齐后，他们的桌子还没有准备好。于是他们在酒吧间坐下，Rick 明确表示午饭和饮料由他付账。Rick 是个有品味、上档次的男人，是那种一开始就能让你备感亲切的人，好像是你认识多年的朋友一样。他好像总是知道该说什么，每当谈话停滞时就会适时地说几句活跃气氛的话，或插入一点笑料，让你觉得跟他在一起感觉很好。

他介绍了他自己公司的产品的细节情况，其详细程度正好让他们可以想象出联合市场解决方案的前景，他也表现出了对这一方案的热心。他提到了几家已经在购买自己公司产品的财富 500 强公司的名字，直到桌子边上的每个人都开始想象他们的产品在第一批出货时就大获成功的美好前景。

然后 Rick 走向他们中的一位工程师 Brian。当其他人在闲谈时，Rick 私下跟 Brian 分享了一些想法，从他那里套出了 C2Alpha 的一些独有的特性，以及靠什么把它与竞争对手的产品区分开来。他发现有一些特性，公司的身段放得很低，但 Brian 却引以为豪，认为非常"干净"。

Rick 依次跟每个人私下交谈。市场部的那个人很高兴自己有机会来谈论产品的推出时间和市场计划。而那位会计则从口袋里掏出一个信封，写下了材料和加工费用的详细情况，以及初步定价和期望利润，并按照名字列出了他正在努力跟每个供货商达成何种交易。

当桌子准备好时，Rick 已经跟每个人都交换了意见，并赢得了所有人的尊重。午饭结束后，他们依次跟 Rick 握手致意。Rick 跟每个人交换了名片，在把名片递给工程师 Brian 时，他说道，等 Larry 回来以后，他想再做一次时间更长的讨论。

第二天，Brian 听到电话铃响，拿起电话后，发现打电话的人是 Rick，他说自己刚和 Larry 谈过。"周一我会再过来，跟他一起讨论一些细节问题，"Rick 说，"他想让我跟上你们产品的进度。他说你最好把最新的设计和产品说明发送电子邮件给他。他会从中选出一部分我所需要的，转发给我。"

工程师说这没问题。"好，"Rick 回答。他接着说，"Larry 想告诉你，他现在接收电子邮件遇到了问题。不要把材料发送给他平时的账户，他安排宾馆的商务中心为他建立了一个 Yahoo 的邮件账户。他说你应该把这些文件发送到 larryrobotics@yahoo.com。"

接下来的那个星期一上午，当 Larry 走进办公室时，他看上去皮肤晒得黑黝黝的，神情轻松了许多。Jessica 早就准备好了称赞 Rick 的话。"多棒的一个人。他带我们一伙人去吃午饭了，包括我。"Larry 很迷惑。"Rick？这个 Rick 究竟是谁？"

"你在说什么？——你的新商业合作伙伴啊。"

"什么！！！？？？"

"他问了那么好的一堆问题，给每个人都留下了深刻的印象。"

"我不认识什么叫 Rick 的…"

"你怎么啦？是在开玩笑吗，Larry——你是在骗我，对不对？"

"把公司的决策组成员都叫到会议室。马上。不管他们在做什么。把那天吃午饭的人也都叫来。包括你。"

他们围着桌子坐下，神情严肃，一言不发。Larry 走进来坐下，说，"我不认识什么叫 Rick 的人，也没有瞒着你们有什么新的商业合作伙伴。我想这应该是显而易见的。如果我们当中有人在开玩笑，我希望他现在就说出来。"

没人吱声。房间里似乎笼罩着越来越浓的阴云。

最终 Brian 说话了。"我用电子邮件把产品说明和源代码发送给你时，你为什么没说？"

"什么电子邮件？"

Brian 僵住了。"哦，天哪！"

另一个工程师 Cliff 插话了。"他给我们每个人都发了名片。我们只要给他打电话，就知道究竟发生了什么事。"

Brian 掏出自己的掌上电脑，找出一条记录后，推给了桌子对面的 Larry。抱着一线希望，他们像着魔似的盯着 Larry 拨电话。过了一会儿，他按了一下免提键，每个人都听到了忙音。在 20 分钟以内，他们连试了好多次。最后，Larry 忍不住了，他打电话给接线员，要求她立刻停止手头的工作，紧急处理这件事情。

几分钟后，接线员回到了电话旁。她说话的语气都变了，"先生，您是从哪里得到这个电话的？"Larry 告诉她，这是从一个男士的名片上得到的，他现在需要紧急联系这个人。接线员说，"很抱歉。这是电话公司的测试号码。它始终都是忙音。"

Larry 开始列出 Rick 已经获得了哪些信息。结果可不太妙。

两名侦探来做记录。在听取了整个事件的过程以后，他们指出没有发生任何犯罪事件。他们无能为力。他们建议 Larry 跟 FBI 联系，因为任何涉及跨州商业活动的犯罪都由他们掌管。Rick Daggot 通过假冒身份的手段，要求工程师把测试结果转送给他，这时他可能已经触犯了联邦法律，但 Larry 必须先跟 FBI 谈一谈，才能确定是否如此。

三个月后，Larry 在厨房里一边吃早饭，一边读着早晨的报纸，他几乎把咖啡洒了出来。自从听到 Rick 的那一天起，他一直担心的事情终于发生了，这是他的梦魇。在商业版面的头条，白纸黑字在那里印着：一个他从未听说过的公司宣布了一个新产品的发布消息，听上去正像他自己的公司在过去两年中所开发的 C2Alpha。

通过欺骗的方式，这伙人从市场上把他击败了。他的美梦破碎了。他们投入的上百万元的研发费用都浪费了。而且可能连一个对他们不利的证据都找不出来。

14.2.2 Sammy Sanford 的故事

凭着自己的聪明才智，Sammy Sanford 完全可以通过一份合法的工作挣到不菲的薪水，但他却不干好事，宁可选择当一个骗子来谋生。他自己独立干的时候一直做得不错。后来一个间谍注意上他了，这个间谍因为有一次酗酒而被迫提前退休。为此他心怀不满，决心报复。他已经找到了一种办法可将政府在他身上投资培养的专长教给别人。他一直在寻找自己可以利用的人，当第一次遇到 Sammy 时就看上了他。Sammy 发现，把自己的注意力从骗人钱财转移到骗取公司的秘密，是一件既轻松又有利可图的事情。

•••••••••••••••••••

大多数人都没有胆量做我所做的事情。通过电话或因特网骗人时，没有人能看到你。但一个出色的骗子，老式的、面对面行骗的那一种(这样的人仍有很多，远远超出你的想象)，能注视着你的眼睛，告诉你一个弥天大谎，还能让你相信那是真的。我认识一、两个检察官，他们认为这是犯罪，但我认为这是天分。

但是你不能摸黑瞎闯，首先得掂量一下。街头的骗子通过几句友好的交谈和三两句精心措辞的建议就可以试探出对方的反应。如果得到正确的反应，好啦！鱼上钩了。

针对公司的工作其实更像我们所说的大骗局。首先你得做些准备。要找到从何处下手，找出他们想要什么。他们需要什么。整个攻击要有计划。要有耐心，自己先在家多做准备，做好家庭作业。认清自己将要扮演的角色，熟悉台词。在做好准备以前，不要走进公司大门。

这次的案例，我足足准备了三个多礼拜。客户对我进行了两天的培训，指示我应该怎么介绍"我的"公司，怎样描述为什么这是一个好的市场结盟。

接下来我很幸运。我给这家公司打电话，说我是一家风险投资公司，我们想组织一次会议，我正在折腾日程表，以便在接下来的几个月中找一个所有合作伙伴都能到会的时间。哪些时间段是需要避开的，Larry 什么时候不在城里？她说，是的，自从他们公司创立两年以来，他从未休过假。但 8 月份的第一个星期，他的妻子会拉他去度假，打高尔夫球。

只有两周时间就到了。我可以等。

与此同时，一家行业杂志给了我该公司雇用的公关公司的名称。我对这家公关公司说，他们为自己的机器人公司客户所提供的充裕时间和资源，我很欣赏。我想跟负责这家客户的人谈一谈有关我这家公司的合作事宜。结果我发现，这是一位精力充沛的女士，因为有可能带来新的客户，所以她很感兴趣。我请她吃了一顿昂贵的午餐，她有点喝多了，显然超出了她的酒量。她竭力向我证明，她们是多么善于理解客户的问题，并找到正确的公关方案。我则表现出很难相信这一点。我需要一些细节。在我的启发下，当盘子见底时，她告诉了我许多关于新产品和该公司存在的问题等诸多细节，比我期望的还要多。

一切都在按部就班地进行着。在故事中，当我得知会面是在下周时感到极为尴尬，但既然已经到这里了，我想跟小组中的人见个面。这一切前台的接待员都相信了。她甚至还为我感到抱歉。午饭总共花了我 150 美元。包括小费。而我得到了想要的一切。电话号码、工作职位，以及一个关键人物，而且他相信我是我所声称的那个人。

我承认，Brian 糊弄了我。他看起来像是那种会把我要求的所有东西都发送给我的人。但当我挑起这个话题时，他好像有所保留。为意外之事做好准备总是没错。那个有 Larry 名字的电子邮件账户，我只是为了防止万一才准备的。Yahoo 的安全人员或许还在那里等着有人再次使用那个账户以便追踪他。他们可有得等了。这里该谢幕了。我要开始下一个工程了。

14.2.3　骗局分析

面对面行骗的人需要根据具体场合把自己装扮得能够为他人所接受。在田径跑道上出现时他是一种打扮，在本地的水井旁出现时则是另一种装束，而如果是在豪华宾馆的供上流社会人士出入的酒吧，则是完全另一种派头。

工业间谍也是如此。如果间谍要装扮成一家正规公司的主管、顾问或者销售代表，那他可能需要着西装领带，以及带一个贵重的手提包。而在另一份工作中，如果要装扮成软件工程师、技术人员或者收发室的人，那么身上的衣服或制服——整个形象——都会有所不同。

为渗入目标公司，那位自称 Rick Daggot 的人知道，他要使自己显示出一种自信和称职的形象，为此他也要对公司的产品和业界有充分的了解。

没费多大劲，他就得到了自己预先需要的信息。他设计了一个很简单的小计策，轻而易举地探听到了什么时候 CEO 不在公司。他要了解到有关该项目足够多的细节，以便使自己听起来对他们正在做的事情非常"知情"，这是一个小小的挑战，但仍然不是十分困难。公司的各类供应商通常了解这些信息，另外，投资者、公司为了融资而联络的风险资本家、银行、律师事务所也会了解这些信息。然而，攻击者必须要小心：找出谁了解内情可能有些棘手，但如果要尝试两到三个人，才找到一个愿意吐露信息的人，则可能会引起怀疑，而带来风险。路上充满了危险。现实世界中的 Rick Daggot 们需要谨慎选择，对每一条可能得到信息的途径只尝试一次。

午饭是另一件需要仔细安排的事情。首先要安排好跟每个人都有单独交谈而不会让别人听到的机会。他告诉 Jessica 是 12:30，但他在一个高档的、公款吃喝才去的饭店定了 1 点钟的桌子。他希望这样他们就不得不在酒吧里喝点东西，而实际情况也确实如此。这是一个可以随便走动并且跟每个人单独交谈的绝佳机会。

仍然会有很多地方可能出错——错误的回答或者不经意的评论——都可能暴露 Rick 的假身份。只有极其自信和狡猾的工业间谍才敢于把自己置于这样一种情形下。但多年来在街头行骗的经历锻炼了 Rick 的能力，也给了他自信心，使他相信，自己即便有所闪失，也能掩盖过去，进而打消别人的怀疑。这是整个过程中最具挑战性和最危险的时刻，成功地完成了这样的骗局后，他会感到无比兴奋，这时他就会意识到，自己没必要开跑车、玩特技跳伞或者搞婚外情——仅仅做自己的工作就足够刺激了。他想，有多少人能够说这样的话？

究竟是什么使一群聪明人接受了一个假冒者？我们总是依赖于本能和智力来评估一个具体的场景。如果故事的发展非常合理——这是智力部分——并且骗子设法表现出可信的形象，那么，我们通常愿意放松警惕。正是这种可信的形象，将一个成功的骗子或社交工程师，与一个很快锒铛入狱的骗子区分开来。

扪心自问：我在多大程度上确信自己不会落入像 Rick 这样的圈套中？如果你确信自己不会，那么问问自己，是否有人曾经这么试验过你。如果第二个问题的答案是"有"，那么第一个问题的正确答案很有可能是"会的"。

米特尼克的提示

　　尽管大多数社交工程攻击是通过电话或电子邮件进行的，但你也不要认为，大胆的攻击者永远不会出现在你的公司里。多数情况下，假冒者使用像 Photoshop 这类广泛应用的软件来制造假的员工证件，然后利用某种形式的社交工程手段进入办公大楼。

　　那个印着电话公司测试号码的名片又是怎么回事呢？讲述私人侦探的电视连续剧 The Rocford Files 展示了一种既聪明又有点幽默的技术。Rockford(由 James Garner 扮演)在自己的汽车内有一个便携式名片打印机，利用这个打印机，他可以根据具体场合的需要来打印名片。如今，社交工程师随便在一家复印店就能够在一个小时之内拿到名片，或者直接在激光打印机上打印名片。

注记

　　John Le Carré 是《The Spy Who Came in from the Cold》、《A Perfect Spy》及其他一些引人注目的图书的作者，他父亲是一个经验丰富的以行骗为终身职业的人，他从小就受其熏陶。Le Carré 很小的时候就惊讶地发现，尽管父亲能成功地欺骗别人，但他自己也会轻信别人，并且不止一次地被其他骗子所蒙骗。这表明每个人都有被社交工程师欺骗的危险，哪怕这个人自己也是一位社交工程师。

14.3　跳背游戏

留一个思考题：下面的故事跟工业间谍无关。在你阅读的时候，请想一想，我为什么要把它放在这一章。

Harry Tardy 又搬回家里来住了，他心怀怨恨。海军陆战队看起来是一个很好的逃脱场所，只是他现在又被赶出了训练营。现在他回到了自己所憎恨的家乡，在当地的一个社区大学修计算机课程，同时也在寻找报复世界的办法。

最终他有了一个计划。在跟自己班级中的一个家伙喝啤酒时，他不停地抱怨他们的指导老师，一个说话尖刻的万事通。他们一起想出了一个邪恶的计划来教训这个家伙：他们将设法弄到一个流行的个人数字助理(PDA)的源代码，然后发送到指导老师的计算机上，并确保留下一点痕迹，以便让这家公司相信指导老师是那个坏家伙。

他的新朋友，Karl Alexander，说他"懂得一些技巧"。他会告诉 Harry 怎样办成这件事，以及如何逃脱。

14.3.1 在家做好准备工作

初步的调查显示，该产品是由 PDA 制造商海外总部的研发中心开发的。但是在美国也有研发机构。Karl 指出，这样很好，因为他们要想把事情办成，就需要该公司在美国也有机构，而且美国的机构也能够访问源代码。

现在 Harry 准备给海外的研发中心打电话。这里又一次可以看到拿同情做借口的例子，"哦，天哪。我遇到麻烦了，我需要帮助。请一定要帮帮我。"当然，具体提出请求的方式会比这更委婉些。Karl 把要说的话写了个脚本，但 Harry 读的时候听起来完全像是假的。后来，Karl 陪他一起练习，以便让他用交谈的语气来说这些话。

最后，Harry 说这段话时，Karl 就坐在他旁边。这段话听起来大概是这样的：

"我在明尼阿波利斯(Minneapolis)的研发中心。我们的服务器上有一个蠕虫病毒，整个部门的机器都被感染了。我们不得不重新安装了操作系统，然后，当我们通过备份数据来恢复系统时，发现所有的备份都不行了。你知道检查备份完整性的工作由谁负责吗？

就是在下。所以我的老板冲我大喊大叫，管理层对于丢失数据的事情也极为生气。现在，我需要最新版本的源代码树，越快越好。我需要你把源代码用 gzip 压缩之后发送给我。"

这时 Karl 塞给他一张纸条，Harry 告诉电话另一端的人说，他只想对方把文件通过内部网络传送到明尼阿波利斯的研发部门。这非常重要：当电话另一端的人知道他只需把文件发送给公司的另一部门时，他的思想就会放松下来——这样做又会出什么差错呢？

行话

　　GZIP：利用 Linux 的一个 GNU 工具，把许多文件归档为单个压缩文件

他同意 gzip 之后发送过来。有 Karl 在身边，Harry 一步步地教那个人怎样把庞大的源代码压缩成单个压缩文件。他还给了那人一个文件名，作为压缩文件的名字，"newdata"，并且解释说，这个名字可以避免跟他们已毁坏的旧文件相混淆。

下一步，Karl 解释了两遍，Harry 才明白该怎么做，但这一步对于完成 Karl 所设想的跳背游戏至关重要。Harry 要给明尼阿波利斯的研发部门打电话，告诉那里的某个人"我想把一个文件发送给你，然后要你帮我把它发送到某一个地方"——当然他们找好了理由，使得这一切听起来非常令人信服。Harry 感到困惑的是：他接下去要说"我将发送给你一个文件，"但发送文件的人根本就不是 Harry。他必须得让研发中心跟自己谈话的人认为，文件是从他这里发送过来的，而实际上研发中心真正接收到的文件是从欧洲发送过来的。Harry 想知道，"既然是从海外发过来的，我为什么要告诉他是我发过来的呢？"

"研发中心的那个人是一个关键，"Karl 解释道。"他将认为，自己只是帮美国这边一个同事的忙，从你这里收一个文件，然后再简单地转发给你。"

最终 Harry 搞明白了。他打电话给研发中心，让前台转到计算

中心，要求与计算机操作员说话。接电话的人听上去跟 Harry 同样年轻。Harry 跟他打了招呼，解释说，他在公司的芝加哥加工部门，想把一个文件发送给跟他们一起做项目的合作伙伴，但是，他说，"我们这里的路由器出了问题，连不上他们的网络。我想把文件发送给你，你收到后，我会打电话给你，这样我就能教你如何把它发送到我们的合作伙伴的计算机上。"

至此一切顺利。Harry 随后问那位年轻人，他的计算机中心是否有"匿名的 FTP 账户"，从而允许任何人不用密码就能在一个目录中上传和下载文件。是的，有匿名的 FTP，他把匿名 FTP 服务的内部 IP 地址告诉了 Harry。

有了这一信息，Harry 再次给海外的研发中心打电话。现在压缩文件已经准备好了，Harry 告诉对方怎样把文件传送到匿名 FTP 站点上。不到五分钟，压缩后的源代码文件就被发送到了研发中心的人那里。

> **行话**
>
> 　　**匿名 FTP**：是一个程序，它利用文件传输协议，提供了对远程计算机的访问能力，甚至根本不需要密码。尽管无需密码就能访问匿名 FTP，但通常情况下，对某些文件夹的用户访问权限是受限制的。

14.3.2　设计圈套

距离目标已经完成了一半。现在，Harry 和 Karl 需要等一等，以确保在开始下一步之前文件已经到了。在这段等待过程中，他们走到房间另一边，来到指导老师的座位上，又做了另外两个必要的步骤。他们首先在他的机器上配置了一个匿名 FTP 服务器，这样，按照他们原定的计划，目标文件将被发送到这里。

第二步解决一个小问题，但如若不然事情会很棘手。很显然，他们不能告诉研发中心的人把文件发送到一个类似 warren@rms.ca.edu

的地址。".edu"域名会泄露真相，因为即使对计算机半懂不懂的人也能认出这是一个学校的地址，从而立即导致整个计划泡汤。为了避免功亏一篑，他们进入到指导老师计算机上的 Windows 系统中，查找机器的 IP 地址，作为以后发送文件的目标地址。

现在该给研发中心的计算机操作员打电话了。Harry 在电话中找到他，说，"我刚刚把先前提到的那个文件传过去了。你能检查一下是否收到了吗？"是的，已经收到了。随后 Harry 请他试着转发一下，并给了他 IP 地址。他在电话中等着，与此同时，那个年轻人建立连接并开始传送文件。他们开心地看着对面房间中指导老师计算机上的硬盘灯一闪一闪的——它正在忙着接收文件呢。

Harry 跟那人又聊了一会儿，讨论了未来的计算机和外设怎样才有可能变得更可靠，然后向他表示感谢，并说了再见。

这两人把文件从指导老师的机器上复制到两张 Zip 盘片上，每人一张，以便稍后他们自己也可以看一看，这就像从博物馆偷了一幅油画，可以自己欣赏但不敢给朋友们看。只不过，在这个案例中，他们更像是对原来的油画复制了一份，而博物馆的那一份还在。

然后，Karl 告诉 Harry，如何把 FTP 服务器从指导老师的机器上移除，并删除审计记录，这样他们的所作所为就不会留下任何痕迹——只有那个偷来的文件还留在那里，它很容易就能被找到。

作为最后的步骤，他们直接用指导老师的机器，把一部分源代码张贴到 Usenet 上。仅仅是一部分，这样就不会对那家公司造成大的损害，但留下了明显的痕迹，让调查人员可以直接追踪到指导老师的机器上。他将很难解释清楚为什么事情会是这样的。

14.3.3　骗局分析

尽管几个因素凑在一起才使得这个恶作剧得以成功，但如果不是装腔作势地骗取别人的同情和帮助，则整个计划是不可能成功的：我的老板冲我大喊大叫，管理层对于丢失数据的事情也极为生气，等等。这一切，以及有针对性地向电话另一端的人解释怎样可以帮助自己解决问题，被证明是非常强大而有说服力的欺骗手段。这种策略在这个例子中是可行的，在其他许多场合也一样。

第二个关键因素：那个理解文件重要性的人接到的请求是，把文件发送到公司的一个内部地址上。

第三个谜题是：计算机操作员可以看到，文件是从公司内部发送给自己的。这只能意味着——或者看上去是——如果不是外部网络连接有问题，发送给他的那个人自己就能够将文件发送到目的地。帮他转送一个文件又可能有什么错呢？

那么，给压缩后的文件另外取一个名字又是怎么回事呢？看起来是件小事，实际上却非常重要。攻击者不能让传过去的文件表明是一份源代码，或者显示出与产品有关的名字。如果要求把有这种名字的文件发送到公司外部，则很可能会引起警觉。把文件命名成一个无关紧要的名字是很关键的。正如攻击者所期望的那样，第二个年轻人对于向公司外部发送这个文件毫无疑虑。一个名叫 newdata 的文件并不会给出任何体现它所包含信息的本质的线索，所以不太可能会引起他的怀疑。

最后，你明白这个故事为什么会出现在关于工业间谍的这一章中了吗？如果还不明白，答案在这里：这两个学生所做的这个恶作剧，专业的工业间谍同样可以很容易地做到，付酬金的可能是竞争对手，也可能是外国政府。无论是哪种情况，对公司的损害都可能是毁灭性的，一旦竞争对手的产品推向市场，则公司新产品的销售将会受到严重影响。

同样类型的攻击如果是针对你的公司，则可能有多容易？

米特尼克的提示

每个员工都应该在自己的头脑中树立一个根深蒂固的准则：除非是管理层批准，否则不要把文件发送给你并不认识的人，即便是目标地址看起来也是在公司的内部网络中。

14.4　预防骗局

长期以来，工业间谍对于商业圈一直是一个挑战。冷战结束后，传统的间谍开始以此为职业，他们设法窃取公司的秘密，来赚取报酬。外国政府和公司现在开始雇用自由职业的工业间谍来窃取信息。美国国内的公司也开始雇用信息掮客，这些信息掮客利用各种手段来获得有竞争力的智力情报。许多情况下，工业信息掮客是以前的军事间谍转变过来的，他们具备必要的知识和经验，可以轻易地刺探一个机构的各种情况，尤其是当该机构没有部署防范措施来保护自己的信息，或者没有很好地培训自己的员工的时候。

14.4.1　办公场所之外的安全性

如果公司办公场所之外的存储设施出了问题该怎么办？如果该公司对自己的数据做了加密就可以避免这种危险。不错，加密数据需要耗费额外的时间和费用，但这种付出是值得的。加密后的文件需要定期做抽样检查，以确保加密/解密这两个过程没有错误。

加密的密钥可能会丢失，唯一知道加密密钥的人可能会被汽车撞死，这种危险总是存在的，但是其危害可以降低到最小。恕我直言，任何一个人，如果他把敏感信息保存在办公场所之外的商业公司，却不对信息进行加密，那么这个人真是一个白痴。就好像口袋里露出一叠二十元一张的钞票，却走在治安混乱的街道上，简直是摆明了请别人动手抢劫。

把备份介质存放在别人可以偷偷拿走的地方是一个常见的安全缺陷。几年前，我在一家公司工作，他们对客户信息保护得很不好。操作室的员工每天把公司的备份磁带放在计算机室的门外让邮递员来取。任何一个人都可以走过来把备份磁带拿走，而磁带上包含了这家公司所有的字处理文件，并且是未经加密的。如果备份数据是经过加密的，那么，即使丢失数据，也只是小事一桩。但如果是未经加密的——那么，我想你比我更清楚，这会对你的公司造成什么影响。

在大型的公司，对办公场所之外的可靠数据存储的需求几乎是肯定存在的。但是，在你公司的安全规程中，一定要包括对自己的存储公司的调查，看他们是否认真对待他们的安全政策和措施。如果他们不像你自己的公司那样专注于安全事宜，那么，你在安全方面所做的努力就会被削弱。

小公司对于数据备份可以有更好的选择：每天晚上把新的和修改过的数据发送到某一家提供在线存储的公司。同样地，对数据做加密也是必不可少的。否则，不仅是存储公司的不良员工，而且，任何侵入在线存储公司的计算机系统或网络的入侵者，都能看到客户的数据。

当然，如果你建立了一个加密系统来保护自己备份数据的安全性，那么，你同时也需要制定严格的安全规程来存储加密密钥，或者用于解开这些密钥的口令短语。用于加密数据的密钥必须存放在保险箱或保险库中。在公司的规定中应该考虑到，如果负责这一数据的员工突然离开、死亡或转去从事其他工作，那该怎么办。必须至少有两个人知道存储地点和加密/解密程序。同时公司也必须制定出有关如何和何时更改密钥的安全政策。公司还必须规定，当曾经接触过密钥的员工离开以后，要立即更改密钥。

14.4.2 那人是谁？

本章中那个狡猾的行骗高手利用自己的魅力让员工们向自己透露信息，这例子再次强调了身份验证的重要性。要求把源代码转发到 FTP 站点，这一步骤说明了知道请求者的身份是多么重要。

在第 16 章中你将看到，当陌生人索要信息或者请求为他做某些事情时有哪些方法可以用来验证其身份。我们贯穿全书一直都在谈论身份验证的必要性；在第 16 章中你将知道应该如何做到这一点。

第 **IV** 部分

进 阶 内 容

第15章

信息安全意识和培训

你们公司两个月后将要发布一款新产品，现在有一个社交工程师接到了一项任务，要求获得你们这个新产品的计划。怎样才能阻击他呢？

你们公司的防火墙？不是。

功能强大的身份认证设备？不是。

加密？不是。

限制访问拨号接入的电话号码？不是。

用代号来表示服务器的名字，这样入侵者就很难知道哪台服务器可能包含了产品计划？不是。

实际情况是，世界上没有一项技术能阻止社交工程师的攻击。

15.1 通过技术、培训和规定来达到安全

那些做安全渗透测试的公司报告说，他们用社交工程方法侵入

客户公司的计算机系统的尝试成功率几乎是百分之百。安全技术可以减少决策过程中人的参与，从而使这些类型的攻击更加困难。然而，降低社交工程师威胁的唯一真正有效的方法是，将安全意识和安全政策有机地结合起来，在安全政策中确立员工的基本行为准则，并且对员工进行适当的教育和培训。

只有一种办法可以保证你的产品计划是安全的，那就是拥有一群训练有素、具有安全意识和责任心的员工。这涉及有关政策和规程的培训，但同时，甚至可能更重要的是，持之以恒的安全意识计划。有些权威机构建议，应该把公司整个安全预算的百分之四十用于培训员工，使之树立起安全意识。

第一步，要使公司里的每个人都意识到，无道德准则的人是存在的，他们会用欺骗手段来操纵公司的员工。公司必须教育员工，哪些信息需要保护及如何保护。一旦员工们更好地理解了自己有可能被如何操纵，那么，当攻击发生的时候他们就更有可能辨别出来。

唤起安全意识还意味着，对公司中的每个人都进行安全政策和规程的培训。正如第 17 章中将要讨论到的那样，安全政策是一些必要的准则，其用途是指导员工的行为，以保护公司的信息系统和敏感信息。

本章和下一章提供了一个安全蓝图，它可以帮助你避免遭受损失惨重的攻击。如果公司的员工缺乏训练，缺乏警觉，也不遵守公司精心制定的规程，那么问题就不是"会不会"，而是"何时"你的有价值的信息被社交工程师窃取。不要等到攻击发生了才建立这些政策：一旦攻击发生，它对业务和员工利益的损害可能是致命的。

15.2　理解攻击者如何利用人的天性

为了开展成功的培训计划，首先需要理解为什么人们总是容易受到攻击。在培训中将这些倾向一一标识出来，比如，通过角色扮演之类的讨论来加强员工的意识，你就能帮助自己的员工理解为什么我们都易于被社交工程师操纵。

至少 50 多年来，社会学家就一直在研究操纵别人的问题。Robert B. Cialdini 在《科学美国人》("Scientific American"，2001 年 2 月)中对这一研究做了总结，展示了 6 种导致人们总是愿意顺从他人请求的"基本的人性倾向"。

这 6 种倾向正是社交工程师在试图操纵别人时所依赖的(可能是有意识的，而更多情况下是无意识的)。

15.2.1　权威

如果一个请求是由权威人士提出的，则人们就会倾向于满足该请求。就像在本书其他部分所讨论过的，如果一个人认为提出请求的人是具有权威的，或者是被授权的人，则他可能很容易被说服，从而满足别人的请求。

在 Cialdini 博士的《影响》一书中，他描述了在中西部三家医院所做的一项研究。那里的 22 个独立的护士台都接到了一个电话，对方声称自己是住院医生，并对一位住院病人的处方做了指示。接到指示的护士都不认识来电话的人。她们甚至不知道他是否真的是一位医生(他不是)。她们接到了从电话中传来的处方指示，而实际上，通过电话指示处方是违反医院规定的。在电话中指示她们给病人服用的药是不允许在病房使用的，而且其用药量也是最大日用量的两倍，因此可能会危及病人的生命。但是，Cialdini 报道说，在 95% 的情况下，"护士开始从病房的药柜中取出必要的用量，然后去给病人服药"。后来她们被观察者拦住，告诉她们这是一个试验。

攻击例子：社交工程师总是声称自己来自 IT 部门，或自己是一个主管或主管的助理，企图给自己披上一件权威的外衣。

15.2.2　讨人喜欢

如果提出请求的人能够讨得别人的喜欢，或者跟受害者有相似的兴趣、信念或态度，那么人们就会倾向于满足他的请求。

攻击例子：攻击者通过谈话，可以设法了解受害者的业余爱好或兴趣，并声称自己有同样的爱好或兴趣。或者他可能声称自己来自同一个州或同一所学校，或有着相似的目标。社交工程师也会试图模仿目标的行为，以便使自己显得与之相似。

15.2.3　回报

当别人给了我们某些有价值的东西，或者承诺要给我们此类东西的时候，我们可能会不由自主地满足他的请求。对方给予的礼物可能是实实在在的物品，也可能是建议，或者帮助。当别人为你做了某件事情的时候，你总是会有一种要回报的倾向。就算这份礼物并不是你主动要来的，这种强烈的回报倾向也是存在的。影响别人帮我们一个"忙"(满足请求)的最有效方式之一是，给他(或她)一个礼物或帮助，从而形成潜在的义务(人情债)。

Hare Krishna 教派中的人特别善于影响别人来捐助自己的事业，他们首先给别人一本书或一束鲜花作为礼物，如果接受者试图归还礼物，则给予者就会拒绝收回，并且说，"这是我们给你的礼物。"Krishna 教徒利用人们的这种回报行为规则，有效地争得了更多捐助。

攻击例子：一名员工接到一个电话，对方声称来自 IT 部门。打电话的人解释说，公司中的某些计算机感染了一种反病毒软件不能识别的新病毒，该病毒可能会破坏计算机上的所有文件。他主动告诉该员工，通过哪些步骤可以防止问题的发生。随后，打电话的人请这名员工帮忙测试一个软件工具，该软件最近刚被更新过，它允许用户更改密码。这名员工不愿意拒绝，因为对方刚刚帮过自己，教会了自己如何免遭病毒的侵害。最后，他满足了打电话者的请求，以此作为回报。

15.2.4　言行一致

人们如果在公开场合表示过支持或提倡一件事，则会倾向于兑现自己的承诺。一旦我们承诺了要做某件事情，我们就不希望表现出不值得信任或者让人失望，我们会倾向于继续做下去，以便跟自己的声明或者承诺一致。

攻击例子：攻击者联系一名加入公司时间相对较短的员工，告诉她，要想获准使用公司的信息系统，就必须服从一定的安全政策和规程。在讨论了一些安全措施后，打电话的人要求用户提供她的密码，以便"验证"是否符合"选择不易猜测的密码"的政策。一旦用户透露了她的密码，打电话的人就向她建议，将来可以用某种方法来构造密码，这样打电话的人将来仍然可以猜到她的密码。受害者满足了他的请求，因为她先前已经同意了服从公司的政策，而且她认为打电话者只是想验证她是否符合这些政策。

15.2.5　跟其他人一样

如果一个人做事情的风格看上去跟其他人比较一致，则人们就会倾向于满足他的请求。其他人的行为已经被人们所接受，因而眼前的人的做法也被认为是正确的、恰当的举动。

攻击例子：打电话的人说自己正在做一项调查，并提到了部门中其他人的名字，说他们已经跟自己合作过了。受害者认为其他人的合作已经证明了该请求的真实性，于是就同意参与。然后，打电话的人问了一系列问题，其中包括让受害者透露自己的计算机用户名和密码。

15.2.6　供不应求

如果人们认为自己所寻求的东西货源紧张，而且别人也在竞争，或者它只在短时期内才会有货，那么他们就会倾向于满足请求。

攻击例子：攻击者发送电子邮件说，前 500 个在公司的新 Web 网站上注册的人将赢得一部新的热播电影的免费票。当毫无戒心的员工注册时，他被要求提供自己在公司的电子邮件地址并选择一个密码。很多人为了方便，倾向于在自己使用的所有计算机系统上选择相同或相似的密码。基于这样的行为习惯，攻击者利用 Web 网站注册过程中用户输入的用户名和密码，就可以试图攻击目标对象的工作或家庭计算机系统。

15.3　建立起培训和安全意识计划

仅仅给每个员工发一本信息安全政策手册，或者引导他们进入到一个详细介绍安全政策的内部网页面，其本身并不能降低你的风险。每一个商业机构不仅要用书面的形式定义自己的安全规则，还必须要付出额外的努力来指导每一个在工作中涉及公司信息或计算机系统的员工学习并遵守这些规则。更重要的是，必须要确保每个人都理解每条政策背后的原因，这样他们就不会为了贪图方便而绕过安全规则。不然的话，他们总可以拿无知作借口，而社交工程师则利用他们的无知作为攻击点。

任何一个树立安全意识的计划，其中心目标都是要影响员工，使他们改变自己的行为习惯和态度；采取的做法是，激发每个员工的参与热情，让他们做好分内工作，从而保护公司的信息资源。在这方面，一种极好的激励方式是，向员工解释他们的参与不仅对公司有利，对员工个人也是如此。因为公司里包含了员工的各种个人信息，所以，如果员工参与保护公司的信息或信息系统，那么，他们实际上也在保护自己的信息。

安全培训计划需要得到实质性的支持。每个有机会访问到敏感信息或公司计算机系统的员工，都在培训计划之列，而且，培训工作需要持之以恒，需要不断改进，以便让所有员工都知道最新的威胁和弱点。员工必须看得到，高层管理人员正在全力支持这一计划。这种支持必须是实实在在的，而不像"我们衷心祝愿"那样的空头支票。公司必须要有充足的资源来支撑这一计划的设计、沟通和测试，以及对结果成功度的衡量。

15.3.1 目标

在开展信息安全培训和安全意识计划时，需要时刻记住的一条基本准则是，该计划的核心思想是让所有的员工都具备这样一种意识，即自己的公司随时都可能会遭到攻击。他们必须懂得，在防范别人进入公司的计算机系统或者窃取敏感信息的过程中，每个员工都扮演了一个角色。

因为信息安全的很多方面都涉及技术，所以，员工很容易认为，这个问题是通过防火墙和其他安全技术来解决的。培训的首要目标应该是，让每个员工都建立起这样的意识：自己处于保护公司整体安全的最前线。

安全培训的目标，绝不能只是简单地灌输安全规则而已。培训计划的设计者必须认识到，当一部分员工面临着完成任务的压力时，有一种强大的诱惑力使他们忽略或忽视自己的安全职责。了解社交工程师的手段及如何防范他们的攻击，这些知识本身是很重要的，但只有当培训的重点放在激励员工运用这些知识上的时候，这些知识才是真正有价值的。

如果每个人在接受了培训以后，都能切实树立一条最基本的概念：信息安全是自己工作的一部分，那么，公司就可以认为安全培训和安全意识计划达到了最基本的目标。

员工必须从心底里理解并且接受这样的事实：社交工程攻击的威胁是现实存在的，公司敏感信息的严重泄露会危及公司，以及他们的个人信息和工作。从某种意义上讲，在工作中对信息安全心不在焉，就好像对个人的 ATM PIN 码或信用卡号码也心不在焉一样。在树立起对安全行为的热情时，这是一个非常有说服力的比喻。

15.3.2 建立起安全培训和安全意识计划

负责设计信息安全计划的人必须意识到，这并不是一个可适用于所有人的方案。相反，需要不断开发培训内容，以适应企业内部不同群组的特定需要。第 16 章所列举的安全政策虽然有很多可适用于所有部门的员工，但其他的许多政策只适用于特定部门的员工。最起码，多数公司需要针对下列群体量身定制培训计划：经理、IT部门的员工、计算机用户、非技术人员、行政助理、前台接待员，以及保安(针对工作类别所采用的政策分类，见第 16 章)。

由于负责公司工业安全的人通常对计算机不太精通，而且他们接触公司计算机的途径也很有限，所以，在设计这类培训计划时他们通常不被考虑在内。然而，社交工程师可欺骗保安或者其他人，请他们放自己进入办公楼或办公室，或者欺骗他们做一些能导致计算机入侵的操作。尽管保安人员肯定不需要像其他那些操作或使用计算机的人那样接受全面的培训，但是，在安全意识计划中，他们也是不能被忽视的。

在企业世界中，所有员工都需要接受各种形式的教育和培训，在这些教育和培训中，可能很少有像安全问题一样尽管非常重要但同时又很乏味的。设计巧妙的安全培训计划应该既能让员工学到知识，又能吸引他们的注意力并唤起他们的热情。

努力的目标应该是，使信息安全意识和培训过程成为一个富有吸引力的交互过程。具体的技巧包括：通过角色扮演来展示社交工程方法；回顾媒体最近对不走运的公司所受攻击的报道；讨论一下公司该采取哪些做法才能避免造成损失；或者播放一段寓教于乐的关于安全问题的视频录像。有一些公司专门从事安全意识工作，会相应地出售视频录像和其他材料。

注记

对于那些没有足够的资源来开发内部培训计划的公司，有一些培训公司可提供安全意识培训服务。像安全世界博览会(www.secureworldexpo.com)这样的大型展会是此类公司的聚集地。

本书中的故事提供了大量的材料来解释社交工程师的方法和计策，以便让人们意识到威胁的存在，并揭示了人类行为中的弱点。

可以考虑利用这些情节作为角色扮演活动的一个基础。这些故事也提供了大量的讨论话题，使参加培训的人可以热烈地参与讨论，受害者只有采取哪些不同的应对方式才能阻止这些攻击得逞。

熟练的课程开发者和培训师会遇到很多挑战，但同时也有很多机会使自己的课堂保持活跃气氛，并且在此过程中，激励每个人参与到安全方案中来。

15.3.3 培训的组成结构

在设计基本的安全意识培训计划时，应该考虑让所有员工都参加。新员工应该参加这样的培训，作为他们入职教育的一部分。我建议，在员工参加基本的安全意识培训以前，不要让他接触计算机。

关于最初的安全意识培训，我建议，培训的时间长短要恰到好处，既要足够长以便能引起注意，又要足够简短，使得重要的信息能被记住。尽管所涉及的材料非常多，做长时间的培训也无可厚非，但在我看来，通过一定数量的本质内容来说明安全意识和动机，比起用半天或全天课程来灌输太多信息从而导致受训者麻木，显然更有意义得多。

这类培训活动的重点应该是传达这样的思想：除非每个人都养成良好的安全工作习惯，否则就可能使公司和所有员工遭受伤害。比具体的安全措施更重要的是，要激励每个员工承担起各自的安全责任。

如果有些员工不方便参加课堂培训的话，公司应考虑通过其他的途径来开展安全意识培训，比如视频录像、基于计算机的培训、在线课程或者书面材料。

经过了最初短暂的培训课程以后，还应该设计更长时间的培训，以便教育员工并让他们知道，自己在公司所处的职位上有哪些具体的薄弱环节和攻击技术。至少每年需要做一次培训，让员工重温这些内容。安全威胁的本质，以及社交工程师欺骗人的手法一直都在翻新，所以，培训计划的内容也应该随之而变化。而且，人们的意识和警惕性也会随着时间而逐渐减弱，所以每过一段时间应该重新进行一次培训以强化安全准则。这时的重点仍然是两个方面：第一，让员工相信安全政策的重要性，并激励他们遵守这些安全政策；第二，揭示一些特定的安全威胁和社交工程方法。

经理们必须给自己的下属留出适当的时间，来熟悉安全政策和规程，以及参加安全意识计划。不要指望员工利用自己的业余时间来学习安全政策或者参加安全课程。在给新员工分配工作以前，应该给他们充足的时间来检查所有的安全政策，以及公布的安全措施。

如果员工在公司内部更换了岗位，而且新的岗位需要接触敏感信息或计算机系统，那么，他们当然需要接受一个针对其新职责而量身定制的安全培训计划。比如，当一名计算机操作员成为系统管理员，或者当前台接待员成为行政助理的时候，他们都需要接受新的培训。

15.3.4 培训课程的内容

究其根本，所有的社交工程攻击都有一个共同的元素：欺骗。受害者上当以后，相信攻击者是自己的同事，或者其他某个有权访问敏感信息的人；或者相信对方有权指示自己做一些跟计算机(或计算机相关的设备)有关的动作。如果被攻击的员工能够简单地遵从以下两个步骤，那么这些攻击几乎全都可以被挫败：

- 验证请求者的身份：提出请求的人确实是他自己所声称的那个人吗？
- 验证对方是否已被授权：对方是否确实需要知道他所要的信息，或者，他提出这样的请求是否是经过授权的？

行话

因为安全意识和培训从来都不能做到十全十美，所以要尽可能使用安全技术来建立一个深度防御系统。这意味着，安全手段是由技术而并非员工来提供的，例如，把操作系统配置成禁止员工从因特网下载软件，或禁用简短的、容易猜测的密码。

如果安全意识培训过程能够改变员工的行为，使他们始终如一地拿这些标准来测试任何一个请求，那么，因社交工程攻击而导致的风险就会大大减低。

一个务实的、考虑到人类行为和社交工程因素的信息安全意识和培训计划应该包括以下几点：

- 一份关于攻击者如何利用社交工程技巧来欺骗别人的描述。
- 社交工程师为达到自己的目的所采用的方法。
- 如何识别可能的社交工程攻击。
- 处理可疑请求的规程。
- 如果发现了社交工程攻击企图或者已经得逞的攻击，向何处报告。
- 对提出可疑请求的人加以质问的重要性，不管这人声称自己的职位是什么，或者他(或她)的请求有多重要。
- 未经适当的身份验证以前不能轻信别人，不能因为一时冲动，而在尚未证实的情况下相信对方。
- 对于任何一个提出请求来索取信息或者要求完成某些操作的人，验证其身份和权限的重要性(关于验证身份的具体方法，请参见第 16 章)。
- 保护敏感信息的规程，包括任何数据分类系统的知识。
- 从哪里能得到公司的安全政策和规程，以及这些场所对于保护信息和公司信息系统的重要性。
- 对关键安全政策的一份简要概括，以及对这些政策的含义的解释。比如，应该指导每个员工如何设计难以猜测的密码。
- 每个员工遵从安全政策的职责，以及违反政策的后果。

从定义来看，社交工程意味着总要涉及与他人的交互。攻击者为了达到自己的目的，常利用各种交际手段和技术。因此，较为全面的安全意识计划应该试图覆盖下述条款中的部分或全部：

- 与计算机密码和语音信箱密码有关的安全政策。
- 披露敏感信息或材料应遵循的步骤。

- 电子邮件的使用政策，包括采取措施来防止恶意代码攻击，如病毒、蠕虫和特洛伊木马等。
- 物理安全方面的要求，比如佩戴证件。
- 对于在办公区域内没有佩戴证件的人，任何员工都有责任质问他们。
- 语音信箱的最佳安全用法。
- 如何决定信息的分类，以及为保护敏感信息而采取适当的防范措施。
- 如何正确地处置敏感的文档，以及包含机密材料的计算机介质，或者，过去曾经存放过机密材料的计算机介质。

另外，如果公司打算使用渗透测试，来确定针对社交工程攻击的防范措施的有效性，就应该提醒员工注意到这样的事件。让员工知道，在测试过程中，别人可能会在某个时候，利用社交工程技术给他们打电话，或通过其他通讯方式与他们联系。公司应该利用这些测试结果来发现在哪些方面需要更多的培训，而不是惩罚员工。

上述条款的细节可以在第 16 章中找到。

15.4　测试

你的公司可能想要这样做：在允许员工访问计算机系统之前对他们进行测试，看他们对于在安全意识培训中学到的知识掌握到什么程度。如果你把这种测试设计成在线形式的，那么，有很多评估设计的软件程序可以帮助你，使你能够很容易地分析测试结果，以决定哪些方面的培训需要加强。

你的公司还可以考虑提供一份证书，表明员工已经完成了培训，以此作为对员工的奖励和鼓励。

我建议在培训结束时，作为惯例，请每个员工签署一份协议，承诺遵守在培训中教授的安全政策和原则。研究表明，签署了此类协议的人更有可能努力遵守这些规程。

15.5　持续的安全意识

大多数人都明白，学习到的东西，即便是很重要的事情，如果不定期地加以强化，就会被忘掉。由于在防范社交工程攻击这件事情上员工必须要跟得上形势的发展，所以，持续的安全意识计划是至关重要的。

为让员工在面临各种问题时首先想到安全性，一种方法是，将信息安全变成公司中每个人的一项特殊工作职责。这样做能够鼓励员工认识到他们在公司的总体安全中所处的重要地位。不然，员工就会有一种很强烈的倾向，认为安全"不是我的工作"。

尽管信息安全计划的总体责任通常是由安全部门或者信息技术部门的人来承担的，但是，信息安全意识计划的设计工作，最好是跟培训部门联合完成。

持续的安全意识计划必须富有创造性，要利用一切可利用的渠道来传递安全消息，使安全消息能够被记住，以便经常性地提醒员工保持好的安全习惯。在开发这一计划时，应该利用所有的传统渠道，同时，负责开发和实施这一计划的人也要尽可能想出更多的非传统途径。与传统的广告一样，幽默感和聪明机灵是能派上用场的。灵活改变安全消息中的字眼，以免员工们觉得太熟悉而忽略掉。

在持续的安全意识计划中，可能采取的措施包括：

- 将本书发给每位员工。
- 在公司的时事快报中加入提示性的栏目：比如，文章、方块形式的提醒(以简短而易引起注意的为佳)，或者卡通画。
- 公布本月安全员工的照片。
- 在员工区域挂海报。
- 在公告牌上贴出安全告示。
- 在工资单信封内附加打印材料。
- 通过电子邮件发送安全提示。
- 使用与安全相关的屏幕保护。

- 通过语音信箱系统广播安全提醒告示。
- 打印电话贴，上面写上"打给你电话的人果真是他所声称的那个人吗？"这类信息。
- 当登录计算机时显示提示信息，比如显示"如果你要在电子邮件中发送机密信息，请加密。"
- 在员工的业绩报告及年度考核中，把安全意识作为一项标准条款。
- 在内部网上加上安全意识提示，比如使用卡通或幽默，或者其他能吸引员工阅读的方法。
- 在员工食堂利用电子信息显示牌，显示一些经常变换的安全提示。
- 发放小传单和手册。
- 想出一些噱头戏，比如员工食堂中免费的幸运小甜饼，每个上面不是祝福语，而是一个安全提示。

威胁是时刻存在的，所以安全提示也要经常出现在员工的周围。

15.6 我会得到什么？

除了安全意识和培训计划，我强烈建议设立一个积极的、广为人知的奖励计划。如果员工发现或挫败了社交工程攻击的企图，或者以其他方式对信息安全计划的成功推行作出了贡献，那么公司必须给予承认，并有所补偿。在进行所有的安全培训时，都应该让员工知道有这么一个奖励计划；另外，对于违反安全的行为，也要在公司内部广为公布。

另一方面，每个人都必须要知道不遵守信息安全政策的后果，不管是无意的，还是有意抵制。尽管人人都可能会犯错误，但反复违反安全规程是绝对不能容忍的。

第16章

建议采用的企业信息安全政策

　　根据美联社 2002 年 4 月公布的 FBI 一项调查研究的结果，90%的大型企业和政府机构曾经遭受过计算机入侵者的攻击。有趣的是，这项研究还发现，只有三分之一的公司报了案或者公开承认他们遭受了攻击。这种不愿意暴露自己受害的沉默心态是可以理解的。为了避免自己的客户失去信心，也为了不让黑客们知道公司内部是有安全缺陷的，大多数商业机构并不公开报告计算机安全入侵事件。

　　关于社交工程攻击，似乎没有什么统计数据。如果有的话，报告出来的数据也是极不可靠的。大多数情况下，公司根本不知道什么时候某个社交工程师已经"偷走"了重要信息，所以，许多攻击并没有被注意到，当然也就不可能被报告出来。

　　公司里可能已经建立了有效的防范措施来对抗大多数类型的社交工程攻击，但是，这只是装门面而已——除非企业中的每个人都理解安全的重要性，并且在做工作的时候不仅心里想着而且行为上也遵从公司的安全政策，否则，社交工程攻击始终是企业的一个潜在的高风险因素。

　　实际上，随着科技的日益发展，对付安全破坏的手段正在不断加强，相比之下，通过人的途径来访问公司私有信息或者渗透企业网络的社交工程方法无疑会变得更加重要和频繁，对于信息窃贼也更有吸引力。工业间谍总是企图用最简单的方法来达到目的，而且希望被侦测到的风险最小。事实上，哪怕一家公司已经采用了最先进的安全技术来保护计算机系统和网络，考虑到那些使用社交工程策略、方法和技巧来作案的攻击者，这样的公司仍然可能有很大的风险。

本章展示了一些专门针对社交工程攻击的安全政策，通过这些政策可以使公司的风险降至最低。这些政策所针对的攻击并不严格依赖于技术上的缺陷，它们往往利用某一种借口或者计谋来欺骗一个轻信的员工，让他(或她)提供信息或者帮助执行一些操作，从而使攻击者能够访问到敏感的商业信息，或者可以访问企业的计算机系统和网络。

16.1　什么是安全政策

安全政策是指非常明确的条文，通过这些条文可以指导员工如何保护信息，安全政策也是有效防止潜在安全威胁的基石。在防范和检测社交工程攻击方面，安全政策具有重要的意义。

为有效地控制好企业的安全，必须利用一些正式文档化的政策和规程来培训员工。然而，很重要的一点是，这些安全政策，即使所有的员工都确定无疑地遵从了，那也不保证可以防止每一种社交工程攻击。相反，合理的目标应该是，可以将风险降低至可接受的程度。

这里所展示的政策中，虽然有的手段严格来说并不完全针对社交工程问题，但因为这些手段所应对的技术通常也被用于社交工程攻击，所以它们也被一并列出。例如，关于打开电子邮件附件的政策，因为邮件的附件可以安装恶意的特洛伊木马软件，从而允许攻击者控制受害者的计算机，所以这是计算机入侵者常用的一种方法。

16.1.1　开发一个信息安全计划的步骤

一个全面的信息安全计划通常要从风险评估开始，其目标是为了确定：

- 企业中哪些信息资产需要被保护起来？
- 针对这些信息资产存在哪些特定的威胁？
- 如果这些潜在的威胁真的发生的话，将对企业造成什么样的伤害？

风险评估的主要目标是，确定信息资产保护的优先顺序，哪些需要立即保护起来，另一方面，也可以从成本效益的角度来确定哪些防范措施是经济划算的。简而言之就是，哪些资产需要首先保护，应该花多少钱来保护这些资产？

很重要的一点是，高级主管们必须认可并大力支持安全政策和信息安全计划的开发工作。如同任何其他的企业计划一样，如果一个安全计划要想成功，管理层不能只是简单地签字表示同意，而应该通过以身作则的行为来体现大力支持的态度。员工们有必要知道，管理层坚信信息安全对于公司的运营至关重要，保护公司的商业信息对于公司的持续发展是非常必要的，甚至每个员工的工作也要依赖于信息安全计划的成功推行。

负责起草信息安全政策的人必须懂得，在编写这些政策时应该避免专业性太强的技术术语，而应该让非技术性的员工也能够理解。另外有一点也很重要，文档要清楚地表明为什么每一条政策是重要的，否则的话，员工们可能会忽视某些政策，认为纯属浪费时间。政策的编写者应该创建一个文档来展示这些政策，创建另一个单独的文档来说明各种规程，因为相对于实现政策的各种特定规程而言，政策本身的变化可能要不频繁得多。

而且，政策的编写者应该知道有哪些方法可以利用安全技术来加强信息安全防范措施。例如，在大多数操作系统中，可以限制用户密码必须遵从特定的规范，比如对密码长度的限定。在有些公司中，通过操作系统内部的本地策略和全局策略设置，可以控制用户下载程序。无论投资是否合算，这些政策都应该使用安全技术，从而避免人为因素。同时，也必须明确地告诉员工，如果不遵从安全政策和规程，将会有什么样的后果。因违反政策而引起的各种后果应该要规定下来，并且广泛公告。而且，对于那些具有良好安全习惯的员工，或者发现并报告了安全事件的员工，应该建立一套奖励计划。每当有员工因为阻止了安全事件而受到奖励时，应该在公司范围内广为通告，比如，可以在公司的时事快报上刊登消息。

安全意识计划的一个目的是，传达安全政策的重要性以及未遵守这些规则可能导致的损害。由于人的天性，员工总是会时不时地忽略或者绕过那些看起来不是很有道理或者太花时间的政策。公司的管理层有责任确保员工们正确地理解安全政策的重要性，并鼓励他们遵从政策，而不要将政策看成障碍从而绕过它们。

值得注意的一点是，信息安全政策并非一成不变。随着商业需求的变化，随着新的安全技术不断涌现到市场上，随着安全缺陷的进化，政策也需要修订，或者增补。所以，定期审查和更新政策的过程也是不可或缺的。将公司的安全政策和规程放到企业内部网上，或者在一个公开可访问的文件夹中维护这些政策。这样做的好处是，这些政策和规程会经常被员工们审查，而且，员工们有了一条捷径来快速找到任何信息安全问题的答案。

最后，公司应该定期地使用社交工程的方法和技巧来进行渗透测试和脆弱性评估，以便暴露出培训中的弱点，或者那些不符合公司政策和规程的地方。在使用任何欺骗性的渗透测试技巧之前，应该事先通知员工们，这样的测试可能会时不时地进行。

16.1.2 如何使用这些政策

本章中展示的详细政策仅代表了信息安全政策的一个子集，我相信，还有其他很多政策对于减轻安全风险也是必要的。因此，你不应该认为这里包含的政策是一份全面的信息安全政策列表。相反，你应该这样来看待，为了针对你公司的特殊需求而建立一套全面的安全政策，本章中的政策只是一个基础。

为一个机构编写政策的人必须根据该机构的特殊环境和商业目标来选择恰当的政策。根据一个机构的业务需要、法律需求、企业文化，以及公司所使用的信息系统，不同的机构有不同的安全需求，所以，每个机构从这里所列出的政策中挑选一些适合自己的政策，其他的可以忽略。

每个政策如何被确切地划分到每个类别中，同样也有多种选择。如果是一家小公司，办公场所集中在一个地方，那么，所有的员工相互都认识，因此，他们并不需要关心攻击者打电话假冒某个员工的情形(不过，假冒者仍然可以冒充成供应商)。另外，如果一家公司的风格比较随意，企业文化比较松散，那么他们可能希望采用一小部分推荐的政策，就可以满足它的安全目标了，不过，这样做的风险会有所增加。

16.2　数据分类

为了保护一个机构的信息资产，数据分类政策是非常基本的措施，它定义了各种级别来管理敏感信息的发放问题。数据分类政策提供了一个信息保护框架，其做法是，让所有员工都知道每一份数据的敏感度。

如果一个机构没有数据分类政策——如今的大多数公司都处于这样的状态，这实际上相当于把数据分类的决定权交到了每个员工的手上。自然地，员工的决定很大程度上取决于一些主观因素，而并非信息本身的敏感度、危急程度和它的价值。也可能因为员工的无知，从而轻易地答应外来的请求，将信息透露出去，甚至将信息直接交给攻击者。

数据分类政策建立起一些原则来指导如何将有价值的信息归到某一个类别中。由于每一份信息都被赋予了一个类别，员工们就可以遵从一系列数据处理规程，从而保护公司的敏感信息免于被无意中泄露出去。有了这些规程，员工们就不太可能上当受骗，把敏感信息交给未经授权的人。

　　针对公司的数据分类政策这一话题，每个员工也必须经过培训，其中包括那些通常不使用计算机或者公司通讯系统的人。因为公司里的每一位员工，包括清洁工、保安、复印室的职员，以及公司的顾问、合同工，甚至实习生，都有可能访问到敏感信息，所以，任何一个人都有可能成为攻击的目标。

　　管理层必须为当前正在使用的任何信息指派一个"信息所有者"。除了其他事情以外，信息所有者还要负责信息资产的保护工作。一般地，信息所有者首先要根据保护这份信息的需要，确定一个合适的类别，以后定期地评估这个类别是否仍然合适，以决定是否需要修改类别。信息所有者也可以将保护数据的责任委托给其他的看护人或指派人身上。

16.2.1　分类的类别和定义

　　根据敏感程度的不同，信息应该被分成不同的级别。一旦建立起一个特定的分类系统，再要重新将信息划分到新的类别中将是一个既费财又费时的过程。在我们的例子政策中，我选择了四个分类级别，这样的分类方法对于大多数中型或者大型的商业机构来说是恰当的。根据敏感信息的数量和类型，商业机构可以选择添加更多类别，以便进一步控制特定的信息类型。在小一点的商业机构中，三级的分类方案可能就已经足够了。记住一条，分类方案越复杂，在培训员工和推行分类系统方面的开销就越高。

　　机密。这一类信息是最敏感的。机密信息只能用于一个机构的内部。大多数情况下，只能在极有限的一部分人之间共享机密信息，而且这部分人的名单应该是非常明确的。所谓机密信息，是指那些一旦泄露，有可能对公司、股东、商业合作伙伴以及/或者客户造成严重的影响。一般而言，机密信息通常是下述某一种信息：

- 涉及商业机密、私有源代码、技术性或功能性说明规范的信息，也可能是对竞争对手有利的产品信息。
- 不应该公开的市场和财务信息。
- 对于公司运营至关重要的任何其他信息，比如未来的商业策略。

私有。这一类别覆盖了所有具有个人隐私特性的信息，也应该仅在机构内部使用。私有信息的泄露可能严重影响到员工个人，如果被未经授权的人得到的话(特别是社交工程师)，还可能会影响到整个公司。私有信息包括员工的医疗历史、健康受益情况、银行账户信息、薪水历史或者任何其他非公开的个人标识信息。

内部。这一类信息可以随便提供给机构内部的任何员工。一般来说，即使内部信息未经授权被泄露出去，也不应该对公司、股东、商业合作伙伴、客户或者员工造成严重损害。然而，在社交工程的许多技巧中，老练的社交工程师可以利用这样的信息，将自己伪装成一名已经授权的员工、合同工或者供应商，从而欺骗那些毫无戒心的员工，让他们提供更多的敏感信息，最终导致社交工程师未经许可就可以访问公司的计算机系统。

如果内部信息有可能被暴露给第三方，比如供应商公司的员工、承包方的工人、合作公司的员工，等等，那么事先一定要签订保密协议。通常内部信息包括每天日常工作中用到的、任何不应该对外的信息，比如公司的组织结构图，网络拨号接入的号码，内部计算机系统中用到的名字，远程访问的程序，费用中心号码，等等。

公开。这是指可以对外公开的信息。这一类信息可以被自由地发布给任何一个人，比如新闻稿、客户支持的联系电话，或者产品的宣传册。注意，任何未特别指明是公开的信息，一律视同为敏感信息。

这里的内部信息类别通常被安全人士冠以"敏感"的称谓。我之所以选择"内部"一词，是因为这个词本身已经解释了它的含义。我在使用"敏感"一词时，并不是指安全类别，而是作为一种便捷的方法来统称机密、私有和内部信息；或者换一种说法，敏感信息也指任何未特别指明是公开的信息。

16.2.2 分类数据中用到的术语

根据数据的分类，每一份数据应该被分发到某些特定类别的人手中。本章中的许多政策都涉及信息被交给未经核实的人。从这些政策的角度来看，未经核实人员是指这样的人：当事员工并不清楚这个人是否也是一个在职的员工，或不清楚这个人是否是一个具备必要的等级从而可以访问目标信息的员工，或者这是一个未经可信第三方担保的人。

在这些政策中，"可信人员"是指：你已经跟他(或她)当面会见过了，而且你知道他(或她)是公司的员工、客户或者顾问，并且在公司里有必要的等级可以访问目标信息。可信人员也可以是另外一家与你的公司已经建立起关系的公司的员工(例如，客户公司、供应商，或者已经签署了保密协议的战略商业伙伴)。

在"第三方担保的情形"中，一个可信人员必须提供他(或她)的工作或状态的证明，以及请求目标信息或者请求执行某些操作的授权证明。注意，某些情况下，这些政策要求你在响应对方的请求或者执行对方要求的操作之前，核查这位可信人员仍然在那家公司任职，你只需咨询某一个该公司已经担保过的人就可以做到这一点。

"特权账户"是一个计算机账户，或其他的账户，它具有一些普通用户账户所不具备的访问许可，比如系统管理员账户就是一个特权账户。具有特权账户的员工往往有能力修改用户的特权，或者执行一些系统功能。

"公共的部门信箱"是指一个语音信箱，它用一些与部门有关的普通信息作为回答。之所以使用这样的信箱，是为了保护一个特定部门内部的员工的名字和电话分机号码。

16.3　验证和授权规程

信息窃贼往往伪装成合法的员工、合同工、供应商或者商业伙伴，利用欺骗的手法来获取或者访问机密的商业信息。为保持有效的信息安全，当员工接到一个请求，要求执行一些操作或者提供敏感信息的时候，他(或她)必须非常确定地知道打电话的人是谁，并且在准许对方的请求之前首先核实他是否已经授权。

本章中建议的规程可以帮助员工在接到一个请求的时候，无论该请求是通过何种通讯方式提出的，比如电话、电子邮件或者传真，他(或她)都可以确定该请求或者提出请求的人是否合法。

16.3.1　可信人员提出的请求

如果可信人员要求获得某一信息，或者要求执行一个操作，那么，在面对这样的请求时，可能需要：

- 验证一下该公司是否确实雇用了这个人，而且现在这种雇用关系仍然存在，或者验证一下这个人与该公司具有某种特殊的关系，并且这种关系可以作为他访问这一类别信息的一个条件。这么做可以阻止那些已经终止合约关系的员工、供应商、合同工或其他那些已不再与公司有关联的人，冒充现职员工进行欺骗。
- 验证一下这个人确实有理由知道这份信息或者执行这个操作，并且他(或她)已经得到授权。

16.3.2 未经核实人员的请求

当一个请求是由未经核实的人提出来的时候，必须要使用一个合理的验证过程，以便明确地知道提出请求的人是谁，他(或她)是否有权获得所请求的信息，尤其是当该请求涉及到计算机或者与计算机相关的设备的时候，更要执行必要的验证过程。为防止社交工程攻击得逞，这个验证过程是最基本的控制措施；如果这些验证规程总能被遵照执行的话，则能大幅降低社交工程攻击的成功机会。

很重要的一点是，你不能够将验证过程规定得过于繁复，否则，要么它的成本特别高，要么员工根本不采用它。

正如接下去将要详细描述的那样，验证过程包括三个步骤：

- 验证这个人正是他或她所声称的那个人。
- 确定请求者是否目前正在公司任职，或者与公司有某一种正当的关系，这种关系让他或她有必要知道其所请求的信息。
- 确定这个人是否已经被授权，允许他或她接受所请求的信息，或者执行所请求的操作。

步骤一：身份验证

下面按照有效性的顺序列出了本书推荐的身份验证步骤，也就是说，编号越大，该方法的效果越好。而且，每个条款中也包含了一段文字来介绍该方法的弱点，以及社交工程师如何利用其弱点来挫败或绕过该方法，从而达到欺骗员工的目的。

1. 来电显示(假定公司的电话系统中启动了这项特性)。从来电显示屏幕上，可以知道电话是从公司内部打来的，还是从外部打来的，而且，接电话的人可以判断出，所显示的名字和电话号码是否与对方提供的身份信息相匹配。

弱点：外部的来电显示信息可以被篡改，如果一台连接了数字电话服务的 PBX 或者电话交换机被别有用心的人访问到的话，他(或她)就可以篡改来电显示信息。

2. 回电。在公司的目录中找到请求者的信息，然后回电话给他

(或她)的分机号码，从而验证请求者也是本公司的员工。

弱点：具有丰富知识的攻击者可以为公司的分机号码设定电话转移，这样，当员工为了验证身份而回电话给目录中所列出的分机号码时，这个电话被转移到攻击者的外部电话号码上。

3. 担保。由可信人员为请求者的身份作担保，从而请求者的身份得以证实。

缺点：善用借口的攻击者通常能使另一名员工相信他们的身份，然后让这名员工来为他们作担保。

4. 共享的秘密。在企业范围内使用一个共享的秘密，比如一个密码或者每日代码。

弱点：如果有许多人知道共享的秘密，则攻击者或许很容易就能够知道该秘密。

5. 员工的上司/经理。打电话给员工的直接上司，请求验证该员工的身份。

弱点：如果请求者提供了其经理的电话号码，那么，当员工打电话过去时，接电话的人可能并不是真正的经理，相反，有可能是攻击者的同谋。

6. 安全的电子邮件。要求一封经过数字签名的邮件。

弱点：如果攻击者已经控制了一名员工的计算机，并且安装了一个击键记录器，从而获得了该员工的口令短语，那么，他就可以发送一封经过数字签名的电子邮件，看起来就像真的是这名员工发出来的一样。

7. 个人语音识别。接到请求的人曾与请求者打过交道(最好是面对面的)，并且很清楚地知道这个人确实是一个可信的人，或者，接到请求的人与请求者非常熟悉，能够在电话中辨认出他或她的声音。

弱点：这是非常安全的方法，攻击者不太容易躲得过去，但是，如果接到请求的人从来没有与对方会过面，或者从来没有与对方说过话，那么，这种办法就无用武之地了。

8. 动态密码。请求者通过使用一个动态密码设备，比如安全卡，来证明他或她自己。

缺点：为挫败这种方法，攻击者必须获得一个动态密码设备，并获得该设备所属的员工的 PIN 码；或者，攻击者欺骗一个员工，让他读出他的设备上显示的信息，并且把他的 PIN 码也告诉自己。

9. 佩戴 ID 卡。请求者亲自到场，并且出示员工证件，或者其他适当的身份标识，最好是附有照片的身份证件。

弱点：攻击者通常能够偷到员工证件，或者制造一个看似可信的假证件；然而，攻击者往往尽可能不使用这种方法，因为若攻击者亲自到场的话，则日后被指认出来或者被逮捕的风险太大了。

步骤二：任职状态的验证

其实，最大的信息安全威胁并不来自于专业的社交工程师，也不是老练的计算机入侵者，而是你我周围比较亲近的某个人：刚刚被解雇的员工伺机报复，或者利用从公司偷来的信息为自己谋取利益(注意，针对那些与你的公司有某种商业关系的人，比如供应商员工、顾问或者合同工，这条规程也应该有一个相应的版本来验证他们是否仍然具有这样的商业关系)。

在提供敏感信息给对方，或者根据对方的指示在计算机或者相关的设备上执行操作之前，应该利用下述方法之一来验证请求者仍然是一名现职员工：

- **检查员工目录**。如果公司维护了一份在线的员工目录，该目录能够精确地反映出当前现职的员工，那么验证一下这名请求者是否被列在目录中。
- **向请求者的经理核实**。利用公司目录中列出的电话号码，打电话给请求者的经理。注意，不要使用请求者提供的电话号码。
- **向请求者的部门或者工作组核实**。打电话给请求者的部门或者工作组，向该部门或者工作组中的任一个人核查，以此来确定这名请求者是否仍在公司工作。

步骤三：验证请求者确有必要知道一份信息

除了验证请求者是一名现职员工，或者与你的公司有一层特殊关系外，还有一个问题是，请求者是否已经被授权访问他或她所请求的信息，或者是否允许执行他或她所请求的、会影响计算机或相关设备的操作。

利用下述方法之一可以作出这一决定：

- **检查工作职位/工作组/责任列表**。公司可以这样来提供授权信息：公布一系列名单，指明哪些员工允许访问什么样的信息。这些名单可以按照员工的职位、员工的部门和工作组、员工的责任，或者这三者的组合来组织。这样的名单必须以网络在线方式维护起来，以保持最新的状态，并且让员工能很快地得到授权信息。一般而言，信息所有者负责创建和维护这些名单，这样可以保证信息所有者总能控制对信息的访问。

> **注记**
>
> 　　值得注意的一点是，一旦维护了这些名单，也等于是向社交工程师发出了邀请。考虑这样的情形：如果一个攻击者盯上了一家公司，现在他知道这家公司维护了这些名单，那么，这让他有强烈的动机想要得到至少一份名单。而一旦得手后，这份名单等于向攻击者打开了大门，从而置公司于极其危险的境地。

- **从经理那里获得授权**。一个员工可以联络他或她的经理，或者联络请求者的经理，以获得对此请求的授权。
- **从信息所有者或者委托人那里获得授权**。是否要给某个特定的人授以信息访问权，信息所有者具有最终的决定权。基于计算机的访问控制过程是这样来实现的：员工联络他或者她的直接经理，由经理根据工作职位的定义来批准对一份信息的访问请求。如果不存在这样的工作职位定义，则经理有责任联系相关的数据所有者来获得数据访问许可。公司里的员工应该遵守这条命令链，这样，如果有一份信息经常有人需要访问，则信息所有者不会被大量的请求干扰。

- **通过一个私有的软件包来获得授权**。如果一家公司处于竞争激烈的行业中，那么，自行开发一个私有的软件包来管理授权信息，可能是一种非常切实可行的做法。这样的数据库中保存了员工的名字以及对各种分类信息的访问特权。用户无法查询每个人的访问权限，相反，他或她可以输入请求者的名字，以及与请求信息相关联的标识符。于是，该软件给出一个答案，表明这名员工是否已经被授权访问这份信息。采用这种私有软件的做法，可以避免下列危险：对于那些可能遭窃的有价值的、关键的或敏感的信息，将所有有权限访问这些信息的人员制作成一份名单。一旦这份名单落入竞争对手手中，则后果不堪设想。

16.4 管理政策

下面的政策适用于管理层次的员工，它们被分成：数据分类、信息公布、电话管理和其他杂项。请注意，为了类别的清晰起见，每一类政策使用单独的编号顺序。

数据分类政策

数据分类是指你的公司如何界定信息的敏感度，以及谁有权访问这些信息。

1-1 指定数据分类等级

政策：一切有价值的、敏感的或者关键性的商业信息必须要指定一个分类级别，这应该由指派的信息所有者或者委托人来完成。

说明： 指派的所有者或者委托人应该为所有属于商业用途的信息指定恰当的数据分类级别。所有者还要控制谁可以访问这些信息，以及这些信息可用于哪些用途。信息所有者也可能会重新指定新的分类级别，或者指定该信息在一定时期内自动降低机密等级。

任何内容，如果没有被指定等级的话，则应归为敏感等级。

1-2 公布等级处理规程

政策： 公司必须建立一系列规程来管理每一种类别信息的对外发放事项。

说明： 一旦数据类别已经建立起来，则针对员工和外来人员的信息发放规程也应该相应地建立起来，有关细节请参见本章前面的"验证和授权规程"一节。

1-3 标注所有信息

政策： 无论是打印材料，还是包含了机密的、私有的或者内部信息的存储介质，都应该有明确的标注，以表明正确的数据分类等级。

说明： 硬拷贝的文档必须有一个封面，上面应该清晰地标出该文档的分类等级，每一页也应该标出分类等级，这样，当打开文档的时候就可以直接看到分类信息。

对于那些不是很容易标注分类等级的电子文件(数据库或者原始的数据文件)，必须要通过访问控制的办法来加强保护，以确保这些信息不会被非法泄露出去，也要确保它们不会被篡改、销毁或者弄得无法访问。

所有的计算机介质，比如软盘、磁带和 CD-ROM 等，必须按照介质中最高的信息分类等级来标注。

信息公布

信息发布涉及到如何根据对方的身份以及他们是否有权知道所请求的信息，将信息发布给各种不同的人。

2-1 员工验证规程

政策：公司应该建立起全面的规程，以便让员工在发布机密信息或敏感信息，或者执行任何涉及计算机软硬件的操作之前，可以验证一个人的身份、在职状态以及相应的授权情况。

说明：根据公司的规模和安全需求来看，应该使用先进的安全技术来认证身份。最好的安全措施是，将认证令牌与共享秘密结合起来，从而可以非常确定地识别出提出请求之人的身份。尽管这项措施确确实实可以将风险降至最低，但有些企业可能承受不起它的成本。在此类情况下，公司应该使用一个全公司范围内的共享秘密，比如每日密码或代码。

2-2 发布信息给第三方

政策：这里推荐的一组信息发布规程必须要实行起来，而且所有员工都应该接受培训并且遵从这些规程。

说明：一般而言，针对以下情形需要建立发布规程：

- 在公司范围内共享信息。
- 将信息发布给与自己公司有某种合作关系的机构的个人或者员工，比如咨询顾问、临时工、实习生，以及供应商公司或者策略合作伙伴的员工等。
- 将信息发布到公司的外部。
- 当信息被当面转交，或者通过电话、电子邮件、传真、语音信箱、邮政服务、签名递送服务、电子传输等手段来传达时，在每种分类等级上的信息发布都需要相应的规程。

2-3　机密信息的发布

政策：机密信息，是指一旦被未经授权的人获得，有可能会给公司带来严重伤害。因此，机密信息只能被转交给已经授权的可信人员。

说明：物理形式的机密信息(指打印出来的副本，或者存放在可移动的介质上)应该通过以下方式来转交：

- 当面转交。
- 通过内部函件，要求签名密封，并标上机密等级字样。
- 在公司外部，则通过某一家声誉较好的快递服务公司来传递，比如联邦快递(FedEx)、UPS 包裹运送公司等，并且要求接收人签名领取；或者也可以通过某一项已经经过认证和注册的正规邮政服务来传递。

电子形式的机密信息(计算机文件、数据库文件、电子邮件等)则可通过下列方式来转交：

- 包含在加密电子邮件的内容中。
- 首先做成一个加密文件，然后通过电子邮件的附件来传送。
- 通过计算机的传真程序来传送，条件是，只有接收者才可以使用目标计算机；或者当传真被发送出去的时候，接收者正在目标机器上等候。另一种做法是，如果发送者通过加密的电话链路将传真发送至一台有密码保护的传真服务器，那么即使接收者当时不在，发送者也可以发送传真。

机密信息在面对面时可以讨论；在公司内部的电话上也可以；如果电话是加密的话，则在公司外部也可以；通过加密的卫星传输通道也可以；通过加密的视频会议链路也可以；通过加密的网络电话(VoIP)也可以讨论。

如果通过传真机来传送机密信息的话，则建议发送者首先传送一个封面；接收者在接收到封面以后，传送一个响应页，表示他或者她正在传真机旁边。然后发送者再传送机密的内容。

以下通讯方式不能用于讨论或者发布机密信息：未经加密的电

子邮件、语音信箱留言、普通的邮政信件或者任何无线通讯方法(移
动电话、短信服务或者无绳电话)。

2-4 私有信息的发布

政策：私有信息，是指有关一个员工或者一群员工的个人信息。
私有信息一旦被泄露的话，它有可能被用来伤害员工或者公司。因
此，私有信息只能被转交给已经授权的可信人员。

说明：物理形式的私有信息(指打印出来的副本，或者存放在可
移动的介质上)应该通过以下方式来转交：

- 当面转交。
- 通过内部函件，要求签名密封，并标上私有等级字样。
- 通过常规的邮政信件。

电子形式的私有信息(计算机文件、数据库文件、电子邮件等)
则可以通过下列方式来转交：

- 通过内部电子邮件。
- 通过电子方式传输至公司内部网络中的某一台服务器上。
- 利用传真来传送私有信息，条件是，只有接收者才可以使用
  目标计算机；或者当传真被发送出去的时候，接收者正在目
  标机器上等候。传真也可以被发送至一台有密码保护的传真
  服务器。另一种做法是，如果发送者通过加密的电话链路将
  传真发送至一台有密码保护的传真服务器，那么即使接收者
  当时不在，发送者也可以发送传真。

私有信息在面对面时可以讨论；在电话上也可以；通过卫星传
输通道也可以；通过视频会议链路也可以；通过加密的网络电话
(VoIP)也可以讨论。

以下通讯方式不能用于讨论或者发布私有信息：未经加密的电
子邮件、语音信箱留言、普通的邮政信件或者任何无线通讯方法(移
动电话、短信服务或者无绳电话)。

2-5　内部信息的发布

政策：内部信息是指仅限于在公司内部的员工或者已经签订了保密协议的可信人员之间共享的信息。公司必须建立一套关于内部信息发布的指导规则。

说明：发布内部信息可采用任何形式，包括内部电子邮件；但是，如果电子邮件不加密的话，则不应该被发布到公司外部。

2-6　在电话中讨论敏感信息

政策：如果一份信息并没有被指定为公开的，那么，若有人通过电话请求这样的信息，则在透露信息之前，接电话的人必须能够根据以前与对方打交道的经验，辨别出对方的声音，或者公司的电话系统能够识别出该电话是从内部的电话号码打来的，而且该号码正好被分配给打电话的人。

说明：如果接电话的人并不认识打电话人的声音，那么，他(或她)可以打电话给对方的内部电话号码，通过记录下来的语音信箱留言来验证对方的声音，或者让对方的经理来验证其身份，以及需要知道这些信息的理由。

2-7　大厅或接待人员规程

政策：大厅职员在将物件转交给任何一个不认识的员工之前，一定要首先看到带相片的身份证件。而且要在日志中记录下这个人的名字、驾驶执照号码、出生日期、转交的物件，以及这次转交的日期和时间。

说明：这条政策也适用于将物件转交给邮递员或快递服务(如联邦快递、UPS 包裹运送或者安邦快递[Airborne Express]等)的情形。这些公司都给员工发了身份卡，因此可以利用这些身份卡来验证他们的身份。

2-8 将软件转交给第三方

政策：在转交或者公布任何软件、程序或者计算机指令之前，一定要非常肯定地验证对方的身份，而且，必须要明确，如果把对方所请求的信息发放出去，是否与该信息所属的分类等级相一致。一般而言，公司内部开发的软件的源代码往往被认为是高度私有的，属于机密等级。

说明：授权的依据往往是，对方是否需要访问所请求的软件来完成他或者她的工作。

2-9 销售和市场人员考查潜在客户的资格

政策：销售和市场人员在把内部回电号码、产品计划、产品组的联系人信息或者其他敏感信息告诉给潜在的客户之前，应该先考查对方是否符合必要的条件。

说明：工业间谍常用的一个伎俩是，与目标公司的销售和市场代表联系，并且让他相信很快会有一宗大买卖。而销售和市场代表为了抓住转瞬即逝的销售机会，往往会提供一些信息。这些信息可以被攻击者用作筹码，以获得更多的敏感信息。

2-10 传输文件或数据

政策：文件或者其他的电子数据不应该被传输到任何一种可移动介质上，除非请求这些数据的人是可信的人，其身份已经被验证了，而且他或她确实需要这种格式的数据。

说明：社交工程师可以很容易地让一个员工上他的圈套，他只要提出一个合理的请求，希望员工将敏感信息复制到磁带、ZIP 盘或者其他的可移动介质中，然后寄给他或者放在大厅里等人来取。

电话管理

电话管理政策确保员工们能够验证来电者的身份，并且保护他们自己的联系信息不会被这些打电话进公司的人获得。

3-1 针对拨号接入号码或者传真号码的电话转移

政策：电话转移服务允许将来电转移到外部电话号码上，所以，这样的电话转移服务绝对不应该被设置到公司内部的拨号接入调制解调器或者传真电话号码上。

说明：老练的攻击者可能欺骗电话公司的员工或者内部负责电讯的员工，让他们将内部号码转移到外部的由攻击者控制的电话线上。这种攻击使得入侵者可以截获传真，他可以请求将机密信息传真到公司的内部号码上(一般的职员总是认为，在公司内部发送传真一定是安全的)，或者引诱拨号用户输入他们的账户密码，而实际上，他已经将拨号接入的电话线路转移到了一台模仿登录过程的陷阱计算机上。

根据公司内部使用的电话服务的具体情况，电话转移功能有可能是由电讯提供商控制的，而不是由公司内部的电讯部门来控制。这种情况下，公司应该向电讯提供商提出请求，要求确保电话转移功能不会设置到拨号接入和传真线路的电话号码上。

3-2 来电显示

政策：公司的电话系统必须在所有的内部电话座机上提供来电线路识别功能(即来电显示)。如果可能的话，应该用专门的铃声表示电话是从公司外面打进来的。

说明：如果员工能够证实从外面打电话进来的人的身份，那有助于阻止攻击事件的发生，或者有助于向适当的安全人员指认攻击者。

3-3 免费拨打的电话

政策：为避免来访者假冒公司的员工，每一个免费拨打的电话也都应该在接听者的来电显示屏幕上清楚地指明来电者的位置(比如"大厅")。

说明：如果内部电话的来电显示屏幕上仅仅显示分机号码，那么，对于放置在接待处和任何其他公共场所的内部电话必须有专门的规定。应该要做到，攻击者无法利用这些电话来欺骗内部的员工，使他们误以为电话是从某个内部员工的座位上打过来的。

3-4　电话系统制造商设定的默认出厂密码

政策：在公司员工正式使用语音信箱以前，管理员应该把电话系统出厂时设置的所有默认密码统统改掉。

说明：社交工程师可以从制造商那里获得各种默认密码，然后用这些密码来访问管理员账户。

3-5　部门语音信箱

政策：为每个经常与大众保持联系的部门设立一个通用的语音信箱。

说明：社交工程师的第一个行动步骤是收集有关目标公司和它的员工的各种信息。如果公司限制了外界对内部员工名字和电话的访问，则社交工程师更难找到公司内部的攻击目标，也更难利用合法员工的名字来欺骗其他员工。

3-6　电话系统供应商的验证

政策：针对供应商的技术支持人员，如果没有得到供应商明确的身份证明，以及执行任务的授权，就不允许他们远程访问公司的电话系统。

说明：一旦计算机入侵者获得对公司电话系统的访问权，他或她就能够创建语音信箱、截获发给其他用户的消息，或者大打免费电话，而让公司来承担费用。

3-7　电话系统的配置

政策：语音信箱的管理员要在电话系统中配置适当的安全参数，以强制执行公司的安全要求。

说明：电话系统配置的安全性可以大于，也可以小于语音信箱的安全性。管理员应该了解公司安全的关键之处，并且与安全人员一起来配置电话系统，以保护公司的敏感数据。

3-8 电话追踪功能

政策：根据电讯提供商的限制情况，如果有可能的话，电话跟踪服务应该在全范围内被打开，这样，当怀疑来电者是一名攻击者的时候，公司的员工可以激活陷阱追踪(trap-and-trace)功能。

说明：公司应该培训员工如何使用电话追踪功能，以及在什么样的环境下使用这种功能才是恰当的。如果打电话的人很明显想要越权访问公司的计算机系统或者请求某些敏感信息，这时就应该启动电话追踪功能。每次当员工激活了电话追踪功能的时候，同时也要立即给事件报告组织发送一个通知。

3-9 自动电话系统

政策：如果公司使用了一个自动电话应答系统，那么，在设置该系统时必须保证，当电话被转接至某个员工或者部门的时候，不能将分机号码读出来。

说明：攻击者可利用一个公司的自动电话系统，摸清员工名字与电话分机之间的对应关系。然后，攻击者利用这些分机号码的知识，让电话接听者相信，他也是公司的员工，从而有权利接触内部信息。

3-10 经过多次连续无效的访问企图之后语音信箱应该被禁止

政策：公司的电话系统应该被设置成：当连续多次访问一个语音信箱失败以后，如果失败的次数达到了一定的值，则电话系统锁定该语音信箱账户，不让继续访问。

说明：如果连续 5 次未能成功登录一个语音信箱，则电讯管理员必须锁定该语音信箱。然后，管理员必须手工重置这些被锁定的语音信箱。

3-11 受限制的电话分机

政策：所有分配给部门或者工作组的内部分机号码通常并不需要接听来自外部的电话(如内部服务台、计算机室、员工技术支持等)，它们应该被设置成：只有从内部分机号码才能打电话给这些号码。另一种办法是，将这些号码用密码保护起来，这样，员工或者其他的授权人员从外部打电话进来的时候，必须要输入正确密码。

说明：虽然使用这种政策可以阻止绝大多数业余社交工程师打电话给他们的潜在目标，但值得指出的是，一个心意坚定的攻击者有时候可以说服员工，让他(或她)打电话给这些受限的分机，并且请接电话的人回电话给攻击者，或者干脆在受限的分机中开起三方会议来。在安全培训中，像这种欺骗员工帮助入侵者的手段应该要认真加以讨论，以便加强员工对这些欺骗手法的认知程度。

其他

4-1 员工证件的设计

政策：员工的证件必须要被设计成包含一幅较大的相片，以便在较远处就能一眼认出。

说明：公司身份证件上标准设计的相片，若从安全的用途来看，也就是聊胜于无而已。当一个人进入大楼的时候，负责身份检查的保安或者接待员与此人之间的距离通常非常大，相比之下，相片则显得太小而无法辨认。如果要让相片在这种情况下也能有所价值的话，则重新设计证件是非常必要的。

4-2 当职位改变或者职责改变时必须重新检查访问权限

政策：每次当公司的员工改变了职位或者工作职责有所增减的时候，该员工的经理要通知 IT 部门该员工的职责改变了，所以，针对该员工的安全权限也要相应地重新分配。

说明：为了避免泄露那些被保护的信息，有必要对员工的访问权限进行管理。可以采用"最小特权"规则：分配给用户的访问权限，正好是为了完成他们的工作所需要的最小权限。任何一个请求，如果其结果会导致提升用户的访问权限，则必须要有相应的政策来赋予这部分被提升起来的访问权限。

员工的经理或者人力资源部门负责通知信息技术部门，以便根据需要正确地调整账户所有人的访问权限。

4-3　针对非员工的特殊识别方法

政策：公司应该发放一种带有特殊图案的证件给那些可信的邮递人员，或者因业务需要而经常进入公司办公区域的非公司员工。

说明：那些需要进入公司的非公司员工(比如，搬运食品或饮料到餐厅的人员、修理复印机或者安装电话的工人)，对于公司都有可能构成威胁。除了给这些来访者发放特别的证件以外，还要培训公司的员工，让他们在看到不戴证件的来访者时，知道该如何处理。

4-4　停掉合同工的计算机账户

政策：如果公司已经给合同工开设了计算机账户，那么，当他或她完成了任务的时候，或者当合同到期的时候，负责的经理应该立即通知信息技术部门，停止该合同工的计算机账户，包括用于数据库访问、拨号接入或者远程 Internet 访问的所有账户。

说明：当一名员工的合约终止的时候，有一种潜在的危险是，他或她利用自己所熟知的关于公司计算机系统和各种规程的知识，来获得对数据的访问权。该员工使用的或者知道的所有计算机账户都要迅速禁止掉。这包括用于访问产品数据库的账户、远程拨号接入账户，以及任何可用于访问计算机相关设备的账户。

4-5　事件报告组织

政策：公司必须要建立一个事件报告组织，或者，在小一点的公司里，必须指定一个事件报告人和一个候补人。当安全事件可能正在进行中的时候，这个组织或者个人专门负责接收和发布与此相关的报警信息。

说明：由于可疑安全事件的报告集中到一处了，原先可能被忽视的攻击就能够被检测到。如果报告并检测到对整个机构范围内的系统性攻击，则事件报告组织或许能够确定出攻击者的目标是哪些信息，从而可以采取专门措施来保护这些信息资产。

4-6 事件报告热线

政策：必须为事件报告组织或者个人建立一条热线，它往往是一个很容易记住的电话分机号码。

说明：当员工怀疑自己成了社交工程攻击的目标时，他们必须能够立即通知事件报告组织。为使员工的通知尽可能地及时，所有的公司电话接线员和前台接待员必须将该号码张贴在显眼的地方，要不然也得立即可以查到才行。

公司范围内的早期报警系统可以有效地帮助公司检测和响应正在进行中的攻击。员工必须训练有素，因而，一旦某个员工怀疑自己成了社交工程攻击目标，他或她立即打电话给事件报告热线。按照公布出来的规程，事件报告组织的人员会立即通知那些已被锁定为目标的人群，告诉他们可能有人正在入侵，因此他们可以有所防范。为了使员工的报告尽可能地及时，必须在公司范围内广泛地发布报告热线号码。

4-7 敏感区域必须要被保护起来

政策：敏感区域或者安全区域必须有警卫来守护，对于出入人员，要求两种形式的身份认证。

说明：一种可以接受的认证形式是使用数字的电子锁，它要求员工刷一下他或她的员工卡，并输入一个访问码。保护敏感区域的最佳方法是,在受管制区域的任何一个入口处安排一个警卫来站岗，由他密切监视出入人员。对于有的组织，这种做法并不经济可行，那么，这样的组织应该使用两种形式的认证机制来验证身份。依据风险和代价的平衡，这里推荐使用基于生物特征的访问卡。

4-8 电话和网络机柜

政策：包含网络电缆、电话线或者网络访问点设备的机柜、机箱或者房间，任何时候都要加以保护。

说明：只有已经授权的员工才允许访问电话和网络的机箱、房间或者机柜。任何外部维护人员或者供应商的员工必须根据信息安全部门颁布的规程，经过明确的身份验证才允许访问。对于电话线、网络集线器、交换机、网桥或者其他相关设备，攻击者可能利用对这些设备的访问权来侵犯计算机和网络安全。

4-9 公司内部的邮箱

政策：公司内部的邮箱不应该被设置在人人都能踏入的区域中。

说明：工业间谍或者计算机入侵者如果能够踏入公司内部的邮件收发地点，他们就可以很容易地发送伪造的授权信件或者内部表格，利用这些信件或表格授权员工透露机密信息或者帮助攻击者执行一些操作。而且，攻击者可邮寄一张软盘或者其他的电子介质，来指示安装软件补丁，或者打开一个内嵌了宏命令的文件，通过这些手段来达到攻击者的目标。自然地，对于公司员工来说，凡在公司内部邮箱中接收到的请求，都被认为是可信的。

4-10 公司布告板

政策：涉及公司员工福利的布告不应该张贴在公众可以进出的地方。

说明：许多公司都设置了布告板，公司的私有信息或者员工的信息被张贴于其上，任何人都可以看得到。公司的通知、员工名单、公司内部章程、广告中列出的员工家庭联系电话，等等诸如此类的信息经常被张贴在布告板上。

布告板可能位于公司的自助餐厅旁边，或者紧挨着吸烟区或休息区，在这些地方，外来的访问者总是可以随便进出。而这种类型的信息是不应该让来访者或者公众知道的。

4-11　计算机中心入口处

政策：计算机房或者数据中心应该随时上锁，任何员工在进入前一定要先验证身份。

说明：为公司安全着想，应该考虑配备一套电子门卡或者读卡器，这样，在所有的入口处员工都能够以电子方式进行登录和审计。

4-12　服务提供商的客户账户

政策：对于为公司提供关键服务的供应商，负责订购其服务的公司员工必须建立一个账户密码，以防未授权的人代表公司下订单。

说明：公共事业公司(如水、电公司)和许多其他的供应商允许客户根据需要建立一个密码；而商业公司则应该在所有为其提供关键服务的供应商那里设立密码。这条政策对于电讯和 Internet 服务尤为重要。任何时间紧急的服务都可能会受到影响；为了验证打电话者确实有权下订单，双方有必要共享一个共同的密码。同时也请注意，像社会保险号、公司的纳税标识号码、母亲的娘家姓或类似的标识符是不应该用在这里的。

例如，社交工程师可能会给电话公司打电话，并且下一份订单，要求为拨号线路增加电话转移功能，或者，向 Internet 服务提供商提出请求，要求改变地址翻译信息，这样，当用户执行主机名查找的时候，他会得到一个假的 IP 地址。

4-13　部门联系人

政策：你的公司可以制定这样一项计划：要求每个部门或者工作组指定一名员工作为联系人，这样，任何员工在遇到不认识的人时，如果对方声称是某个部门的，该员工就可以很容易地通过该部门的联系人来验证来电者的身份。例如，服务中心可打电话给部门联系人，以验证正在请求支持的员工的身份。

说明：这种验证身份的方法减少了部门内部可作为担保人的数

量。如果部门内部的员工要求诸如重置密码或者其他的计算机相关
问题的支持时，服务人员就可以通过部门联系人来验证请求者的
身份。

　　社交工程攻击之所以能够获得成功，部门原因是因为技术支持
人员迫于时间的压力而未能正确地验证请求者的身份。在大型机构
内部，由于员工数量庞大，一般技术支持人员不可能认识所有授权
人员。指定部门联络人来担保的方法，使得技术支持人员只需熟悉
少量的人员，就能够做好身份验证的工作。

4-14　客户密码

　　政策：客户服务代表应该无法获得客户账户密码。

　　说明：社交工程师经常打电话给客户服务部门，然后找一个借
口，企图获得某一个客户的认证信息，比如密码或者社会保险号码。
有了这样的信息以后，社交工程师就可以打电话给另一名服务代表，
假装是这名客户，然后可以获取到信息或者下假订单。

　　为阻止这样的攻击得逞，客户服务软件必须设计成：服务代表
只能输入打电话者提供的认证信息，而且，从系统中接收到的响应
信息只表明该密码是正确的，或是错误的。

4-15　漏洞测试

　　政策：在进行安全意识培训和新员工培训时，必须告诉员工，
公司会利用社交工程的手段来测试安全漏洞。

　　说明：如果事先没有通知员工，公司就进行社交工程渗透测试，
那么，在测试时被其他员工或者合约方欺骗到的当事员工，可能感
到尴尬、愤怒或者其他感情伤害。在新员工培训的时候就告诉员工，
他们随时可能会接收到这样的测试，那就可以避免出现这样的员工
情绪问题。

4-16　展示公司机密信息

　　政策：如果公司中的信息并没有被指定为可以公开的话，则这

样的信息并不应该被张贴在公众可以进出的地方。

说明： 除了机密的产品和程序信息，诸如内部电话列表或者员工名单，或者办公楼值班登记表(包含了公司内部每个部门的管理人员)等内部联系信息也不应该被公开出来。

4-17　安全意识培训

政策： 公司雇用的所有员工必须在新员工入职培训期间，完成一次安全意识培训。而且，根据安全培训部门的要求，每个员工必须每隔一段时间参加一次安全意识复习课程，时间间隔不得超过 12 个月。

说明： 许多机构完全不重视最终用户的意识培训。根据 2001 年全球信息安全调查的结果，在被调查的机构中，只有 30% 投入了资金来为他们的用户群体进行安全意识培训。为了成功地抵抗那些采用社交工程技术的安全入侵，意识训练是一个非常重要的环节。

4-18　针对计算机访问的安全培训课程

政策： 公司员工在获得对公司计算机系统的访问权之前，一定要先参加并完成一次信息安全课程。

说明： 社交工程师通常会选择新员工作为目标，因为他们知道，新员工这个群体往往是公司内部对安全政策和各种规程知道得最少的人，他们对公司数据的分类以及如何处理敏感信息也了解得较少。

在培训课程中，应该让员工们有机会问一些关于安全政策方面的问题。经过培训后，公司应该要求账户的使用者签署一份文档，承诺他们已经理解了公司的安全政策，并同意遵守这些政策。

4-19　员工证件必须是有颜色区分的

政策： 身份识别证件必须是有颜色区分的，这样可以表明证件持有人是一名员工，还是合同工、临时工、供应商、顾问、来访者或实习生。

说明： 通过证件的颜色来确定一个人的状态，即使距离较远也可以做到，这是一种非常不错的办法。另一种做法是用很大的字母来表示证件持有人的状态，但是用颜色区分的方案不太会犯错误，而且更容易看清。

　　社交工程师为了进入一栋办公大楼，常用的手段是乔装打扮成一名快递工人或者修理工。一旦进入了公司，攻击者就冒充是一名员工，或者对自己的身份撒谎，以博取那些毫无戒心的员工的合作。这条政策的用意是，防止闲杂人员以合法身份进入大楼，然后进入到他们本不该踏入的区域。例如，若有人以电话局修理工的身份进入公司，他就无法伪装成一名员工，因为证件颜色已经表明了他的身份。

信息技术政策

　　任何公司的信息技术部门对于安全政策都有特殊的需求，以帮助它更好地保护好公司的信息资产。为了反映出一个机构内部典型的 IT 业务结构，我把 IT 政策分成一般性政策、服务中心、计算机管理和计算机操作四个部分。

一般性的信息技术政策

5-1 IT 部门的员工联系信息

政策：如果一个人没必要知道 IT 部门单个员工的电话和电子邮件地址，那就不应该告诉此人。

说明：这条政策的用意是避免 IT 部门员工的联系信息被社交工程师滥用。如果外来人员只能接触到一般的 IP 部门联系电话或者电子邮件地址，那么他们就不可能直接与 IT 部门的员工联系。用于站点管理和技术联络的邮件地址应该使用通用的名称，比如 admin@companyname.com；公开出来的电话号码应该连接到部门语音信箱上，而不要连接到某个员工的电话上。

如果计算机入侵者能够得到直接的联系信息，那么他或她就很容易找到特定的 IT 员工，然后诱使他们提供一些可用于攻击的信息，或利用 IT 员工的名字和联系信息，在社交工程攻击中假冒他们的身份。

5-2 技术支持请求

政策：所有的技术支持请求必须被转送至负责处理这些请求的工作组。

说明：社交工程师可能将目标锁定在 IT 部门中那些通常并不处理技术支持事务的员工，或者在处理这一类请求时对适当的安全规程并不很了解的员工身上。因此，公司必须培训 IT 部门的员工，让他们学会拒绝这样的请求，让打电话的人与负责提供支持的工作组联系。

服务中心

6-1 有关远程访问的程序

政策：除非请求者满足下面的条件，否则，服务中心的员工绝对不能泄露有关远程访问的细节或者指令，包括外部的网络访问点或者拨入号码。

- 请求者的身份已经通过验证，他或她有权接收内部信息。
- 请求者的身份已经通过验证，他或者她作为一个外部用户，有权连接到公司的网络中。除非双方确实相识，否则，一定要使用本章前面介绍的验证和授权规程来明确地认证请求者的身份。

说明：公司的服务中心通常是社交工程师的一个主要目标，一方面因为他们的工作性质是帮助别人解决一些与计算机相关的问题，另一方面因为他们往往具有高人一等的系统特权。服务中心的所有员工必须接受培训，把自己当作一道人的防火墙，以免未经授权泄露信息或者帮助任何未经授权的人获得公司的资源。很简单的一条规则是，在明确地验证对方的身份之前，永远不要向任何人泄露远程访问的程序。

6-2 重置密码

政策：只有接到账户持有者的请求，才可以重置一个用户账户的密码。

说明：社交工程师最常用的策略是，设法让对方重置或者改变某个人的账户密码。攻击者伪装成一名员工，制造借口谎称自己的密码弄丢了或者忘记了。为了降低这种攻击的成功率，IT 部门的员工在接到了重置密码的请求以后，一定要先回电话给这名员工，然后才采取行动；而且，回拨的电话号码不能是请求者提供的号码，而是从员工的通讯录中查到的电话号码。有关这一规程的更多信息，请参见"验证和授权规程"一节。

6-3 改变访问特权

政策：所有涉及提升用户特权或者访问权限的请求，必须经过账户持有人的经理的书面批准。当用户特权或者访问权限改变后，必须通过公司内部的信件收发系统给请求者的经理发送一封确认函。而且，对于这样的请求，必须根据验证和授权规程中的规定来验证其真实性。

说明：一旦计算机入侵者已经破解了一个标准的用户账户，下一个步骤一定是提升他或她的权限，以便可以完全控制整个系统。如果攻击者知道公司的授权规程，那么，他或她就可以伪造一个授权请求，并通过电子邮件、传真或者电话来提交该请求。例如，攻击者可打电话给技术支持或者服务中心的技术人员，试图说服技术人员在他所破解的账户上赋予额外的访问权限。

6-4 新账户的授权

政策：若要请求为某个员工、合同工或者其他的授权人员建立一个新账户，则必须由该员工的经理书面提出申请并且签名认可，或者发送一封经过数字签名的电子邮件。同样，为了验证这些请求，也要利用公司内部的信件收发系统发送确认函。

说明：因为密码和其他可用于攻破计算机系统的信息是信息窃贼们最期望获得的对象，所以，有必要对这些信息采取特殊防护措施。这条政策的目的是，阻止计算机入侵者假扮成已经授权的员工，或者伪造建立新账户的请求。因此，对于所有这样的请求，必须根据验证和授权规程来验证其真实性。

6-5　新密码的传递

政策：新密码必须要按照公司的机密信息来对待，在传递的时候必须要通过安全的途径来进行，包括面对面转交，要求签名的递送服务比如挂号信，或者通过 UPS 运送服务或联邦快递。请参考机密信息的分发政策。

说明：公司内部的信件收发系统也可能会被用到，但建议将密码封装在看不到里边内容的安全信封中。一种建议的方案是，每个部门指定一个计算机信息联系人，由他或她负责处理新账户细节信息的分发工作，以及为那些丢失或遗忘密码的员工进行身份担保。在这样的情况下，技术支持人员只需跟一小部分人直接打交道，这样就很容易直接认识他们。

6-6　禁止一个账户

政策：在禁止一个用户的账户前，你必须明确地验证了该请求是由已授权的人员提出来的。

说明：这条政策的目的是，防止攻击者先伪造一个请求来禁止用户的账户，然后打电话给这位用户，协助他或她解决不能访问计算机系统的问题。由于社交工程师事先知道用户已无法登录到系统中，于是便冒充技术人员打电话给用户，然后在解决问题的过程中，受害人往往会顺应对方的要求，说出他或她的密码。

6-7 禁止网络端口或者设备

政策：所有的员工都不应该在未经身份确认的技术支持人员的要求下，禁止任何网络设备或端口。

说明：这条政策的目的是，防止攻击者先伪造一个请求来禁止掉某一个网络端口，然后打电话给相应的员工，帮助他或她解决不能访问网络的问题。由于社交工程师事先知道用户的网络问题，所以，当他假冒热心助人的技术修理工，打电话给用户的时候，受害人往往会在修理过程中顺应对方的要求，说出他或她的密码。

6-8 无线访问程序的泄露

政策：通过无线网络来访问公司网络系统的程序，任何员工都不允许将其泄露给任何未经授权的人。

说明：若有人以外部用户的身份请求连接到公司的网络，那么，在告知其无线访问信息之前，总是要验证其身份和授权情况。参见验证和授权规程一节。

6-9 用户问题报告

政策：凡是向信息技术部门报告了计算机方面问题的员工，他们的名字不应该被扩散到信息技术部门以外。

说明：在一个典型攻击中，社交工程师打电话给服务中心的人，索取最近报告过计算机方面问题的员工姓名。打电话的人可能冒充本公司的员工、供应商或电话公司的员工。一旦他得到了报告过问题的员工姓名，社交工程师就可以伪装成服务中心的员工或者技术支持人员，打电话给这位员工，说他或她可以帮助解决问题。在电话中，攻击者诱使受害人提供他或她想要的信息，或者帮助攻击者执行一些操作来达到其进一步的目标。

6-10 执行命令或运行程序

政策：IT 部门中有特权账户的员工不应该在接收到不认识的人

的请求时，执行任何命令或运行任何程序。

说明： 攻击者用来安装特洛伊木马程序或其他恶意软件的一种常用方法是，改变现有程序的名字，然后打电话给服务中心，抱怨说，当他试图运行程序时，屏幕上显示一条错误消息。然后，攻击者说服服务中心的技术人员也运行这个程序。当技术人员照做后，恶意软件继承了执行该程序的用户的特权，同时也执行一项任务，即，给予攻击者与服务中心员工同样的计算机特权。这有可能使攻击者可以完全控制整个计算机系统。

这条政策针对这种欺骗手法建立了一道防线，它要求技术支持人员在接到电话请求时，运行任何程序之前先要验证对方的身份和状态。

计算机管理

7-1 改变全局访问权限

政策： 如果在请求改变全局访问权限时涉及一项电子工作的配置，那么，这一请求必须要经过专门管理公司网络访问权限的小组的批准。

说明： 授权人员将逐一分析这样的请求，从而确定这样的权限改变是否会引入潜在的信息安全威胁。如果是，负责的员工将与请求者一起来处理相关的问题，最终决定是否改变权限。

7-2 远程访问请求

政策： 公司只给那些确实需要从公司外部连接到公司计算机系统的员工，才提供远程计算机访问功能。这样的请求应该由员工的经理提出来，并且按照验证和授权规程一节中描述的规定来验证身份。

说明： 了解清楚授权人员从公司外部连接到公司网络的需求，并且将这样的访问能力限定在那些真正需要的人的范围内，这样一方面可以降低风险，另一方面也可以降低远程访问用户的管理开销。

具备外部拨入特权的人数越少，则攻击者的潜在攻击目标也越少。不要忘了，攻击者总将目标锁定在远程用户身上，以便可以截取他们至公司网络的连接，或者在电话中冒充他们。

7-3 重置特权账户的密码

政策：若要请求重置一个特权账户的密码，则必须得到系统管理员或者该账户所在机器的责任管理员的批准。新密码必须要通过公司内部的信件收发系统来传送，或者当面转交。

说明：特权账户可以访问该计算机系统中存储的所有系统资源和文件。自然地，这些账户值得尽最大努力来保护。

7-4 外部支持人员的远程访问

政策：如果没有得到明确的身份验证和授权的话，所有的外部支持人员(比如软件或者硬件供应商的员工)不应该被赋予远程访问信息，也不允许访问公司的任何计算机系统或者相关设备。如果供应商要求特权访问级别，以便提供技术支持服务，那么，当供应商的服务完成后，所用账户的密码应该立即进行修改。

说明：计算机攻击者可能会冒充供应商的身份，来获得对公司计算机或者电讯网络的访问权。因此，很关键的一点是，供应商员工的身份必须要经过验证，另外，针对他们所要执行的操作，还需要相应的授权。而且，一旦他们的工作完成了以后，应该立即更改供应商员工所使用的账户密码，以便关上刚刚打开的系统大门。

公司不允许供应商自行为任何账户选择密码，即使是临时性的也不行。据了解，有些供应商在多个不同的客户系统中使用相同的或者类似的密码。例如，一家网络设备公司在所有的客户系统中用相同的密码建立了特权账户，而且，更糟糕的是，这些特权账户都允许在外部通过 Telnet 进行访问。

7-5 远程访问公司计算机系统的强认证机制

政策：所有允许从外部连接到公司网络的连接点必须要使用强

认证设备来加以保护，比如动态密码或者生物手段。

说明：许多公司仅仅依赖于静态的密码作为远程用户连接到公司网络的唯一认证方法。由于静态密码的不安全性，这种做法是非常危险的：计算机入侵者往往会将目标瞄准在远程访问点上，远程访问点可能是受害者网络中的薄弱环节。记住，若有人知道了你的密码，你是不会知道他或她什么时候得到你的密码的。

因此，任何远程访问点必须要用强认证机制来加以保护，比如基于时间的令牌、智能卡或者生物设备，这样，即使攻击者截取了密码，也不会具有特别价值。

如果基于动态密码的认证方案难以实施的话，计算机用户必须无条件地服从公司规定的选择难猜密码的政策。

7-6 操作系统配置

政策：系统管理员必须要保证，在可能的情况下，配置操作系统使其与公司所有的安全政策和规程相一致。

说明：撰写和发布安全政策是降低安全风险的最基本步骤，但许多情况下，是否遵守这些政策则要取决于每个员工了。然而，有许多与计算机相关的政策可以通过操作系统的设置来强制执行，比如，密码必须达到一定的长度。通过配置操作系统的参数来自动执行安全政策，可以有效排除人为因素，从而增加整个机构的总体安全性。

7-7 强制性的账户过期

政策：所有的计算机账户必须设置成一年后过期。

说明：这条政策的目的是，避免一些已不再被使用的计算机账户仍然留在系统中，因为计算机入侵者常常会将目标锁定在这些不活跃的账户上。这条政策可以保证，离职员工或合同工的所有计算机账户若因管理员的疏忽而被遗留下来，则这些账户将被自动禁止掉。

7-8 通用的电子邮件地址

政策：信息技术部门应该为公司内部每个经常需要与公众交流的部门建立一个通用的电子邮件地址。

说明：通用的电子邮件地址可以通过电话接线员发布给公众，也可以通过公司的 Web 站点发布出去。另外，每个员工也应该只把自己的电子邮件地址告诉给确实有必要知道的人。

在社交工程攻击的第一阶段，攻击者往往试图获取到目标公司中的员工们的电话号码、姓名以及职位信息。大多数情况下，通过目标公司的 Web 站点就可以获得这些信息，或直接去问也能问到。通过建立通用的语音信箱或者电子邮件地址，可以将员工的信息屏蔽起来，从而使攻击者难以将员工姓名与特定的部门或者所担负的责任联系起来。

7-9 Internet 域注册的联系信息

政策：当申请 Internet 地址空间或者主机名的时候，在管理人员、技术人员或者其他人员的联系信息中，不应该使用任何一个员工的姓名。相反，你应该给出一个通用的电子邮件地址以及公司的主电话号码。

说明：这条政策的目的是避免这些联系信息被计算机入侵者恶意滥用。当入侵者知道了具体员工的姓名和电话号码以后，他或她就可以利用这些信息与他们直接联系，企图欺骗他们，使他们透露一些系统信息，或执行一些有助于攻击者达成目的的操作。或者，另外一种可能的做法是，社交工程师假冒所列的联系人，欺骗其他的公司员工。

联系信息不应该使用某一位特定员工的电子邮件地址，而是形如 administrator@company.com 的地址。电信部门的员工可以建立一个通用的语音信箱专门用于管理事务或者技术事务的联系方式，这样可以限制信息的暴露，避免社交工程师利用公开的信息实施攻击。

7-10 安装操作系统和应用软件的安全补丁

政策：操作系统和应用软件的所有安全补丁一旦被发布，就应该及时地安装到系统中。如果这条政策与关键产品系统的运行发生冲突，则应该在可行的时候尽早安装补丁。

说明：一旦一个漏洞被确认以后，则应该立即与软件厂商联系，以确定是否有补丁程序或者临时的解决方案可以堵住漏洞。一个未安装补丁的计算机系统对于企业来说，是一个巨大的安全威胁。如果系统管理员耽搁了打补丁的时间，那就相当于扩大了暴露弱点的窗口，这样，攻击者就更有机会趁着窗口敞开时爬进来了。

在 Internet 上，每周都会确认并公布几十个安全漏洞。虽然公司的计算机系统位于防火墙的后面，但是，除非信息技术部门的员工们始终保持警惕，一有新的安全补丁发布就立即安装到系统中，否则，公司的网络将总是处于遭遇安全事件的危险之中。尤为重要的是，凡是在公司的业务运营期间使用到的操作系统和应用程序，一定要随时了解最新公布的有关这些系统和软件的安全漏洞。

7-11 Web 站点上的联系信息

政策：公司的外部 Web 站点不应该暴露任何涉及公司结构的细节，也不应该标示出任何员工的姓名。

说明：公司的结构信息，比如组织结构图、层次图、员工或者部门名单、报告层次结构、姓名、职位、内部联系号码、员工编号，或者诸如此类的用于内部流程的信息，都不应该公布在人人皆可访问的 Web 站点上。

计算机入侵者通常可在目标公司的 Web 站点上获得非常有用的信息。攻击者在编造借口或者使用诡计的时候，可以利用这些信息将自己伪装成一名很了解公司情况的员工。社交工程师获悉这些信息后，就更有可能建立起他的可信度。此外，攻击者可以分析这些信息，以发现谁可以访问有价值的、敏感的或者关键的信息，从而锁定最有可能的目标。

7-12　建立特权账户

政策：除非经过系统管理员或者系统经理的授权，否则不应该建立特权账户，也不应该为任何账户赋予系统特权。

说明：计算机入侵者通常冒充成硬件或者软件供应商，企图诱使信息技术部门的员工建立未经授权的账户。这条政策的目的是，通过控制特权账户的建立来阻止此类攻击。如果申请建立一个具有特权的账户，则必须经过系统经理或者计算机系统的管理员批准。

7-13　guest 账户

政策：在任何计算机系统或者相关的网络设备上，guest 账户应该被禁止或者删除，唯一的例外是 ftp(文件传输协议)服务器，这是由管理层特许的，以便允许匿名访问。

说明：guest 账户的用途是，为那些没有自己账户的人提供临时的访问能力。有几个操作系统在安装后，默认建立了一个 guest 账户。guest 账户总是应该被禁止掉，因为 guest 账户的存在实际上违反了用户自负责任的原则。IT(信息技术)应该能够审计任何与计算机相关的动作，并且将每一个动作与特定的用户关联起来。

社交工程师很容易利用这些 guest 账户来获得未经授权的资源访问，可能是直接访问，也可能是欺骗已授权的员工使用 guest 账户。

7-14　存放于公司之外的备份数据的加密

政策：任何存放于公司之外的数据都应该被加密，以免未经授权访问这些数据。

说明：负责公司运营的员工必须要保证，所有的数据都是可以恢复的，以防万一有的信息需要复原。这要求定期对加密的文件进行随机采样，来测试解密的可行性，以确保这些数据仍可以被恢复出来。而且，用于加密数据的密钥也应该托付给一位可信任的经理来保管，以防万一加密密钥丢失或者无法获得。

7-15 来访者的网络访问

政策：所有公开可访问的以太网访问点必须位于一个单独隔离的网段内，以防止未经授权访问内部网络。

说明：这条政策的目的是，防止外部人员进入公司办公区域时连接到公司的内部网络中。安装在会议室、自助餐厅、培训中心或者其他可供来访人员出入的场所中的以太网插孔，都应该被过滤到单独的网段内，以防来访者未经授权就可以访问公司的计算机系统。

网络或者安全管理员可以选择在交换机上建立一个虚拟的LAN(如果这样可行的话)，以便控制在这些场所中的访问权限。

7-16 拨号接入调制解调器

政策：用于拨号接入的调制解调器应该被设置成：至少在第四声铃响之后才应答。

说明：正如在电影《战争游戏》中所描述的那样，黑客们使用一种被称为轰炸拨号(war-dialing)的技术，来找到那些连接了调制解调器的电话线路。黑客首先找到目标公司所在区域的电话前缀，然后利用一个扫描程序，尝试每一个以这些前缀打头的电话号码，这样可以找到那些有调制解调器应答的电话号码。为加快完成这个扫描过程，这些程序都被配置成：只等待一声或两声铃响就转入下一个号码。如果公司将调制解调器线路配置成至少等待四声铃响才自动应答，那么，扫描程序将无法识别出该公司的调制解调器线路。

7-17 反病毒软件

政策：每个计算机系统都应该安装并激活最新版本的反病毒软件。

说明：如果公司并不自动将反病毒软件和模式文件(能识别出与病毒软件相关联的模式的程序，目的是为了识别新病毒)推送至用户桌面或工作站，那么，每个用户必须负责在自己的系统中安装和维护反病毒软件,也包括任何一个用于远程访问公司网络的计算机系统。

如果可行的话，这样的软件必须被设置成每夜自动更新病毒特征库。如果模式或特征文件没有被主动推送至用户桌面，那么，计算机用户必须自己负责至少每周更新模式文件一次。

所有用于访问公司计算机系统的桌面机器和笔记本电脑，无论其所有权是公司还是个人，都适用这些规定。

7-18 收到的电子邮件附件(高等级安全需求)

政策：在一个具有高等级安全需求的机构中，公司的防火墙必须被配置成：能过滤出所有的电子邮件附件。

说明：这项政策仅适用于那些具有高安全需求的企业，或者在公司的业务中并不需要通过电子邮件来接收附件。

7-19 软件的认证

政策：所有的新软件或者软件补丁，无论是在物理介质上，还是通过 Internet 得到的，在安装之前都必须首先确认其真实性。当信息技术部门安装任何要求系统特权的软件时,这条政策尤为重要。

说明：这条政策中所指的计算机软件包括操作系统组件、应用软件、热修复程序(hot fix)、补丁或任何软件更新程序。许多软件厂商已经实现了一些好的办法，可以让客户自己检查软件的完整性，这往往是通过数字签名技术来做到的。万一如果软件的完整性无法自行验证的话，则必须直接向软件厂商咨询，以验证软件的真实性。

大家都知道的一种攻击手法是，计算机攻击者给受害者寄送一个软件，其外包装看起来好像是软件厂商制作的软件，并且由厂商直接寄送给受害者所在的公司。因此，在公司的计算机系统中安装外面寄来的软件以前，一定要验证软件的真实性，尤其是主动送上门来的软件。这是非常重要的。

注意，精明的攻击者可能会调查到你的机构已经订购了某个厂商的软件。一旦了解到了这样的信息，攻击者可以向实际的软件厂商取消你的订单，然后自己订购一份软件。之后，攻击者对软件做一些修改，让它执行一些恶意功能，然后用原来的包装(必要时仍然用薄膜包好)，邮寄或者快递给你的公司。一旦软件被安装到系统中以后，攻击者就获得了所有控制权。

7-20　默认密码

政策：所有操作系统软件和硬件设备，若初始时其密码为默认值，则启用后必须要根据公司的密码政策重新设定所有的密码。

说明：有一些操作系统和计算机相关的设备在出厂时使用了默认的密码——也就是说，所有卖出去的产品使用了同样的密码。如果不改变默认的密码，则无异于将公司置于危险境地。

默认的密码往往是广为人知的，通过 Internet 的 Web 站点可以查得到。在实际的攻击中，入侵者首先尝试的密码往往是厂商的默认密码。

7-21　多次无效密码尝试之后锁住账户(低等级或中级安全需求)

政策：在一个具有低等级或中级安全需求的机构中，如果一个账户被连续尝试登录多次，一直失败，那么，当失败次数达到一定数目后，该账户应该被锁住一段时间。

说明：一定要将公司所有的工作站和服务器设置成：限制一定数量的连续无效登录次数。为阻止猜测密码的行为，这条政策是非常必要的，比如，攻击者不断尝试各种密码，或者采用词典攻击，或者穷举所有可能的密码等，一旦猜测到密码，就可以获得未经授权的访问权限。

系统管理员必须对系统的安全设置进行配置，使得当连续的无效尝试次数达到一定的阈值后，账户被锁住。这里给出的建议是，当连续 7 次登录失败后，账户被锁住至少半个小时。

7-22　多次无效密码尝试之后禁止账户(高等级安全需求)

政策：在一个具有高等级安全需求的机构中，如果一个账户被连续尝试登录多次，一直失败，那么，当失败次数达到一定数目以后，该账户应该被禁止，直到负责提供账户支持的人员来重新设定该账户。

说明：一定要将公司所有的工作站和服务器设置成：限制一定数量的连续无效登录次数。为阻止猜测密码的行为，这条政策是非常必要的，比如，攻击者不断地尝试各种密码，或者采用词典攻击，或者穷举所有可能的密码等，一旦猜测到密码，就可以获得未经授权的访问权限。

系统管理员必须对系统的安全设置进行配置，使得当连续 5 次登录失败后，账户被禁止。一旦发生了上述列举的攻击，账户持有人就得打电话给技术支持人员，或者负责账户支持的工作组来重新启动账户。在重新设定账户前，负责处理账户的部门必须要按照验证和授权规程中的流程，明确地验证账户持有人的身份。

7-23 定期更换特权账户的密码

政策：所有特权账户持有人必须至少每隔30天更换他们的密码。

说明：根据操作系统提供的能力，系统管理员必须对系统软件中的安全参数进行配置，以强制执行这项政策。

7-24 定期更换用户密码

政策：所有的账户持有人必须至少每隔 60 天更换他们的密码。

说明：如果操作系统提供了这样的能力，则系统管理员必须对软件中的安全参数进行配置，以强制执行这项政策。

7-25 新账户密码的设定

政策：管理员在建立新的计算机账户时，一定要将初始密码设置成一经登录立即更改的模式。这样可以要求账户持有人在第一次使用的时候选择一个新密码。

说明：这项政策可以保证只有账户持有人才知道他或她的密码。

7-26 开机密码

政策：所有的计算机系统必须要设置开机密码。

说明：计算机应该要配置成：当打开计算机开关时，在操作系统启动之前，先要求输入一个密码。这样可以防范未经授权的人打开并使用别人的计算机。这项政策适用于公司范围内的所有计算机。

7-27 针对特权账户的密码要求

政策：所有的特权账户必须使用强密码。强密码的要求是：
- 不允许使用任何一种语言的词典中的词。
- 大小写混合，且至少包含一个字母、一个符号和一个数字。
- 密码至少包含 12 个字符。
- 不要与公司或者个人有任何方式的关联。

说明：大多数情况下，计算机入侵者会将目标盯在那些具有系统特权的账户上。偶尔情况下，攻击者也会发掘其他的漏洞来获得对系统的全面控制。

入侵者首先尝试的第一批密码总是简单的单词，是词典里可以找得到的常用单词。选择强密码可以增强安全性，因为攻击者通过密码猜测、词典攻击或者穷举攻击的手段来找到密码的可能性将大大减小。

7-28 无线访问点

政策：所有通过无线网络接入系统的用户必须使用 VPN(虚拟私有网)技术，以保护公司的网络。

说明：通过一种新的被称为 war driving(沿街扫描)的技术，可以攻击无线网络。这项技术非常简单，只需用一台安装了 802.11B NIC 网卡的笔记本电脑来来回回地到处走一走，就可以检测到无线网络的存在。

许多公司已经部署了无线网络，但甚至没有启用 WEP(wireless equivalency protocol，使无线网络的隐私性等同于有线网络，它利用加密技术来保护无线连接)功能。但是，即使 WEP 被打开了，当前版本的 WEP(2002 年中)并不能有效保护无线网络。它已经被破解了，方便之门已经大开。有几个 Web 站点专门提供各种方法来搜寻开放的无线系统，以及破解那些启用了 WEP 功能的无线访问点。

因此，通过部署 VPN 技术，可以有效地在 802.11B 协议之上再加一层保护，这是非常重要的。

7-29　及时更新反病毒软件的模式文件

政策：每个计算机系统必须配置成自动更新反病毒/反特洛伊木马程序的模式文件。

说明：最起码，这样的更新操作应该每周执行一次。在有些公司里，如果员工的计算机在下班之后也不关机的话，则强烈建议每天夜里更新模式文件。

如果反病毒软件不及时更新的话，则它将无法检测到所有新型的恶意代码。如果模式文件没有被更新的话，则感染病毒、蠕虫和特洛伊木马的威胁将显著增加，所以，反病毒或者反恶意代码的产品一定要随时保持更新，这对于公司来说非常必要。

计算机操作

8-1　输入命令或者运行程序

政策：当不认识的人请求计算机操作员输入命令或者运行程序时，计算机操作员一定不能答应。如果一个未经身份验证的人似乎很有理由提出这样的请求，那么，在得到经理的同意之前不能答应他或她的请求。

说明：计算机操作员很容易成为社交工程师的目标，因为他们的位置决定了他们往往要使用特权账户，而且攻击者期望他们不像其他的 IT 工作者那样有丰富的经验，以及对公司的规程那么了解。这条政策的用意是，通过增加一套适当的检查和权衡机制，来阻止社交工程师欺骗这些计算机操作员。

8-2　具有特权账户的员工

政策：有特权账户的员工不能向任何一个未经身份验证的人

提供帮助或者信息。尤其是，这里特指不能提供计算机的帮助(比如培训别人如何使用应用软件)，不能帮助对方访问公司的数据库，不能帮助下载软件，或将具有远程访问权限的员工名单提供给对方。

说明：社交工程师通常将目标瞄准在那些具有特权账户的员工身上。这条政策的用意是，指导那些具有特权账户的 IT 员工，成功地处理那些可能是社交工程攻击的电话。

8-3 内部系统信息

政策：在没有完全确定对方身份的情况下，计算机操作员绝对不能泄露任何与企业的计算机系统或相关设备有关的信息。

说明：计算机入侵者通常会直接与计算机操作员联络，以便获取有价值的信息，比如系统访问的程序、远程访问的外部连接点、拨号接入的电话号码，其中后两者对于攻击者特别有价值。

如果公司里有技术支持人员或者服务中心，那么，再向计算机操作员请求有关计算机系统或相关设备的信息应该是不正常的。对任何信息请求，都应该按照公司的数据分类政策，进行仔细审查，以确定对方是否确实有权知道这些信息。当不能确定信息的分类时，应该考虑将这些信息当作内部信息来处理。

有些情况下，外部供应商的技术支持人员可能需要与公司里有权访问计算机系统的员工交流。这种情况下，供应商必须首先与 IT 部门建立好联系，这样，双方的员工才可以相互确认身份。

8-4 透露密码

政策：计算机操作员若事先没有得到信息技术经理的许可，绝对不能泄露自己的密码，也不能泄露其他人委托给他们的任何密码。

说明：一般而言，将任何密码泄露给其他人，这样的行为应该是严格禁止的。另外，当发生紧急事件时，计算机操作员可能确有必要将某个密码透露给第三方。禁止透露任何密码是一般性的政策，像这种例外情况下，操作员必须获得信息技术经理的特别许可。作为进一步的防范措施，像这样透露认证信息的责任，应该限定在某一小部分已经接受过验证规程专门培训的员工范围内。

8-5 电子介质

政策：凡是包含了非公开信息的电子介质必须被锁到某一个物理上安全的地方。

说明：这条政策的用意在于，从物理上避免电子介质中保存的敏感信息被窃取。

8-6 备份介质

政策：计算机操作员应该将备份介质存放到公司保险箱或其他的安全地方。

说明：备份介质是计算机入侵者的另一个主要目标。如果公司安全中最薄弱的环节可能是物理上未设防的备份介质，那么攻击者就不会花很多时间去攻破一个计算机系统或者网络。一旦攻击者偷到了备份介质，除非备份数据被加了密，否则备份介质上所有数据的机密性都会受到威胁。因此，从物理上保护备份介质，也是保护公司机密信息的一个基本环节。

针对所有员工的政策

无论是在 IT 部门，还是在人力资源部门，或者财务部门，或者维护部门，有一些安全政策是公司里每个员工都必须知道的。这些政策可以分成以下一些类别：一般性政策、计算机使用、电子邮件使用、电信政策、电话使用、传真使用、语音信箱使用，以及密码政策。

一般性政策

9-1 报告可疑电话

政策：员工如果怀疑自己可能变成了安全违例事件中的对象，例如接到可疑的请求，要求透露信息或者在计算机上执行操作，则必须立即向公司的事件报告组织说明自己的情况。

说明：当社交工程师未能说服他或她的目标答应自己的要求时，攻击者将尝试找其他的人下手。如果员工报告了可疑电话或者可疑事件，那么，该员工相当于采取了第一个步骤来警告公司，一次攻击可能正在进行中。因此，每个员工都是抵抗社交工程攻击的第一道防线。

9-2 将可疑电话记录下来

政策：如果接到的可疑电话看起来像是一次社交工程攻击，那么，接电话的员工应该尽可能地拖延时间，以便了解到尽量多的细节，或许可以因此而推断出攻击者真正的意图是什么，然后将这些细节记录下来报告给相关的部门或小组。

说明：在向"事件报告组织"报告时，这样的细节有助于找出攻击的目标或模式。

9-3 透露拨号接入号码

政策：公司员工不应该透露公司的调制解调器电话号码，若有人询问，则总是应该将请求转给服务中心或者技术支持人员。

说明：拨号接入的电话号码必须被当成内部信息来对待，只有因为工作需要而确有必要知道该号码的员工，才将号码提供给他们。

社交工程师常将目标锁定在那些对于所请求的信息缺乏保护意识的员工或者部门。例如，攻击者可能打电话给财务部门，谎称自己是电话公司的员工，正在解决一个账单结算的问题。然后攻击者希望对方告诉他任何一个大家都知道的传真或者拨号接入号码，以便解决这个问题。入侵者锁定的目标往往是那些不太能够意识到透露这样的信息会存在什么危险的员工，或者对于公司的信息发布政策和规程缺乏培训的员工。

9-4 公司的身份证件

政策：除非是在员工的直接办公区域，否则，所有公司员工，包括管理层和主管们，必须随时佩戴员工证件。

说明：所有的员工，包括公司的执行管理层，应该要接受培训并且理解：在公司范围内，除了公开的区域和员工个人的办公室或工作区域以外，佩戴员工证件是一项强制性的要求。

9-5 质疑未佩戴员工证件或来访者证件的人

政策：如果看到不熟悉的人未佩戴员工证件或者来访者证件，则所有员工都应该向他或她提出质疑。

说明：虽然没有一家公司希望建立起这样一种文化：目光敏锐的员工一看到同事未佩戴证件在走廊里走动就想法设计陷害，但是，任何一家公司，如果真想保护它的信息，就有必要认真看待社交工程师在公司里随意走动而未受到质疑的危险性。作为对那些认真贯彻证件佩戴政策的员工们的鼓励，可以通过几种大家都很熟悉的方式对他们的行为表示认可，比如在公司的报纸或者公告板上进行表扬；或者带薪休假几个小时；或者在他们的档案材料中作为荣誉记录下来，等等。

9-6 尾随进入公司(通过安全入口处)

政策：当员工使用安全的方式，比如钥匙卡，进入办公楼的入口时，不允许任何不认识的人跟在自己身后尾随进入。

说明：员工必须要明白，对于不认识的人，在帮助他们进入办公楼或者某个安全区域之前要求他们证明自己的身份，这并非无礼之举。

社交工程师通常使用一种称为"尾随进入(piggybacking)"的技术，他们先在旁边等着，一旦有人进入办公设施或者敏感区域，就跟在他们的后面尾随而行。大多数人都不太喜欢质疑别人，往往会假设他们大概也是公司的合法员工。另一种尾随进入的技术是，携带几个箱子，让毫无疑心的员工帮他开门，甚至顶住门让他进去。

9-7 撕碎敏感文档

政策：如果一份敏感文档要被丢弃的话，它必须被交叉撕碎；包括硬盘在内的介质，如果曾经存放过敏感的信息或材料，也必须根据信息安全部门或小组事先制订的规程加以销毁。

说明：标准的碎纸机并不足以销毁一份文档，交叉式碎纸机可将文档变成纸浆。最好的安全措施是，假设公司的主要竞争对手会抢夺并翻寻这些丢弃的材料，以寻找任何可能对他们有利的情报。

工业间谍和计算机攻击者经常能够从垃圾桶里丢弃的材料中找到敏感信息。在有些情况下，商业竞争对手会企图贿赂清洁工来获得公司的垃圾。在最近的一个例子中，Goldman Sachs 公司的一名员工从垃圾中发现了一些在内部交易中用到的证据。

9-8 个人标识信息

政策：诸如员工号码、社会保险号、驾照号码、出生日期和地点、母亲的娘家姓等个人标识信息永远不应该被用作身份验证的资料。这些标识信息并不是保密的，有很多途径可获得这些信息。

说明：社交工程师只要出一点钱就可以得到其他人的个人标识信息。事实上，与流行观念不同的是，任何人，只要有一张信用卡，并能访问 Internet，就可以获得这些个人标识信息。银行、公共事业公司和信用卡公司仍然经常使用这些个人标识信息作为身份验证的证据，这样做的危险性显然不言而喻。这也正是为什么身份窃贼成了这十年来增长最快的犯罪类型的原因之一。

9-9 组织结构图

政策：凡是能够显示出公司的组织结构图的任何细节信息，一定不能透露给公司员工以外的人员。

说明：公司的结构信息包括组织结构图、层次图、部门员工名单、报告层次结构、员工姓名、员工职位、内部联系号码、员工编号或者诸如此类的信息。

在社交工程攻击的第一个阶段，主要目标是收集到有关公司内部结构的信息。然后利用这些信息来策划一起实际的攻击。攻击者也会分析这些信息，来推断出哪些员工可能有权限访问自己想要的数据。在攻击过程中，这样的信息可使攻击者看起来像是一个熟知内情的员工，从而更有可能让受害者答应自己的请求。

9-10 关于员工的私有信息

政策：如果有人要求某个员工的私有信息，则必须转给人力资源部门。

说明：这条政策的一个例外可能是这样的情况：因涉及一个工作问题而需要联系某一名员工，或者这名员工需要保持随时待命的状态，此时必须知道该员工的电话号码。然而，较恰当的做法是让请求者留下电话号码，然后请该员工给他或她打回去。

计算机使用

10-1 在一台计算机上敲入命令

政策：公司员工绝对不能因为接到别人的请求而在一台计算机或者与计算机相关的设备上敲入命令，除非已经验证了对方是信息技术部门的一名员工。

说明：社交工程师的一种常用手段是，请求一名员工敲入一条能改变系统配置的命令，这样可以让攻击者不必提供任何认证信息就能访问受害者的计算机，或者让攻击者获取到必要的信息以便完成一次技术性攻击。

10-2 内部命名规范

政策：除非已经验证了请求者是公司的员工，否则绝对不能透露公司计算机系统或者数据库的内部名称。

说明： 社交工程师有时候企图获得公司计算机系统的名称；一旦知道了名称后，攻击者就可以打电话给公司，伪装成一名在使用某个计算机系统时遇到了麻烦的合法员工。由于知道某个特定系统的内部名称，社交工程师因此而提高了可信度。

10-3 请求运行一个或多个程序

政策： 公司员工绝对不能因为接到别人的请求而运行任何一个计算机应用或者程序，除非已经验证了对方是信息技术部门的一名员工。

说明： 凡是要在计算机上运行程序、应用或者执行任何操作的请求，必须要拒绝，除非能够明确识别出请求者是信息技术部门的一名员工。如果该请求还牵涉到要暴露任何文件或电子消息中的机密信息，那么，必须根据信息公布政策中的有关规定来响应该请求，请参考"信息公布政策"一节中的介绍。

计算机攻击者欺骗人们执行一些可让他们进一步控制系统的程序。当一个不加怀疑的用户运行了一个由攻击者植入的程序时，结果可能导致入侵者能够访问受害者的计算机系统。其他一些程序可以记录下该计算机用户的行为，并将这些信息返回给攻击者。社交工程师可以诱骗人们执行一些可能产生危害的计算机指令，然而，一些技术性攻击可以导致计算机的操作系统执行一些可能会产生同样危害的特殊计算机指令。

10-4 下载或者安装软件

政策： 公司员工绝对不能因为接到别人的请求而下载或者安装软件，除非已经验证了对方是信息技术部门的一名员工。

说明： 如果公司员工接到不寻常的请求，要涉及与计算机相关设备的事务，则应该保持警惕。

社交工程师常用的一种策略是，欺骗毫无疑心的受害者下载和安装一个程序，通过这个程序，帮助攻击者达到侵入计算机系统或网络的目的。某些情况下，该程序可能只是在后台暗中监视用户的行为，或者让攻击者通过一个隐蔽的远程控制应用，来控制用户的计算机系统。

10-5 明文密码和电子邮件

政策：除非密码已经加密，否则不应该通过电子邮件来发送密码。

说明：尽管不鼓励用电子邮件来传送密码，但是，有些电子商务网站在特定的情况下可能不得不违反这一项政策，比如：

- 将密码发送给已注册客户。
- 将密码发送给丢失或遗忘了自己密码的客户。

10-6 与安全相关的软件

政策：公司员工在未经信息技术部门同意的情况下，不得删除或者禁止反病毒/特洛伊木马、防火墙或者其他与安全相关的软件。

说明：有时候计算机用户会无缘无故禁用与安全相关的软件，并且认为这样做可以使他们的计算机执行得更快。

社交工程师可能会试图说服员工禁止或删除这些用来保护公司不受攻击的软件。

10-7 调制解调器的安装

政策：在未经 IT 部门同意的情况下，任何调制解调器均不得连接到任何计算机上。

说明：很重要的一点是，必须要意识到，在工作场所中的桌面机器或者工作站上连接的调制解调器是一个很严重的安全威胁，如果这些机器也连接到了公司的网络中，则尤其如此。因此，这条政策控制的是调制解调器的连接规程。

黑客们利用一种称为"沿街扫描(war-dialing)"的技术，可找出一段电话号码范围内所有激活的调制解调器线路。同样这项技术，也可以用来找到公司内部连接了调制解调器的电话号码。如果攻击者找到了连接至调制解调器的计算机系统，并且该系统中运行了一个很容易攻入的远程访问软件，比如配置了一个很容易猜测的密码或者根本没有密码，那么他(或她)很容易就能侵入公司网络。

10-8 调制解调器和自动应答设置

政策：经过 IT 部门的允许而配置了调制解调器的所有桌面机器或者工作站应该禁止调制解调器的自动应答功能，以防止任何人拨号进入计算机系统。

说明：如果可行的话，信息技术部门应该为那些需要通过调制解调器拨号到外部计算机系统的员工，部署一个专门外拨的调制解调器池。

10-9 破解工具

政策：员工不允许下载或者使用那些专门用来对抗软件保护机制的软件工具。

说明：Internet 上有几十个站点专门提供各种可用于破解共享软件和商业软件产品的工具。如果使用了这些破解工具，则不仅侵犯了软件所有者的版权，而且也极其危险。由于这些程序来历不明，它们有可能包含隐藏的恶意代码，这些恶意代码可能会破坏用户的计算机，或者植入一个特洛伊木马，从而允许程序的作者能够非法访问用户的计算机。

10-10 在网络上张贴公司的信息

政策：员工不应该在任何公开的新闻组、论坛或者布告板上透露任何有关公司硬件或软件的细节信息，也不应该透露政策允许之外的联系信息。

说明：凡是张贴在 Usenet、在线论坛、布告板或者邮件列表中的消息，都可以利用工具进行搜索，从而获取到有关目标公司或者目标个人的情报信息。在社交工程攻击的信息搜索阶段，攻击者可能会在 Internet 上搜索到包含了有关目标公司、公司的产品或者员工信息的帖子。

有些帖子包含了非常有用的花边信息，攻击者利用这些信息甚至可以发动一次攻击。例如，网络管理员可能贴出一个问题，询问如何配置某一品牌某一型号的防火墙的过滤器。攻击者看到这条消息后，就明白了这家公司防火墙的类型和配置情况，这是非常有价值的信息，可让他躲过防火墙，直接访问公司的网络。

通过实行以下的政策，这个问题可以被减缓或者得以避免：允许员工通过匿名账户将消息张贴到新闻组中，这样就无法查出消息的来源公司。自然地，这项政策必须要求员工不要包含任何可能暴露公司信息的内容。

10-11 软盘和其他电子介质

政策：假如用于存储计算机信息的介质，比如软盘或者 CD-ROM 等，被遗留在工作区域或者某个员工的桌子上，并且该介质的来历不明，那么，绝对不能将它插入到任何一个计算机系统中。

说明：攻击者用来安装恶意代码的一种方法是，将恶意程序放在一张软盘或者 CD-ROM 中，再写上一个很有诱惑性的标题(例如，"员工工资数据——机密")。然后，他们在员工们活动的区域中丢几份副本。只要有一份副本被插入到计算机中并且上面的文件被打开，那么，攻击者的恶意代码就会执行。这份代码可能会创建一个后门，以后攻击者通过这个后门侵入计算机系统，或者对网络造成其他危害。

10-12 可移动介质的废弃

政策：如果电子介质中曾经包含过公司的敏感信息，即使这些信息已经被删除了，在丢弃之前，一定要让它完全消磁或者彻底毁坏，使它无法恢复。

说明：虽然弄碎硬拷贝文档的做法如今已经非常普遍了，但是，公司员工有可能忽略了原先保存过敏感数据的电子介质被丢弃之后带来的威胁。计算机攻击者在得到被丢弃的电子介质后，试图恢复出介质上保存的任何数据。员工可能认为，只要删除了介质中的文件，就可以保证这些文件无法再被恢复。这样的观点是完全不正确的，可能导致商业机密信息落入他人之手。因此，所有包含了(或者曾经包含过)非公开信息的电子介质必须要被擦除干净，或者根据责任小组批准的规程，予以销毁。

10-13 有密码保护的屏幕保护程序

政策： 所有的计算机用户必须设置一个屏幕保护密码，以及适当的不活动时间限制值，以便当一段时间不操作之后锁住计算机。

说明： 所有员工都必须设置一个屏幕保护密码，并且将不活动的时间限制值设定为不超过 10 分钟。这条政策的目的是，避免任何未经授权的人使用其他人的计算机。而且，这条政策也可以让进入公司区域的外来人员不能够很容易地访问公司的计算机系统。

10-14 关于不透露密码的声明

政策： 在为员工或者合同工创建新账户前，他或她必须先签订一份书面声明，表明他或她已经理解了密码永远不透露给任何其他人知道，并且同意遵守这条政策。

说明： 这份协议也应该包含一条警告：如若违反此协议，则可能会招致纪律处分，最严重可导致终止合约。

电子邮件使用

11-1 电子邮件附件

政策： 当收到电子邮件附件时，除非该附件是预料之中的业务文件，或者是由可信人员发送过来的，否则不应该打开它。

说明： 所有电子邮件附件必须经过仔细检查。你可以要求可信人员在接收方打开任何附件之前，先通知一声，告诉对方将有附件到来。这样做可降低攻击者使用社交工程手段来欺骗人们打开电子邮件附件的风险。

一种侵入计算机系统的方法是，引诱员工运行一个恶意程序，该恶意程序创建了一个漏洞，让攻击者可以访问目标计算机系统。攻击者只要发送一个电子邮件附件，其中包含了可执行的代码或者宏，他或她就有可能控制目标用户的计算机了。

社交工程师可能发送恶意的电子邮件附件，然后打电话过去，企图说服接收者打开该附件。

11-2　自动转寄到外部的地址

政策：将进来的电子邮件自动转寄到一个外部的电子邮件地址，这应该明令禁止。

说明：这条政策的用意是，避免将发送给内部电子邮件地址的邮件发送给外部人员。

偶尔情况下，当员工不在办公室的时候，可能需要电子邮件转发的功能，以便将发送给他们的电子邮件转到一个公司以外的地址中。或者，攻击者可能欺骗一名员工，让他建立一个电子邮件地址，该地址自动将邮件转发到一个外部地址中。然后，由于攻击者有了一个内部的邮件地址，他或她就可以伪装成一名合法的内部人员，让公司里的员工将敏感信息发送到这个内部电子邮件地址中。

11-3　转发电子邮件

政策：如果一个未经验证的人请求将一封电子邮件消息转发给另一个未经验证的人，那么，在接到这样的请求时，一定要验证请求者的身份。

11-4　验证电子邮件

政策：如果在一封看似来自可信人员的电子邮件消息中，发信人要求提供一些非公开的信息，或者请求在计算机相关的设备上执行一些操作，那么，在响应请求之前，一定要执行额外的身份认证。参见"验证和授权规程"一节。

说明：攻击者很容易伪造一封电子邮件消息以及消息头，使它看起来像是从另一个邮件地址发送过来的。攻击者还可以从一个已经攻破的计算机系统中发送一封电子邮件，假意授权将信息提供给请求者，或者协助执行操作。即使你检查一封电子邮件的消息头，可能也检测不出该邮件是从一台已被攻破的内部计算机上发送出来的。

电话使用

12-1 参加电话调查

政策：公司之外的组织或个人打电话来进行问卷调查时，员工不应该回答任何问题。这样的请求应该转给公共关系部门或者其他指定的人员。

说明：为获得一些可用于对抗目标公司的有价值信息，社交工程师使用的一种方法是，打电话给某个员工，声称自己正在做一项调查。令人惊奇的是，有许多人一旦相信自己正在参与一项合法的研究工作，很乐意将有关公司和自己的一些信息告诉给陌生人。在一些无伤大雅的问题中间，打电话的人会穿插一些攻击者很想知道的问题。最终，攻击者利用这些信息来攻破公司的计算机网络。

12-2 透露内部电话号码

政策：如果一个未经验证的人向一名员工询问他的电话号码，那么，这名员工应该作出一个合理的选择，以确定是否有必要将电话分机号码告诉对方。

说明：这条政策的目的是，要求员工认真考虑一下是否有必要将电话分机号码告诉对方。如果对方没有足够的理由来证明他确实需要知道电话分机号码，那么，最安全的办法是请他打电话给公司的总机，然后请接线员转过来。

12-3 语音信箱留言中的密码

政策：禁止在任何人的语音信箱留言中包含密码信息。

说明：社交工程师通常能够访问一个员工的语音信箱，因为语音信箱往往是用易于猜测的访问码来保护的，它并不十分安全。在一种攻击形式中，老练的计算机入侵者能够为自己创建一个假的语音信箱，然后说服另一名员工在他的语音信箱中留一个消息，将密码信息告诉他。本政策可以对付这种攻击。

传真使用

13-1　转发传真

政策：如果没有验证请求者的身份，则不应该将收到的传真转发给另一方。

说明：信息窃贼可能会欺骗可信的员工，将敏感信息传真到公司内部的某一台传真机上。在攻击者将传真号码告诉给受害者之前，这位冒名员工打电话给另一位毫无疑心的员工，比如秘书或者行政助理，问对方是否可以将一份文档传真给他(或她)，他稍后去拿。随后，当这名毫无疑心的员工收到了传真以后，攻击者打电话给他(或她)，请求将传真转送到另一个地方，比如说，攻击者声称有一个紧急的会议需要这份文档。由于接到传真转送请求的人往往并不理解这份信息的价值，所以，他(或她)很可能会答应对方的请求。

13-2　验证通过传真发送的请求

政策：通过传真接收到的任何指令，在执行前，必须确认传真发送者是一名合法的员工或者其他的可信人员。通常来说，给传真发送者打一个电话以确认该请求是他提出的，也就够了。

说明：当员工接收到通过传真发送过来的不寻常请求时，比如请求在一台计算机上执行一些命令或者要求提供一些信息，员工必须小心处理。传真文档头部的数据是可以伪造的，只需改变发送端传真机的设置就能做到这一点。因此，传真的头不能用作身份鉴别或者授权的依据。

13-3　通过传真发送敏感信息

政策：如果要将敏感信息传真至一台摆放在人人都可进出的区域中的机器上，则发送者应该先传送一个封面。接收者在收到了该封面页以后，传送一个应答页面回去，以表明他或她正在传真机的旁边。然后，发送者再发送传真。

说明：这个握手过程可以向发送者保证，接收者正在接收端的传真机旁边。而且，这个过程也可以确认，接收传真的电话号码并没有被转移到其他的地方。

13-4　禁止传真密码

政策：在任何情况下，禁止通过传真手段来发送密码。

说明：通过传真来发送认证信息是极不安全的。大多数传真机是很多人共用的。而且，传真机依赖于公开电话交换网络，而在电话网络中，接收端传真机的电话号码可以被设置电话转移服务，这样，这份传真实际上被发送到另一个由攻击者控制的电话号码上。

语音信箱使用

14-1　语音信箱密码

政策：无论任何目的，语音信箱的密码绝对不能透露给任何人。而且，每隔 90 天或者更短的时间，语音信箱的密码就得更改。

说明：在语音信箱的留言中可能包含公司的机密信息。为保护这些信息，员工应该经常更改语音信箱的密码，而且不能透露给任何人。另外，语音信箱的用户不应该在 12 个月内使用同样的或者类似的语音信箱密码。

14-2　多个系统上的密码

政策：语音信箱的用户一定不能在任何其他的电话或者计算机系统上使用同样的密码，无论是内部的还是外部的。

说明：在多个设备(比如语音信箱和计算机)上使用类似的或者完全相同的密码，将使得社交工程师在得到了其中一个设备的密码之后，再猜测其他所有的密码要容易得多。

14-3 设置语音信箱密码

政策：语音信箱用户和管理员必须为语音信箱设置难以猜测的密码。这些密码不能以任何方式与使用者或者公司相关联，也不应该包含任何有可能被猜测到的可预测模式。

说明：语音信箱的密码一定不能包含顺序的或者重复的数字，比如 1111、1234、1010；也不能与电话分机号码相同，或者以电话号码为基础来设定；也不能与地址、邮政编码、出生日期、汽车牌照、电话号码、体重、智商，或其他可预测的个人信息有任何联系。

14-4 语音留言被标记为"已听过"

政策：如果语音信箱中的留言还没有听过，却未被标记为"新留言"，那么，用户必须通知语音信箱管理员，有可能发生了安全违例，并且立即更改语音信箱的密码。

说明：社交工程师可能以各种方式访问一个语音信箱。如果员工发现，自己从未听过的留言没有被标记为新留言，那么，他(或她)必须假定其他人曾经擅自访问过自己的语音信箱，并且听过这些留言。

14-5 语音信箱对外留言

政策：公司员工应该避免在他们的语音信箱对外留言中泄露有关的信息。与员工的日常工作或旅行计划有关的普通信息也不应该对外透露。

说明：对外留言(播放给外部来电者听的留言)不应该包含姓氏、分机号，或者不在公司的原因(比如旅行、休假或者日常活动)。攻击者可以利用这些信息来编造出看似合理的故事,以欺骗其他员工。

14-6　语音信箱的密码模式

政策：语音信箱的用户不应该按以下方式来选择密码：密码的一部分保持不变，另一部分按照一种可预测的模式进行变化。

说明：例如，不要使用诸如 743501、743502、743503 之类的密码，这里最后两位数字对应于当前月份。

14-7　机密的或私有的信息

政策：在语音信箱的留言中，不应该泄露机密的或者私有的信息。

说明：公司的电话系统往往比公司的计算机系统要脆弱得多。电话系统的密码通常是一串数字，这大大缩小了攻击者在猜测密码时的可能组合。而且，在有些机构中，经理(或者主管人员)可能要将语音信箱的密码告诉给负责处理留言的秘书或者其他行政人员。鉴于以上种种原因，在任何人的语音信箱中都不能留下敏感信息。

密码

15-1　电话安全

政策：任何时候都不应该在电话中透露密码。

说明：攻击者可能设法窃听电话的内容，既可以亲自监听，也可以通过技术设备来窃听。

15-2　暴露计算机密码

政策：在任何情况下，计算机用户都不应该向任何人暴露他(或她)的密码，除非事先得到了负责安全的信息技术经理的同意。

说明：许多社交工程攻击的目标都是为了欺骗那些毫无戒心的员工，让他们透露出他们的账户名和密码。为了降低针对本企业而发起的社交工程攻击的成功率，这条政策是一个极其重要的步骤。因此，在全公司范围内必须严格遵守这条政策。

15-3 Internet 密码

政策：员工在 Internet 的站点上使用的密码，绝对不能与他们在公司的计算机系统中使用的密码相同或者类似。

说明：恶意的 Web 站点操作员可能会建立一个网站，声称可以提供某些有价值的信息或者提供得大奖的机会。为了注册到该站点中，访问者必须输入一个电子邮件地址、用户名和密码。由于许多人总是重复地使用同样的或者类似的登录信息，所以，恶意的 Web 站点操作员可以使用目标用户自己选择的密码或者它的变化形式，来攻击该用户的工作或家庭计算机系统。有时，利用访问者在注册过程中输入的电子邮件地址，可找得到他(或她)的工作计算机。

15-4　多个系统上的密码

政策：公司员工绝对不能在多个系统中使用同样的或者类似的密码。这条政策既适用于各种类型的设备(计算机或语音信箱)，也适用于各个场所的设备(家里的或者公司的)，也适用于各种类型的系统、设备(路由器或防火墙)或者程序(数据库或其他应用)。

说明：攻击者利用人的本性来攻破计算机系统或者网络。他们知道，许多人为了避免要同时记住多个密码，因而在他们访问的每个系统中都使用同样的或者类似的密码。这样，在目标用户拥有账户的所有系统中，入侵者只要得到该用户在其中一个系统中的密码就可以了。一旦得逞，入侵者很可能通过这个密码或者它的变化形式，访问该员工使用的其他系统和设备。

15-5　重新使用密码

政策：在 18 个月期间，计算机用户不应该使用同样的或者类似的密码。

说明：如果攻击者真的知道了一个用户的密码，那么，若该用户能够频繁地改变密码的话，则因密码泄露而导致的损害可以被降低到最小。如果新的密码完全不同于原来的密码，则攻击者将很难猜测到新的密码。

15-6 密码模式

政策：员工不能按照以下方式来选择密码：密码的一部分保持不变，另一部分按照一种可预测的模式进行变化。

说明：例如，不要使用诸如 Kevin01、Kevin02、Kevin03 之类的密码，这里最后两位数字对应于当前月份。

15-7 选择密码

政策：计算机用户应该创建或者选择一个符合下列要求的密码。所选择的密码必须：

- 对于标准的用户账户，至少 8 个字符长；对于特权账户，至少 12 个字符长。
- 包含至少一个数字、至少一个符号(比如$、_、！、&)、至少一个小写字母，以及至少一个大写字母(如果操作系统能够支持这些变化的话)。
- 不要使用以下项目：任何一种语言的词典中的词；与员工的家庭、爱好、行驶工具、工作、汽车牌照、社会保险号、地址、电话、宠物的名字、生日等相关联的任何单词，或者包含这些单词的短语。
- 不是以前用过的密码的变化形式，也就是说，密码的一部分保持不变，另一部分做了改变，比如 kevin、kevin1、kevin2；或者 kevinjan、kevinfeb。

说明：根据以上限制生成的密码将使社交工程师难以猜测。另一种方案是辅音-元音法，它能生成一个既容易记住，又可以发音的密码。为了构造这种类型的密码，可以使用"CVCVCVCV"模式，将每个字母 C 换成辅音，每个字母 V 换成元音。例如，MIXOCASO、CUSOJENA。

15-8　记录下密码

政策：只有当员工将写下来的密码保存在一个远离计算机的安全地方，或者保存在另一个用密码保护的设备上时，才可以将密码记录下来。

说明：一般不鼓励员工将密码写下来。然而，在特定的情况下，这样做可能是必要的；比如说，员工在多个不同的计算机系统上有多个不同的账户。写下来的密码一定要被保存在远离计算机的安全地方。将密码压在键盘下面，或者贴在计算机的显示器上，这在任何情况下都是不允许的。

15-9　计算机文件中的明文密码

政策：员工不应该将明文形式的密码保存在任何一个计算机文件中，或者一按某个功能键就被调出来。如有必要，可利用 IT 部门准许的某个加密工具来保存密码，从而防止密码泄露。

说明：如果密码在未经加密的情况下被保存在计算机数据文件、批文件、终端功能键、登录文件、宏或者脚本程序中，或者包含密码的数据文件被存放在 FTP 站点上，则攻击者很容易将密码恢复出来。

针对在家上班员工的政策

在家上班的员工位于公司的防火墙以外，因此更容易受到攻击。这一节列出的政策可以防止社交工程师利用这些在家上班的员工，作为访问公司数据的一条通道。

16-1　瘦客户

政策：所有有权通过远程访问机制连接到公司网络的员工，必须使用一个瘦客户软件来连接到公司的网络。

说明：当攻击者分析攻击策略时，他(或她)总是试图找到那些能从公司外部访问公司网络的用户。这样，在家上班的员工就成了主要目标。他们的计算机一般不太可能有严格的安全控制，因而有可能成为攻入公司网络的薄弱环节。

凡是连接至一个可信网络的任何计算机，都可能被安装了击键记录器，或者该计算机的合法连接已经被拦截了。利用瘦客户策略可以避免这些问题。瘦客户非常类似于一个无盘工作站或者拇指终端；远程计算机并没有任何存储能力，操作系统、应用程序和数据全部驻留在公司网络上。通过瘦客户来访问公司的网络，可以极大地降低由于系统未打补丁、操作系统过时，以及恶意代码等造成的风险。因此，这种中心化的安全控制方式，可以有效地管理在家上班员工们的计算机系统的安全，管理工作也更为容易一些。现在，整个系统的安全不再依赖于这些缺乏经验的在家上班员工们正确地处理好各种安全问题，相反，安全的责任都留给了受过专门培训的系统管理员，或者网络管理员，或者安全管理员。

16-2 在家上班员工的计算机系统的安全软件

政策：任何被用于连接到公司网络的外部计算机系统必须安装反病毒软件、反特洛伊木马软件，以及个人防火墙(硬件或者软件)。而且，反病毒软件和反特洛伊木马软件的模式文件必须至少每周更新一次。

说明：一般来说，在家上班的员工们在安全方面并不十分在行，可能在不经意间或者疏忽之下让他们的计算机系统和公司网络向各种攻击大开方便之门。因此，在家上班的员工如果没有经过适当培训的话，将是一个严重的安全威胁。除了要安装反病毒软件和反特洛伊木马软件以对抗各种恶意代码外，防火墙也是非常必要的，以阻止那些心怀叵测之徒非法访问这些员工的计算机系统上打开的各种服务。

若没有配备最基本的安全措施来阻止恶意代码的传播，其风险绝对不能低估，微软公司遭受的一次攻击可以证明这一点。有一个在家上班的微软公司员工，他用来连接到微软公司网络的计算机系统被感染了一个特洛伊木马程序。于是，入侵者或者入侵者们能够使用该员工的可信任连接，进入微软的开发网络，偷取到开发源代码。

针对人力资源的政策

人力资源部门在保护员工的个人信息方面负有特殊责任，防止别人通过他们的工作场所来获得员工的个人资料。HR 专业人员也有责任保护他们的公司避免遭到心怀怨恨的离职人员的报复。

17-1 离职员工

政策：无论何时，当公司的员工离职或被解雇时，人力资源部门必须立即完成以下事项：

- 从在线的员工名单和电话目录中去掉该员工的信息，并且禁止或者转移他们的语音信箱。
- 通知大楼入口处或者公司前台大厅的员工。
- 将员工的名字加入到离职员工名单中。这份离职员工名单应该被寄给所有员工，寄送频率应不低于每周一次。

说明：人力资源部门必须要通知大楼入口处站岗的员工，以防止离职的员工又重新进入公司。而且，也要通知其他的员工，这样可以防止离职员工成功地冒充现职员工，欺骗其他人员做出伤害公司的行为。

有些情况下，可能有必要让离职员工所在部门范围内的每一个用户改变他们的密码(仅仅由于我的黑客名声，GTE 就解雇了我，当时，GTE 公司还要求全公司所有的员工改变他们的密码)。

17-2 通知 IT 部门

政策：无论何时，当公司的员工离职或者被解雇时，人力资源部门应该立即通知信息技术部门，禁止这名员工的计算机账户，包括用于数据库访问、拨号接入或者 Internet 远程访问的所有账户。

说明：当员工离职或被解雇时，立即禁止他或她对于所有的计算机系统、网络设备、数据库，或者其他与计算机相关的设备的访问权，这是非常重要的。否则的话，公司可能会给那些心怀不满的员工留下大门，使他们能够继续访问公司的计算机系统，从而造成严重损害。

17-3 在招聘过程中用到的机密信息

政策：招聘广告以及其他形式的公开招聘材料(例如职位描述等)，应该尽可能地避免透露公司使用的计算机软硬件。

说明：管理人员和人力资源部门的员工，为了吸引合格候选人投递简历，应该只允许透露必要的、合理的与企业软硬件相关的信息。

计算机入侵者阅读报纸和公司的新闻稿，以及访问 Internet，以获取到工作招聘信息。通常，公司会暴露太多的有关硬件和软件类型的信息，期望利用这些信息吸引潜在的员工。一旦攻击者知道了目标公司的信息系统，就为下阶段的攻击打好了基础。例如，如果攻击者知道某一家公司正在使用 VMS 操作系统，他就可以打电话过去，利用借口了解到操作系统的版本信息，然后，寄送一份假的紧急安全补丁，让它看起来像是从软件开发商那里寄送过来的。一旦补丁被安装到系统中，攻击者就得逞了。

17-4 员工个人信息

政策：人力资源部门的员工绝对不能透露任何有关现职或离职员工、合同工、顾问、临时员工或实习生的个人信息，除非事先得到了该员工或者人力资源经理的书面允许。

说明：猎头公司、私人侦探和身份窃贼往往将目标盯在员工的私有信息上，比如员工编号、社会保险号、出生日期、薪水历史、包括存款信息在内的经济数据，以及与健康有关的福利信息。社交工程师在得到了这些信息后，有可能冒充员工的身份。而且，获得新员工的名字可能对于信息窃贼有特别的价值。新员工可能会答应任何资历深的人，或者职位高的人，或者声称自己是公司安全部门的人的请求。

17-5 背景调查

政策：对于所有新招的正式员工、合同工、顾问、临时工或者实习生，在提供聘用许可或者签订合约关系以前，都应该进行背景调查。

说明：出于成本的考虑，背景调查的需求可能仅限于某些需要特别信任的职位。然而，请注意，可以进出公司办公区域的任何人都是潜在的威胁。例如，清洁工可以进出员工的办公室，这使他们有机会接触到那里的任何计算机系统。攻击者如果有机会在物理上接触一台计算机，那就可以在一分钟内安装一个硬件形式的击键记录器，以截取密码。

计算机入侵者有时会煞费苦心地争取一份工作，通过这种方法可以访问到目标公司的计算机系统和网络。攻击者可以很容易地知道某一家公司的清洁工作合约方，其做法是，他给目标公司的值班员工打电话，声称自己代表一家清洁公司，现在正在拓展他们的业务，然后就可获得目前正在为该公司提供清洁服务的公司名称。

针对物理安全的政策

尽管社交工程师总是尽量避免出现在目标公司的现场，但有时他们还是会侵入到你的公司中来。本节中的政策可以帮助你保持你的公司的物理安全，以免遭受威胁。

18-1 针对非员工的身份认证

政策：快递人员和其他需要经常进入公司范围的非公司员工，必须有特殊的证件，或者根据公司安全部门建立的政策，使用其他形式的身份证明。

说明：凡是需要规律性地进入公司大楼的非公司员工(例如，给餐厅送食物或者饮料的工人，或者修理复印机或安装电话的人)，应该发给他们特殊形式的公司证件，这种证件只用于他们这种特殊的工作需要。其他只是偶尔需要进入公司或者只需一次进入公司的人，应该被当作来访者对待，随时都应该有人陪同。

18-2　来访者身份证明

政策：所有来访者必须出示有效的驾驶执照或者其他的包含图片的身份证件，才准许进入公司。

说明：安全人员或者接待员在发放访问证件之前，应该先复印一份图片身份文档。而且，这份复印文档应该被保存在来访者记录中。另一种做法是，由前台接待员或者保安将来访者的身份识别信息记录到日志簿中；而不应该让来访者自己写下他们的 ID 信息。

社交工程师在寻找一个大楼的入口点时，总是在日志簿中填写一些伪造信息。虽然假的身份证件不难弄到，而且也不难打听到公司里某个员工的名字以便声称是来找他或她的，但是，要求值班员工必须将进入人员记录下来，这样可以在整个控制过程中增加一层安全性。

18-3　陪同来访者

政策：来访者必须有专人陪同，或者随时有员工在其身边。

说明：社交工程师很常用的一种手法是，安排要跟公司的一个员工会面(例如，借口说自己是某个策略合作伙伴的一名员工，要访问产品部的一名工程师)。在有人陪同的情况下完成了第一个会面后，他向接待他的员工保证说，自己能找到回大厅的路。通过这种方法，他获得了自由，因而可以在办公区域任意溜达，有可能会发现一些敏感信息。

18-4　临时证件

政策：如果来自其他工作地点的公司员工没有随身带着他们的员工证件，则必须出示有效的驾驶执照或者其他含有图片的身份证件，然后才发给他们访问证件。

说明：攻击者常伪装成其他工作地点的员工，或者公司其他分部的员工，以便进入到一家公司的内部。

18-5 紧急疏散

政策：在任何紧急情况或者演习情况下，安全人员必须确保每个人都能离开公司大楼。

说明：安全人员必须检查看有没有行动迟缓的人，可能被拉在洗手间或者办公区域。根据消防部门或者负责场景设计部门的授权，安全人员必须要特别留意那些在疏散很久之后才离开大楼的人。

工业间谍或者老道的计算机入侵者可能采用声东击西的办法，等到转移注意力之后再进入大楼或者安全区域。一种转移注意力的方法是，在空气中投放一种被称为丁硫醇的无害化学物质。其效果是，让人觉得好像附近某处的天然气泄漏了。一旦员工开始疏散，大胆的攻击者趁着注意力分散之际，或者窃取信息，或者访问公司的计算机系统。信息窃贼使用的另一种手段是，在预定的疏散演习程序快要开始时，或者在点燃了烟雾弹或其他某种烟雾装置而引发了紧急事故现场之后，他们假装滞留在后边，有时呆在洗手间或者厕所，然后伺机行动。

18-6 收发室里的来访者

政策：在没有员工监视的情况下，任何来访者不允许停留在收发室里。

说明：这条政策的意图是，避免外部人员调换、寄送或者窃取公司内部的邮件。

18-7 汽车牌照号码

政策：如果公司设置了有保安看管的停车场，则对于任何进入停车场的汽车，安全人员应该将其牌照号码记录下来。

18-8 垃圾桶

政策：垃圾桶必须随时放在公司范围以内，外部人员应该无法接触到公司的垃圾桶。

说明：计算机攻击者和工业间谍可以从公司的垃圾桶里获得很有价值的信息。法庭认为，垃圾在法律上应该被视为已舍弃的财产，所以，"垃圾翻寻"的行为是完全合法的，只要装垃圾的容器是在公共地面上。由于这个原因，装垃圾的容器一定要放在公司领地上，这是非常重要的，只有这样，公司才有合法的权利来保护这些容器和容器中的内容。

针对接待员的政策

接待员通常处在跟社交工程师打交道的前线位置上，但是，他们往往缺乏足够的安全培训，来识别和阻止一个入侵者。这一节的政策可以帮助你的接待员更好地保护你的公司和公司的数据。

19-1 内部通讯录

政策：公司的内部通讯录上的信息应该只允许透露给公司的员工。

说明：公司通讯录上的员工头衔、姓名、电话号码和地址，应该被视为内部信息，只有在符合公司的数据分类政策和有关内部信息的政策的前提下，才可以透露出去。

而且，任何打电话的人必须要给出他们要联系的人的姓名或分机号码。尽管当打电话的人不知道分机号码时，接待员可以帮他将电话转给他要找的人，但是，应该禁止将分机号码告诉来电者(对于充满好奇心的读者，可以打电话给美国安全局[NSA, National Security Agency]，请接线员告诉分机号码，这样就可以体会到这一规程)。

19-2 特定部门/工作组的电话号码

政策：在尚未验证请求者是否确实需要联系公司的服务中心、电信部门、计算机操作中心或者系统管理人员的情况下，任何员工都不应该给来电者提供这些部门或者小组的直接电话号码。当接待员将电话转给这些小组的时候，必须要报上来电者的姓名。

说明：尽管有的机构可能会觉得这条政策太严格了，但是，它使得社交工程师无法通过下述方法伪装成公司的内部员工：他诱使其他员工帮他将电话转给另外的员工(在有些电话系统中，经过这样的电话转接之后，在接电话一方，该电话看起来像是从公司内部打过来的)，或向受害者证明他知道这些分机号码，从而建立起一种信任感。

19-3 传递信息

政策：如果不知道对方是否为一名现职员工，则电话接线员和前台接待员不应该替对方留言或者传递信息。

说明：社交工程师擅长于欺骗员工在不经意的情况下为他们作身份担保。有一种社交工程欺骗手法是这样的：先得到接待员的电话号码，然后，找个借口，请接待员帮他记录下给他的留言。然后，攻击者打电话给受害者，冒充成一名员工，请求某些敏感信息，或者执行一些操作，并且留下总机的号码当作回电号码。稍后，攻击者再打电话给接待员，此时，毫无疑心的受害者已经给他留言了，因此，接待员把留言转告给攻击者了。

19-4 等待领取的物品

政策：在将任何物品留给快递人员或者其他未经身份核实的人员以前，接待员或者保安必须索取带图片的身份证件，并且根据公司的规程，在收发记录中输入身份信息。

说明：有一种社交工程手法是，欺骗员工将一些敏感材料泄露给另一个看似已经授权的员工，其做法是，让这名员工将材料交给接待员或大厅柜台，等对方来领取。很自然地，前台接待员或者保安总是假设该包裹是经过授权可以发放出去的。然后，社交工程师或者亲自去取包裹，或者找一家快递服务公司去取。

针对事件报告组织的政策

每家公司都应该建立一个中心组织，当公司内部出现了任何形式的攻击时，有关人员都应该向该组织报告。以下是建立该组织、安排该组织相关活动的一些指导原则。

20-1 事件报告组织

政策：公司应该指定一名员工或者小组作为事件报告组织，并且规定，当安全事件发生时，员工们应该向他们报告。所有的员工都应该知道该组织的联系信息。

说明：员工必须要懂得如何识别安全威胁；公司也应该对员工进行培训，使他们能够主动地将安全威胁及时报告给专门的事件报告组织。同样很重要的一点是，公司也应该建立专门的规程和权威，以便当有安全威胁报告上来时，事件报告组织能够采取恰当行动。

20-2 正在进行中的攻击

政策：无论何时，一旦事件报告组织接到了有关一起正在进行之中的社交工程攻击的报告，那么，他们应该立即启动有关的规程，提醒所有已经被锁定为攻击目标的员工。

说明：事件报告组织或者负责的经理也应该做出决定，是否要在全公司范围内发送一个警告。如果负责人或者整个小组确信一次攻击可能正在进行之中，那么，必须要通知公司员工，请他们提高警惕，并且优先考虑如何减轻对公司的损害。

附录 **A**

安全一览表

本附录列出的图和表，是第 2 至 14 章中讨论的社交工程方法，以及第 16 章中详细介绍的验证规程的一份快速参考。针对你的公司对这些信息做一点修改，使得员工们有信息安全问题时可以参考。

A.1 识别出安全攻击

表 A-1 和随后的清单可以帮助你识别出社交工程攻击。

表 A-1 社交工程全过程

行　　动	描　　述
研究	可能包括一些公开的信息来源，比如 SEC 档案和年度报告、市场促销和产品材料、专利申请、简报资料、行业杂志、Web 站点的内容。还可以通过垃圾翻寻来收集材料
培养友好和信任关系	利用公司的内部信息，假冒身份，引用受害人也知道的一些信息，请求帮助，或者使用权威

(续表)

行　动	描　述
利用信任	请求一些信息，或者让对方执行一些操作。在逆向行骗手法中，操纵受害者，让他(或她)主动向攻击者求助
利用信息	如果所得到的信息只是达成最终目标的一个步骤而已，那么，攻击者又回到前面的步骤，如此循环前进，直至达成最终目标

常见的社交工程方法

- 假冒同事。
- 假冒供应商、合作伙伴公司或者执法部门的员工。
- 假冒某个有权威的人。
- 假冒一个需要帮助的新员工。
- 假冒软件供应商或者系统厂商的员工，打电话过来提供一个系统补丁或者软件更新。
- 打电话给受害者，声称如果出现问题的话可以提供帮助，然后设法制造问题，从而操纵受害者打电话过来求救。
- 寄送免费的软件或者补丁，让受害者安装。
- 在电子邮件附件中寄送一个病毒或者特洛伊木马。
- 利用一个假的弹出窗口，请用户重新登录或者输入密码。
- 通过一个可扩展的计算机系统或者程序，捕获到受害人的击键动作。
- 在办公场所留下一张软盘或者 CD，上面存放了恶意的软件。
- 利用圈内的行话和术语来获得信任。
- 提供一个大奖，只要用户在一个 Web 站点上使用用户名和密码进行注册即可。
- 在公司的内部邮件收发室里丢下一份文档或者文件。
- 修改传真机的头信息，使得看起来像是从公司内部发送的。
- 请接待员帮忙接收一份传真，然后再要求转传给他或她。

- 请求将一个文件转送至一个似乎属于内部的地址。
- 设法建立一个语音信箱，这样，对方回电话时，感觉攻击者也是内部人员。
- 假装是公司的外地员工，要求在当地可以访问电子邮件。

社交工程攻击的警告信号

- 拒绝提供回电号码。
- 反常的请求。
- 声称有某种权威。
- 强调事情的紧急性。
- 威胁对方，如果不答应将会产生负面的后果。
- 遭到质疑时，显得很不自在。
- 提起别人的名字来套近乎。
- 恭维或者献媚。
- 调情。

社交工程攻击的常见目标

表 A-2 列出了目标类型和示例。

表 A-2　社会工程攻击的常见目标

目 标 类 型	例　　　子
不知道信息的价值	接待员，电话接线员，行政助理，保安
具有某种特权	服务中心或技术支持人员，系统管理员，计算机操作员，电话系统管理员
厂商/供应商	计算机硬件、软件厂商，语音信箱系统供应商
特殊部门	财务部门，人力资源部门

使公司更容易受攻击的一些因素

- 员工人数众多。
- 多个办公地点。
- 在语音信箱留言中有关员工行踪的信息。
- 很容易获得员工的电话分机号码。
- 缺乏安全培训。
- 缺乏数据分类系统。
- 没有适当的事件报告/响应计划。

A.2 身份验证和数据分类

表 A-3～表 A-7 以及随后的两个图表可以帮助你在接收到可能是社交工程攻击的信息请求，或者对方要求执行某些操作时该如何应付。

表 A-3 验证身份的规程

行 动	描 述
来电显示	验证该电话是内部打来的，名字和分机号码与来电者的身份相符
回电	在公司的通讯录中查到请求者的电话，然后给这个号码打回去
担保	请一个可信的员工为请求者的身份作担保
共享秘密	要求提供全公司范围内共享的秘密，比如一个密码或者每日代码
上司或者经理	与员工的直接上司联系，请求证明该员工的身份以及当前的在职状态
安全电子邮件	请求对方发送一封经过数字签名的消息

(续表)

行　　动	描　　述
个人语音识别	若认识打电话的人，则通过对方的声音来判断其身份
动态密码	通过一个动态密码方案，比如安全 ID 卡或者其他的强认证设备，来验证对方的身份
直接见面	要求对方直接出示员工证件或其他身份证件

表 A-4　验证员工状态的规程

行　　动	描　　述
检查员工目录	确认在线通讯录中包含了请求者
通过请求者的经理来验证	用通讯录中列出的电话号码，给请求者的经理打电话
通过请求者的部门或者工作组来验证	给请求者的部门或者工作组打电话，以确定请求者仍然在公司工作

表 A-5　验证对方确实有必要知道的规程

行　　动	描　　述
检查职务头衔/工作组/职责表	查一查公司公开的规定，看哪些员工有权访问特定类别的信息
从经理那里获得授权	与你的经理或者请求者的经理联系，以确定是否答应请求者的要求
从信息所有者或者委托人那里获得授权	向信息的所有者咨询，以确定请求者是否有必要知道这些信息
通过一个自动化的工具获得授权	检查公司内部的专用软件数据库，看有哪些授权人员

表 A-6　非公司员工的验证准则

准　　则	描　　述
关系	验证本公司与请求者的公司之间是供应商、策略合作伙伴或者其他某种特殊的关系

（续表）

准　则	描　述
身份	验证请求者的身份，以及此人在供应商或伙伴公司内的在职状态
保密	验证请求者曾经签过一份书面的保密协议
访问	如果对方请求的信息属于内部级别以上时，应将请求者转给管理层或管理部门来处理

表 A-7　数据分类

类　别	描　述	规　程
公开	可以随便发放给社会公众	不必验证
内部	在公司内部使用	验证请求者是公司的现职员工，或者曾经签过书面保密协议的非公司员工，并且征得管理层或管理部门的允许
私有	仅供公司内部使用的个人信息	验证请求者是公司的现职员工，或者已经授权的非公司员工。与人力资源部门协商之后，可以向授权的员工或者外部请求者透露私有信息
机密	仅仅在公司内部确有必要知道的人群之间共享	验证请求者的身份，并且向指定的信息所有者确认：该请求者确实有知道此信息的必要。只有事先得到了经理、信息所有者或者委托人的书面同意之后才可以透露机密信息。检查对方是否签过保密协议。只有管理层人员才可以向非公司员工透露机密信息

接到信息请求时的响应过程

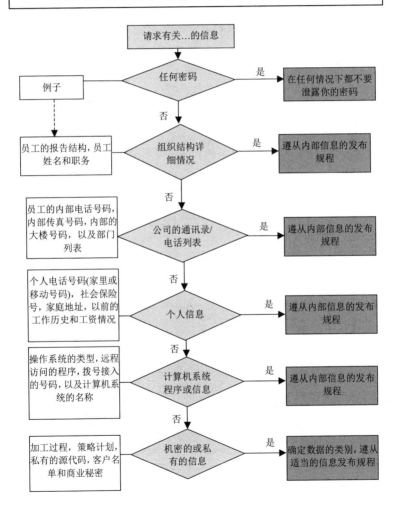

关键问题
我怎么知道这个人就是他说的那个人呢?
我怎么知道这个人有权提出这样的请求?

请求执行一个操作时的响应过程

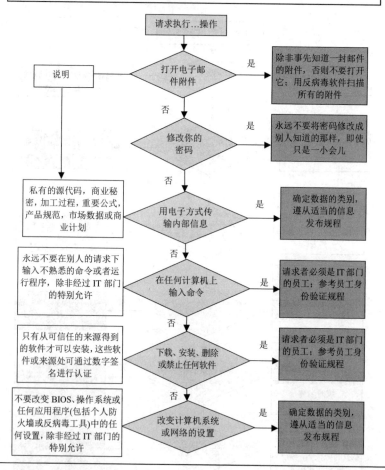

黄金准则

在未经身份验证的情况下，不能信任任何人。

对请求进行质疑，这应该鼓励。

请求执行...操作

说明

打开电子邮件附件 → 是 → 除非事先知道一封邮件的附件，否则不要打开它；用反病毒软件扫描所有的附件

否

修改你的密码 → 是 → 永远不要将密码修改成别人知道的那样，即使只是一小会儿

否

私有的源代码，商业秘密，加工过程，重要公式，产品规范，市场数据或商业计划

用电子方式传输内部信息 → 是 → 确定数据的类别，遵从适当的信息发布规程

否

永远不要在别人的请求下输入不熟悉的命令或者运行程序，除非经过 IT 部门的特别允许

在任何计算机上输入命令 → 是 → 请求者必须是 IT 部门的员工；参考员工身份验证规程

否

只有从可信任的来源得到的软件才可以安装，这些软件或来源处可通过数字签名进行认证

下载、安装、删除或禁止任何软件 → 是 → 请求者必须是 IT 部门的员工；参考员工身份验证规程

否

不要改变 BIOS、操作系统或任何应用程序(包括个人防火墙或反病毒工具)中的任何设置，除非经过 IT 部门的特别允许

改变计算机系统或网络的设置 → 是 → 确定数据的类别，遵从适当的信息发布规程

你代替别人所做的任何操作，都有可能导致公司的资产遭受损害。验证，验证，再验证。

附录 **B**

参 考 资 源

第 1 章

BloomBecker, Buck. 1990. *Spectacular Computer Crimes: What They Are and How They Cost American Business Half a Billion Dollars a Year.* Irwin Professional Publishing.

Littman, Jonathan. 1997. *The Fugitive Game: Online with Kevin Mitnick.* Little Brown & Co.

Penenberg, Adam L. April 19, 1999. "The Demonizing of a Hacker." *Forbes.*

第 2 章

Stanley Rifkin 的故事是以下面的材料为基础的:

Computer Security Institute. Undated. "Financial losses due to Internet intrusions, trade secret theft and other cyber crimes soar." Press release.

Epstein, Edward Jay. Unpublished. "The Diamond Invention."

Holwick, Rev. David. Unpublished account.

Rifkin 先生很高兴地承认，由于他一直拒绝接受采访，从而保护了他的匿名本性，也因此造成了有关他的种种说法不一的现状。

第 16 章

Cialdini, Robert B. 2000. *Influence: Science and Practice, 4th edition*. Allyn and Bacon.

Cialdini, Robert B. February 2001. "The Science of Persuasion." *Scientific American*. 284:2.

第 17 章

这一章中的有些政策是以下面的材料中的要点为基础的：

Wood, Charles Cresson. 1999. "Information Security Policies Made Easy." Baseline Software.